IDEALSPACE 理想空间合作单位

主编简介

王宝宇

城市规划，同济大学博士研究生，主要研究领域城市文化方向，主要研究成果：（1）临空经济区的发展及其功能定位，城市规划学刊 [J]．2009.8；（2）近代西方的工业化与城市发展，西方城市建设史纲 [M]．中国建筑工业出版社，2011.01；（3）大规模城市开发项目中的文化风险研究，同济城市国际论坛：城市与地产风险管理会议 [C]．2010.10。

图书在版编目（CIP）数据
公共设施网点布局规划 / 王宝宇主编 .
上海：同济大学出版社，2015.7
（理想空间；67）
ISBN 978-7-5608-5913-2
Ⅰ . ①公 . . . Ⅱ . ①王… Ⅲ . ①城市公用设施—城市规划—规划布局—研究—中国
Ⅳ . ① TU984
中国版本图书馆 CIP 数据核字（2015）第 173271 号

理想空间
2015-07(67)

主办单位 上海同济城市规划设计研究院
承办单位 上海怡立建筑设计事务所
地 址 上海市杨浦区中山北二路 1111 号同济规划大厦 1107 室
邮 编 200092
征订电话 021-65988891
传 真 021-65988891-8015
邮 箱 idealspace2008@163.com
售 书 QQ 575093669
淘 宝 网 http://shop35410173.taobao.com/
网站地址 http://idspace.com.cn

出版发行 同济大学出版社
策划制作 《理想空间》编辑部
印 刷 上海锦佳印刷有限公司
开 本 635mm x 1000mm 1/8
印 张 16
字 数 330 000
印 数 1-10 000
版 次 2015 年 7 月第 1 版 2015 年 7 月第 1 次印刷
书 号 ISBN 978-7-5608-5913-2
定 价 55.00 元

编者按

公共设施网点布局是涉及民生的重要问题，也是新型城镇化中体现“以人为核心”理念的重要因素之一。因此做好一个城市的公共设施布局规划，对提升城市服务能力、提高市民生活品质起着至关重要的作用。

公共设施网点布局在城镇体系规划、城市总体规划和控制性详细规划阶段都有不同的侧重点；在城市和乡镇、社区和村庄等不同大小能级的城镇和聚居区中，不同层级、不同类型的公共设施又有其自身的特殊性和复杂性。此外，公共设施布局规划不仅要考虑社会的公平共享，还需要考虑市场需求与供应间的平衡；不仅要考虑距离上的便利、数量上的满足，还要考虑质量上的优质供应。在很多时候规划仅仅依据国家相关规范来做是不够的。

本期专辑以“公共设施网点布局规划”为主题，以教育设施、医疗设施、商业设施、文体设施等设施的网点布局规划为案例，剖析了不同层面规划中设施网点布局规划的原则、关键点及核心内容；研究了不同能级城市中的设施选址、设置标准、量化指标、集约化配置等方面的规划途径和创新方法；分析了各种公共设施与城市道路交通设施、公园绿地、开放空间以及其他设施之间的布局关系；同时探讨了在新时代背景下公共设施布局的趋势与方向。通过项目案例的介绍和探讨，为其他公共设施网点的设置标准和布局规划提供有益借鉴。

上期封面：

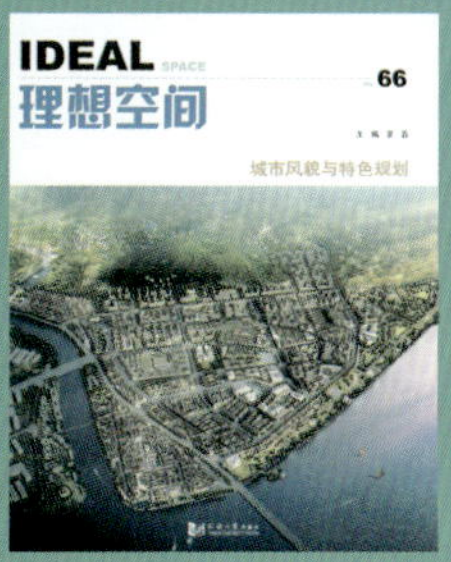

CONTENTS
目录

专题案例

教育设施

004 选址与配置模型——一种优化公共设施布局的规划方法 \ 宋小冬
007 教育规划的多层解析与多元统筹——以《杭州经济技术开发区教育设施布局专项规划》为例 \ 洪田芬 杨毅栋
010 度假城市的教育设施配置问题研究——以三亚市为例 \ 何凌华
016 上海中心城周边地区基础教育设施布局规划的思考——以闵行区为例 \ 黄 普
020 上海中心城基础教育设施布局规划的思考——以黄浦区为例 \ 王 蕾

商业设施

024 数据量化与多层控制的商业网点规划——以张家港市杨舍城区商业网点布局及业态规划为例 \ 洪田芬 潘 蓉
030 快速城市化背景下的中小城市商业网点规划 \ 朱 娟 胡建勇
036 现代商业街区规划设计初探——以平顶山卫东区特色商业街区发展规划为例 \ 吴继芳 李明聪
040 假日中原欢乐之心——郑州惠济区特色商业区规划设计 \ 燕存爱 张 丽

文化体育

046 战略聚集、层级服务与网络空间——武汉“文化规划”的初步探索 \ 白 栋 唐知发
050 国际文化大都市建设下公共图书馆专项规划——以上海市为例 \ 王宝宇 黄 皓 潘慧斌

医疗卫生

056 湖北省宜城市小城镇医疗生活圈特征及规划应对探讨 \ 耿 虹 张 凯
062 建构完善的医疗卫生服务体系——以淳安县医疗卫生设施专项规划为例 \ 褚书顶 吴文鑫
067 城市综合防灾中防灾公共设施空间布局研究——以克拉玛依市独山子城区综合防灾规划为例 \ 张小勇 戴慎志
072 优化医疗资源配置，促进健康事业发展——金乡县医疗卫生设施专项规划（2009—2020）\ 冷方兴 何广美 靳连亮

公共设施综合规划

078 略论新城公共服务设施的规划设计原则——以安哥拉罗安达新城规划设计为例 \ 蒋朝晖 魏 钢 董 超
082 基于单元控制模式的公共服务设施配置实践思考——以成都市天府新区规划为例 \ 孟 莹
087 广州市公共中心及公共服务设施体系控制性规划 \ 孙华伟 杨 嘉 汤燕良
092 多元视角下城市金融集聚区公共服务设施规划特征探析——以广州国际金融城起步区城市设计为例 \ 刘 晓 沈 磊
098 成都市公共设施专项规划编制的实践——以《成都市中心城区公共文化基础设施布点规划》为例 \ 李 磊 王 波
102 成都市中心城区十五分钟基本公共服务圈的规划实践 \ 杨 潇 陈 茜
106 “产业新区”走向“城市中心”的城市公共设施配置探索研究——以长沙国家高新技术产业开发区公共和公用设施规划为例 \ 梅 欣 张义英
112 大都市外围地区公共服务设施规划探索——以廊坊北三县为例 \ 王正海 吴 虑
116 旅游型小城镇公共设施配置探析——以山东省乐陵市朱集镇为例 \ 王岱霞

他山之石

120 “人•都市•自然”理念倡导下的体验式城市综合体——难波公园 \ 郭丽阁 王宝宇 尔古木牛
124 国际大都市文化设施规划布局研究 \ 王宝宇 蒋新颜 张冠增

Subject Case

Education Facilities

004 Location-Allocation Model—Method for Facility Planning and Optimization \Song Xiaodong
007 Varied and Overall Educational Planning—Take HEDA as an Example \Hong Tianfen Yang Yidong
010 The Distribution of Education Facilities in the Resort City—A Case Study of Sanya \He Linghua
016 Thinking of Basic Education Facilities Arrangement in Surrounding Areas of the Central City of Shanghai—The Case of Minhang Area \Huang Pu
020 Thought of the Fundamental Education Facilities Location Planning in Central City of Shanghai—The Case of Huangpu District \Wang Lei

Commercial Facilities

024 Quantified and Multilayered Commercial Network Planning—Take Yangshe District in Zhangjiagang City as an Example \Hong Tianfen Pan Rong
030 The Commercial Network Planning of Mid-sized Cities under the Background of Rapid Urbanization in China \Zhu Juan HuJianyong
036 Preliminary Research on Planning and Design of Modern Commercial District—Take Development Planning of Featured Commercial District in Weidong, Pingdingshan as an Example \Wu Jifang Li Mingcong
040 Holiday Destination of Henan Province, Joy Center of Zhengzhou City—Distinctive Business Area Design and Planning of Huiji District, Zhengzhou \Yan Cun'ai Zhang Li

Culture and Sports

046 Strategic Aggregation, Hierarchically Service, Networked Space—The Outline of Cultural Planning in Wuhan \ Bai Dong Tang Zhifa
050 Public Library Special Planning in the Background of the Cultural International Metropolis Construction—Case Study of Shanghai City \Wang Baoyu Huang Hao Pan Huibin

Medical and Health

056 Discussion of Characteristics and Strategies of Small Town Medical Living Area in Yicheng, Hubei \Geng Hong Zhang Kai
062 Construction of Perfect Health Service System—Special Planning for Health Facilities of Chun'an County \Chu Shuding Wu Wenxin
067 The Spatial Layout Research for Disaster Prevention and Public Facilities Based on City's ComPrehensive Disaster Prevention and Mitigation—The Case of Comprehensive Disaster Planning in Dushanzi District of Karamay \Zhang Xiaoyong Dai Shenzhi
072 Optimizing the Allocation of Medical Resources, Promoting the Development of Health Career—Special Planning of Health Facilities in Jinxiang County(2009—2020) \Leng Fangxing He Guangmei Jin Lianliang

Public Service Facilities

078 Planning and Design Principles for Public Service Facilities of the New Town—A Case Study of Kilamba Town Planning in Luanda Angola \Jiang Zhaohui Wei Gang Dong Chao
082 The Public Service Facilities Practice Based on Unit Control Mode—Tianfu District Planning of Chengdu as an Example \Meng Ying
087 Controlled Planning for Guangzhou Public Center and Public Service Facilities \Sun Huawei Yang Jia Tang Yanliang
092 Analysis of Public Service Facilities Feature in Urban Finacial Area under Multiple Perspectives—Taking the Case of Detailed Urban Design for Guangzhou Financial City Start-up Zone \Liu Xiao Shen Lei
098 The Practice in the Planning of Special Plans of Public Facilities in Chengdu—Illustrated by the Case of the Layout Planning of Chengdu Pubilic Cultural Infrastructure \Li Lei Wang Bo
102 The Planning Practice of Fifteen Minutes Fundamental Public Service Circles in Chengdu Central City \Yang Xiao Chen Qian
106 Research on City Public Facilities in the Background from "Industrial Area" to "City Center" —The Public Facilities and Dutilities Planning of the Changsha National Hi Tech Industrial Development Zone \Mei Xin Zhang Yiying
112 The Research of Public Service Falicities in MetroplitanPeri-urban Areas—A Case Study of North Three Counties in Langfang \Wang Zhenghai Wu Lv
116 Research of Facilities Configuration of Tourist Towns—A Case Study of Zhuji Town of Laoling, Shandong \Wang Daixia

Voice from Abroad

120 Experiential Model of Urban Context under the Advocacy of "Human & Urban & Nature"—Namba Park \Guo Lige Wang Baoyu ErguMuniu
124 Research on the Cultural Facilities Layout Planning of the International Metropolis \Wang Baoyu Jiang Xinyan Zhang Guanzeng

专题案例
Subject Case
教育设施
Education Facilities

选址与配置模型
——一种优化公共设施布局的规划方法

Location-Allocation Model
—Method for Facility Planning and Optimization

宋小冬
Song Xiaodong

[摘　要]　在公共设施规划领域，需求和供应之间存在相辅相成、互为因果的关系，设施选址偏向供应，资源配置偏向需求，两者若能同步考虑，有利于总量平衡、服务就近、资源节省。选址与配置模型就是为了适应这类应用而产生的，其核心是使供需关系达到优化，经过多年发展，已逐渐成熟，但是规划人员对它尚不熟悉。本文介绍了选址与配置模型的基本概念，常用的优化目标、约束条件，计算方法和软件平台。进一步以某乡镇为例，将选址与配置模型用于小学布局规划，并以通勤时间最省、配置设施最少、有容量限制的覆盖范围最大为不同的优化目标，产生三个布局方案，借此说明该模型的使用效果和优势。

[关键词]　公共设施规划；选址与配置模型；布局优化

[Abstract]　In the field of public facilities planning, causal relationship exists between the demand and supply. In supply, facility location problem should be considered, in demand, resource allocation problem is more important. Considering both simultaneously, it will benefits the overall balance, nearby service and saving resources. Location and allocation model was generated in order to adapt such applications, the core of which is to optimize the relationship between supply and demand, after years of development, it has gradually matured, but planners are still not familiar with it. This article introduced the basic concepts of the location and allocation model, common optimization objective, constraints, calculation methods and software platforms. Taking a township-wide as an example, this article used the location and allocation model, based on minimum commuting time, minimum facilities, maximum coverage under the capacity constraints, generating three different scenarios for primary school planning to illustrate the effect and advantage of this model.

[Keywords]　Facilities Planning; Location-Allocation Model; Location Optimization
[文章编号]　2015-67-P-004

一、设施选址和资源配置问题的一般定义

公共设施的布局是城乡规划的基本业务，经过多年实践，已有若干技术规范作为规划的依据，把握技术规范，规划成果八九不离十，可以大致符合要求。但是不同的城市、地区，不同的历史阶段、现状条件、发展趋势，不同的土地和财政资源，符合技术规范的方案可以很多，怎样比较？如何选优？会遇到困难。按城乡规划的一般原理，大致有三个评价原则：首先是供需总量平衡；其次是服务距离较近，布点均匀；再次是资源节省。

以中小学为例，从设施建设、运营、使用的过程来看，规划部门提出布局规划，教育部门按规划建设学校，再按学校划分学区，按居住人口分配学生，然后将实际运营中的问题反馈给规划部门，在下一次规划中进一步调整布局。

从居住人口分布，提出学校布局，可以看成是设施选址，按既定的学校、人口，分配学生，可以看成是资源配置。选址和配置相辅相成、相互制约，脱离配置的选址、脱离选址的配置，都可能引起服务错位、资源浪费。

规划侧重于选址，一旦实施，设施的位置变得刚性，配置的弹性变小，因此充分考虑配置的选址，除了满足总量平衡，还有利于就近服务、避免浪费，便于后续的运营、使用。

二、选址与配置一体化

选址的同时考虑配置，配置的同时考虑选址，实则为布局优化问题。大约在1970年代，理论界就有学者提出选址与配置（location-allocation，LA）模型，公共设施的布局是该类模型的潜在应用对象，目前该项技术已基本成熟。选址与配置模型有若干基本条件及常用的优化目标。

1. 供需关系的定义

（1）供应点的选择。供应方一般简化为点，在若干位置中选择，显然，允许选点的位置肯定多于要配置的供应点。

（2）需求的空间分布。不但需求总量已知，空间上分布也已知，而且位置不均匀、数量也不均匀。

（3）交通联系。需求和供应之间必须要有交通联系，才能实现运营、使用，交通成本对供需关系构成制约。

2. 规划的优化目标和约束条件

（1）平均服务距离最短。如果设施数量已定，对设施进行布局，使需求和供应之间的交通总距离最

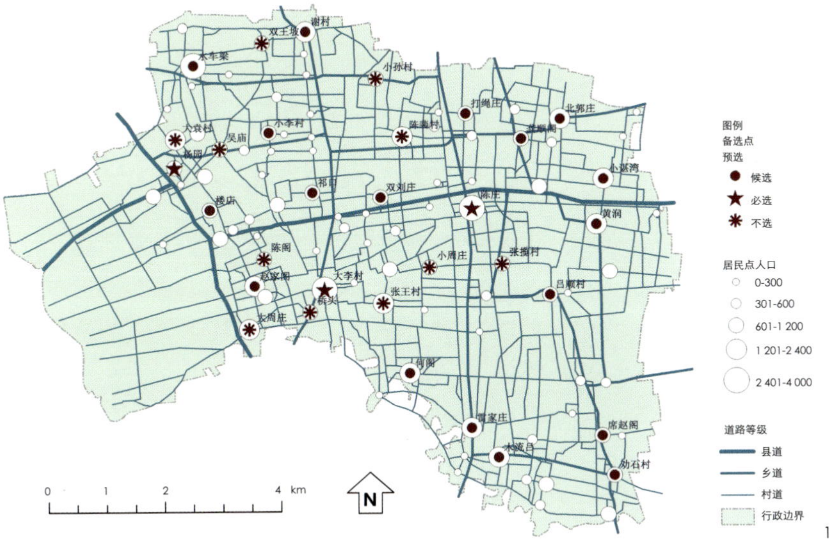

1

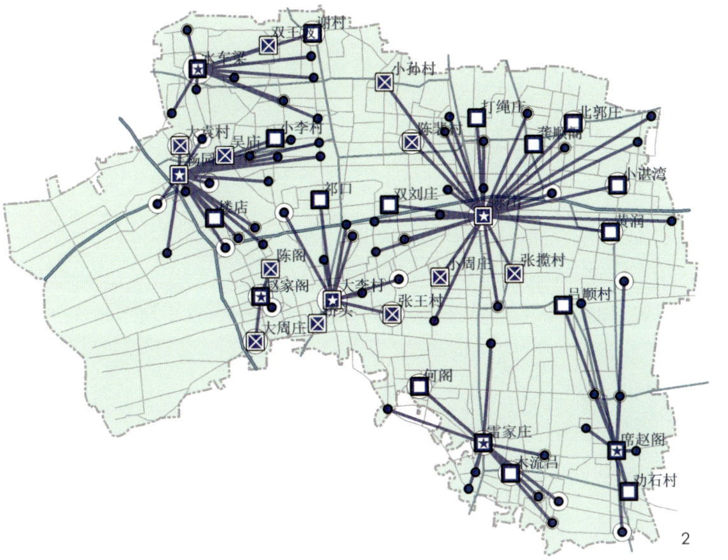

2

1.实验乡镇概况

2.按通勤时间最省而产生的选址与配置

短，等价于全体使用者的平均距离最短。

（2）最远服务距离最短。设施数量已定，如何使最远服务距离降到最低。这一方法往往被用于消防站的规划。

（3）覆盖范围最大。设施数量已定，设定服务距离上限，如何使超出最远服务距离的使用者最少。如果所有使用者均不超出上限，可在此基础上，再降低平均服务距离。

（4）设施数量最少。满足预先设定的服务距离上限，如何使投入的设施数量最少，而且在实现了最少设施，满足了最远服务距离后，再降低平均服务距离。

（5）容量限制。上述4类分析一般不涉及单个设施负荷的大小，如果要考虑设施容量，就有附加条件：一是设施容量上限，如各所学校有自己的招生总量限制，配置的学生数不能超出；二是设施门槛下限，为了防止招生太少，可以规定某些学校至少要招满多少学生；三是均衡配置，不同设施承担的需求差异不能太大，也可限定。

（6）市场占有量最大。如果设施和设施之间有竞争关系，服务距离较近者优先，后来的竞争者如何从竞争对手中吸引得更多的使用者，成为布局优化目标。本方法可用于收寄包裹服务网点的布局。

从上述讨论中可以看出，服务距离可能是优化对象，也可能是制约条件，距离是计算交通成本最简单的一种，如果改用交通时耗来代替距离，或者按交通条件，用其他方式计算交通成本，可能比单纯的距离更贴近现实。

三、计算方法和软件平台

1. 计算方法

为了同步解决选址和配置，就要得到最优解。假设在某城市中要布置某种设施，允许布置的位置有200个点，需要布置的设施为10个点，在200个可能的位置中产生有10个点的布置方案，总量可能是200和10的组合（见式[1]）。如何得出最优解，目前主要有3类计算方法：

$$C_{200}^{10} = \frac{200!}{(200-10)!\cdot 10!} \approx 2.245\times 10^{16} \quad [1]$$

（1）精确枚举法。相当于穷举法，从公式[1]的列举可看出，方案的总量巨大，即使配备速度最快的计算机，也无法在常规的时间内比较完毕，因此这种方法仅适用于设施数量很少，选择余地很小的情况。

（2）精确数学规划法。将供需关系适当转化，用运筹学领域的数学规划法表示（如线性规划、整数规划），在一定约束条件下，得到最优解。这类计算方法也有较大局限性，主要是问题的定义必须简单，制约条件不能灵活变化，允许比较的方案也不能太多。

（3）启发式近似算法。先提出试探性的方案，不断改进、调整、优化，向最优解逐步逼近。这类方法的优点是适应面广，可承载的方案数量大，可涉及的因素较多，计算时间可控。缺点有二，一是无法确定逐步逼近的结果和最优解之间到底有多大差距，二是优化过程可能会陷入误区，为了局部优化而疏忽了整体。

在实践中，启发式近似算法因适应性强而得到推广。

2. 软件平台

将供应设施、使用者的需求、交通联系输入计算机，进行管理、维护、显示，计算结果可视化表达，地理信息系统（geographic information system, GIS）是合适的软件平台，尤其是GIS的网络分析功能，较容易将供需双方的联系从直线距离转变为交通距离，或时间消耗，体现交通条件引起的成本。因GIS平台的普及，选址与配置模型的理论成果能够较快地走向应用，也反过来调动了理论研究的积极性。

四、应用举例

本例为中国中部地区的一个乡镇，[1]需要调整小学的布局。约64km²行政辖区内，有自然村94个，行政村32个，人口约6.5万，学龄儿童约5 800名。每个行政村中最大的自然村默认为该行政村的中心村，小学选址必须和中心村重合，其中3所现状小学要保留（位于杨园、大李村、陈庄），9个行政村不考虑设置小学，剩下20个中心村作为候选点。根据技术规范，6～8所小学可满足总量平衡。道路系统分县道、乡道、村道3级，通勤成本为规划的优化目标或制约条件。本例使用软件平台为ArcGIS 10.1 for Desktop，运用Network Analyst扩展模块中的

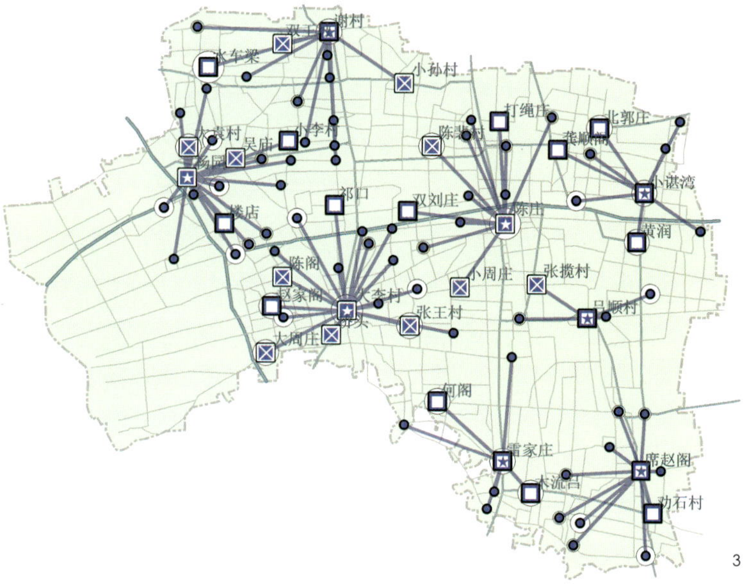

3

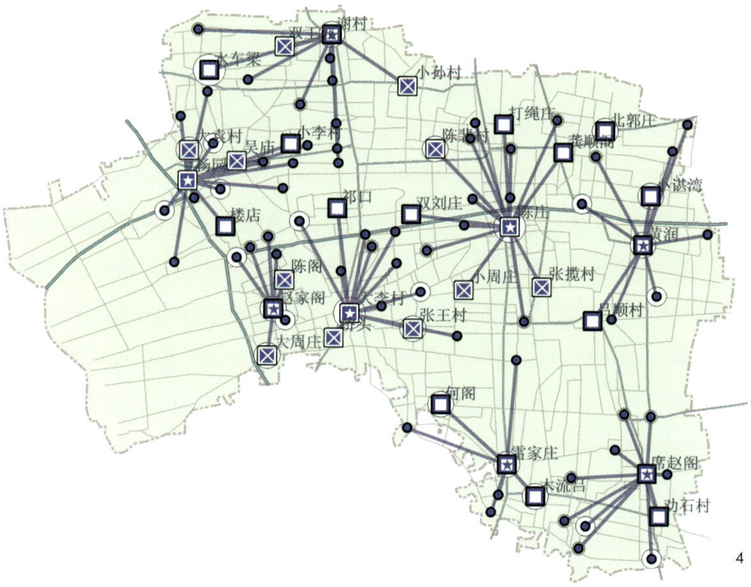

4

3.满足2500m通勤距离，最少设施的选址与配置
4.容量限制的最大覆盖范围，8所小学的选址与配置

Location-Allocation（位置分配）功能，提供3个比较方案。

方案一：布置7所小学。优化目标：平均通勤时间最省，县道的交通速度为20km/hr，乡道的交通速度15km/hr，村道的交通速度4.5km/hr（表1）。

表1 按通勤时间最省，7所小学的选址与配置

名称	分配的居民点（个）	配置的学生数（人）	人•分钟总量
雷家庄	11	730	6 095.20
杨园	20	1 059	9 483.47
大李村	10	761	7 020.40
水车梁	11	628	5 706.97
赵家阁	4	463	2 936.83
席赵阁	10	490	3 745.25
陈庄	28	1 714	17 248.95

方案二：最远服务距离为2 500m。优化目标：提供的设施最少（表2）。

表2 满足2 500m通勤距离，最少设施的选址与配置

名称	分配的居民点（个）	配置的学生数（人）	人•分钟总量
雷家庄	7	552	443 363.13
谢村	13	709	1 036 656.42
杨园	18	1 038	1 162 873.61
大李村	18	1 271	1 539 272.11
席赵阁	11	510	579 616.22
小谌湾	9	547	633 818.22
吕顺村	5	281	284 650.10
陈庄	13	937	1 140 153.10

方案三：学校为8所，服务距离为2 500m，按中心村的类型，学校招生数量有限制。优化目标：覆盖范围最大。优化结果，有110名学生通勤距离大于2 500m（表3）。

3个方案的综合比较见表4。

表3 有容量限制的最大覆盖范围，8所小学的选址与配置

名称	容量限制	配置的学生数（人）	人•分钟总量
雷家庄	950	552	44 363.13
谢村	700	694	1 002 737.37
杨园	1 200	906	934 730.84
大李村	1 200	789	818 001.11
赵家阁	700	629	426 768.04
席赵阁	700	510	576 916.22
黄润	700	508	540 865.91
陈庄	1 200	1 147	1 495 900.16

表4 方案综合比较

优化目标	设施容量	预设设施总量	距离制约（m）	人均通勤成本	其他结果
通勤时间最省	无限制	7所	无	8.94min	无
提供设施最少	无限制	最少	2 500	1 166.4min	8所能满足
覆盖范围最大	预设上限	8所	2 500	1 087.9min	110人未覆盖

五、小结

选址与配置模型依靠优化算法实现，设施选址和资源配置互为因果，同步完成，从整体的角度贯彻总量平衡、服务就近、资源节省三大原则，借助GIS平台，使规划过程可以在较短时间内方便、直观地完成，精确性也比传统方法大大提高。显然，这种方法也可用于教育设施以外的领域，在各种公共设施布局规划、运营中发挥它的独特作用。

注释

[1] 本例为实验性，为了突出典型，原始资料稍有简化，地名有人为改动。

参考文献

[1] Church R. Location Modeling and GIS [M]. in Longley P A, Goodchild M F, Maguire D J, Rhind D W. eds. Geographic Information Systems (Volume 1): Principles and Technical Issues. 2nd ed. Chichester: John Wiley & Sons. 1999.293-303.

[2] 宋小冬，叶嘉安，钮心毅. 地理信息系统及其在城市规划与管理中的应用 [M]. 第二版，第11章. 北京：科学出版社，2010.

[3] 叶嘉安，宋小冬，钮心毅，黎夏. 地理信息与规划支持系统 [M]. 第7章. 北京：科学出版社，2006.

作者简介

宋小冬，同济大学城市规划系，教授、博导。

教育规划的多层解析与多元统筹

——以《杭州经济技术开发区教育设施布局专项规划》为例

Varied and Overall Educational Planning —Take HEDA as an Example

洪田芬 杨毅栋
Hong Tianfen Yang Yidong

[摘 要] 本文结合实际规划案例，采用横向教育公平系统规划和纵向终身教育体系规划的双重手段，充分体现规划作为重要公共策略、促进社会和谐进步的龙头作用。在技术方法上，本文一方面在外来务工人员子女需求测算上采取了独创性的定量研究方法，在保障公平的前提下对教育资源进行集约化配置，另一方面在民办学校对教育设施近远期规划量的影响进行了定性总结，这些分析新方法可供其他教育规划借鉴参考。

[关键词] 教育设施规划；教育公平；终身教育；杭州经济技术开发区

[Abstract] This paper Introduced a varied and overall educational planning, fully reflect the plan as an important public policy role, the paper estimate the needs of children of migrant workers, and Summarized the effect of private schools on the short term and long term planning quantity. These new methods can be used for other educational planning reference.

[Keywords] Education Facilities Planning; Fair Education; Lifelong Education; HEDA

[文章编号] 2015-67-P-007

一、教育规划的多层内涵

从公平层面来看，教育规划应包含促进和支持外来务工人员子女、特殊教育群体接受教育的横向教育公平规划的内容；从体系层面来看，教育规划应建立由学前教育、九年义务教育、高中教育、大学教育、职业教育构成的的纵向终身教育体系，落实多级设施；从主体层面来看，教育规划应当合理统筹公办、民办教育资源总量，实现近远期统筹。

二、横向教育公平系统规划

横向教育公平系统规划包括均等性教育设施布局和均等性教育需求测算。

1. 均等性教育设施布局原则

（1）以规划管理单元为单位，基本确保规划配置配套学前教育与九年义务教育设施在单元内平衡。在规划单元内教育设施规模满足配套需求的前提下，保证建设标准。

（2）规划单元内原规划学前教育与九年义务教育设施规模不能满足配套需求时，应以在原用地上提高容积率（学前教育设施不超过0.9，九年义务教育设施不超过1.1）为主要手段来提高班级数，但同时也要满足室外活动场地的建设要求。

（3）规划单元内用地紧缺，现状建成学校若受发展条件限制无法扩建，规划教育设施又受到用地限制，不能满足所在单元内配置要求的情况下，可部分依托相邻单元配套平衡。

2. 均等性教育需求测算方法

杭州经济技术开发区内有大量的外来务工人员公寓为产业区服务，因此规划期内居住人口测算必须考虑以外来务工人员为主的产业人口。在人口预测上，本文按规划居住用地上的人口和外来务工人员公寓居住人口两类进行人口测算，测算值为单元控规人口（居住用地上的人口）测算与外来务工人员公寓规划容纳人口之和。

《城市流动人口居住状况与安居意愿调查研究——以杭州市外来务工人员为例》课题组2008年在杭州部分社区问卷调查的成果，作为外来务工人员公寓居住人口的学前教育需求量预测的依据：20～40岁的青壮年外来务工人员主体，占75.8%。在20～40这个年龄段的外来务工人员，已婚的占42.2%，其中有45.9%现在是与自己的配偶居住在一起的，即外来务工人员中约有15%为与配偶共同居住在本市。本文参考这一研究结论，外来务工人员公寓以规划套数的15%测算带子女家庭户数。根据测算，学前、学龄教育设施配套需求为幼儿园共549班、小学591班，初中266班（表1）。

三、纵向终身教育体系规划

1. 学龄前教育——学前教育设施布局规划

（1）配套标准

《杭州市城市规划公共服务设施基本配套规定》规定班额数为30生，百户指标为9.3生。根据杭州市学前教育“1+4”最新政策要求，为兼顾外来务工人员子女入园要求和托班教育需求，规划幼儿园百户指标提高至11生，幼儿园容积率不宜超过0.9。建设标准参照《普通幼儿园建设标准》。

（2）规划布局

规划以托幼园所用地合理布局，引导教育资源的均衡发展。本次共规划38所幼儿园，其中8所为现状保留提升，30所为新规划，规划总班级数为571班，满足549班的配置要求，基本满足单元内平衡的要求（表2）。

2. 学龄课内与课外教育——九年义务教育设施与青少年活动中心布局规划

（1）课内教育——九年义务教育设施布局

根据《杭州市城市规划公共服务设施基本配套规定》，小学百户指标22生、班额数45生；中学百户指标11生、班额数50生。建设标准参照《九年制义务教育普通学校建设标准》，至少应满足III类标准。规划小学总班级数为750班，满足731班的配置要求；规划初中总班级数为378班，满足330班的配置要求。布局形式同学前教育，基本实现单元内平衡。

（2）课外教育——青少年活动中心布局

青少年活动中心是青少年课外教育的重要基地，根据青少年活动中心具体评估标准，杭州经济技术开发区以城市区级标准设置：占地面积不少于15亩，建筑面积不少于4 000m^2，室外活动场地不少于1 200m^2。

表1 学前、学龄教育设施分单元预测

单元名称	用地类型	规划总户数（户）	需求量预测（班）		
			幼儿园	小学	初中
松合单元	居住用地	12 500	46	61	28
元成单元	元成单元小计	8 712	32	42	19
	居住用地	6 738	25	33	15
	元成社区外来人员公寓	454（3 026）	2	2	1
	东方社区商业综合用房	624（4 161）	2	3	1
	湾南社区商业综合用房	896（5 975）	3	4	2
中心区单元、中沙单元	中心区单元中沙单元小计	41 319	152	202	91
	居住用地	36 200	133	177	80
	松合社区商业综合用房	626（4 171）	2	3	1
	头格社区商业综合用房	1 098（7 317）	4	5	2
	上沙社区外来人员公寓（一期）	254（1 694）	1	1	1
	上沙社区外来人员公寓（二期）	542（3 612）	2	3	1
	中沙社区商业综合用房	1 059（7 061）	4	5	2
	下沙社区商业综合用房	595（3 965）	2	3	1
	新元社区商业综合用房	723（4 822）	3	4	2
	高沙社区商业综合用房	222（1 482）	1	1	1
下沙大学城西单元	居住用地	2 006	7	10	4
开发区单元	居住用地	14 800	54	72	33
七格单元	七格单元小计	9 229	34	46	21
	居住用地	8 300	30	41	18
	智格社区外来人员公寓	806（5 375）	3	4	2
	七格社区商业综合用房	123（822）	1	1	1
下沙大学城北单元	居住用地	21 740	80	106	48
下沙大学城东单元	居住用地	655	2	3	1
开发区东单元	开发区东单元小计	470	2	3	1
	居住用地	322	1	2	1
	廉租公寓与休斯顿配套公寓	148（1 979）	1	1	—
沿江单元	居住用地	23 078	85	113	51
湿地单元	居住用地	15 018	55	73	33
合计		149 527	549	731	330

注：规划总户数为居住用地人口户数与外来务工人员带子女家庭户数之和，括号中户数为外来务工人员公寓实际户数。

表2 规划幼儿园总体布局一览表

序号	单元名称	需求量预测（班）	规划班级数（班）	规划幼儿园数量（所）		
				现状	规划	合计
1	松合单元	46	45	—	3	3
2	元成单元	32	33	—	2	2
3	中心区单元、中沙单元	152	153	3	7	10
4	下沙大学城西单元	7	8	1	—	1
5	开发区单元	54	63	—	5	5
6	七格单元	34	36	—	2	2
7	下沙大学城北单元	80	87	—	5	5
8	下沙大学城东单元	2	12	—	1	1
9	开发区东单元	2	—	—	—	—
10	沿江单元	85	77	3	2	5
11	湿地单元	55	57	1	3	4
合计		549	571	8	30	38

本次建议区青少年活动中心附设于金沙湖畔的科文中心内，实现现有资源统筹与合理利用。

3. 职业预备教育——普通高中、职业高中与大学布局规划

高中与大学布局于市级层面，全局统筹且已建成，本文研究不涉及。

4. 职业教育——社区学院与教师进修学校布局规划

（1）社区学院布局规划

社区学院在美国属于高等教育体系，也是实施高职教育的主要机构。美国社区学院所承担的教育功能是综合性的，并非只有职业教育，其功能还包括转学教育、普通教育、补偿教育、继续教育等。据粗略统计，美国现有公立和独立的社区学院1 600所左右，社区学院的学制一般为二年，实行严格的学分制。而中国的高职教育有专门的职业技术学院，社区学院负责的是除高等教育体系范畴之外的职业教育。

来自国家统计局的资料显示，我国大中城市居民家庭目前对社区服务的需求很大，如北京、上海、广州、成都、西安、沈阳和青岛七个城市中，有70%以上的家庭需要各种服务，其中有近240万户居民目前得不到家电维修的服务，127万户居民得不到房屋维修的服务，社区服务累计可为社会提供2 000万个就业机会，而目前空缺的就业机会超过了1 100万个。而以上几大城市的调查则显示：下岗职工中初中水平的占52.2%，高中水平的占28.9%，中专水平的占6.8%，小学及以下的占5.2%，大专水平的占5.7%，大本以上的占1.1%，下岗职工中无职业技术职称的达51.7%，有初级或中级职业资格的各占1.1%，高级职业资格的只占1.9%。职工下岗以后，没有接受过培训的占80%，接受过某种形式培训的仅18.2%，多数下岗职工表示愿意接受短期的专业性和操性强的培训。

本文认为，杭州经济技术开发区社区学院建设的功能定位，应当以社区就业为目标，以职业培训为基础，以提高社区就业知识技能为手段。教育形式以短期的社区服务专业培训为主，此外也可以利用地处开发区的特点，联合产业区进行产业工人的技能培训。

参考国外社区学院的规划案例，社区学院的规划用地大部分在0.5万～1.5万m^2之间。本文建议根据社区学院的功能特点，以街道为单位，结合规划居住区服务设施用地设置白杨街道社区学院和下沙街道社区学院两处。

（2）教师进修学校布局规划

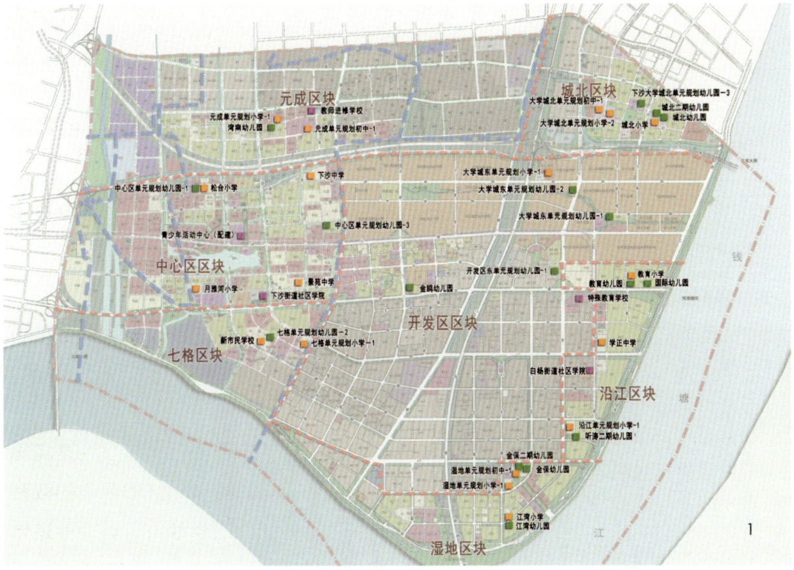

据《2011年杭州经济技术开发区国民经济和社会发展统计公报》统计，杭州经济技术开发区教职员工共18 166人，其中专职教师约占65%，早已达到设置县级教师培训机构的要求。下沙大学城高教园区的发展是杭州经济技术开发区的重要功能组成，为大学城的发展服务，设置一所教师进修学校是合理与必须的。本规划依据《教育部办公厅关于开展示范性县级教师培训机构评估认定工作的通知》（教师厅〔2011〕126号）中对校园基础设施的设置要求，"教职工总数为8 000人以上，占地面积不低于20亩，建筑面积达10 000m^{2}以上"进行选址。在选址位置上考虑与下沙大学城之间的联系。

5. 特殊教育——聋哑学校与弱智学校布局规划

杭州经济技术开发区范围内已有杭州聋人学校，从健全教育体系、完善城市功能的角度出发，开发区境内可设置1所弱智学校，为开发区乃至更大区域服务。

根据《杭州市城市规划公共服务设施基本配套规定》，9班弱智学校用地面积为9 954m^2，18班弱智学校用地面积为15 876m^2，班额数为14人。考虑到弱智学校设置的特殊性和生源问题，规划建议近期在教师进修学校规划用地中附建，部分设施共用，待学校发展至一定规模时另行单独选址。

四、公民办相结合的近远期规划统筹

1. 近期统筹方法

因开发区现状公办教育资源缺口较大，在近期（2015年）无法实现公办教育资源对教育需求的全满足，建议在近期人口测算的基础上，将合格民办幼儿园、中小学纳入现状教育设施统计。

因此，近期规划教育设施建设量计算公式如下：

近期教育设施建设量=近期教育设施需求测算量－现状合格保留公办与民办教育设施量＋近期有条件动工的教育设施量

2. 远期统筹方法

由于民办教育的办学具有一定的不确定性，在远期（2020年）较长的时间跨度内更加突出。一方面因注重引导民办教育设施至规划教育设施用地上建设，提高民办教育设施的办学标准；另一方面，仍应以公办教育设施为主体进行远期的教育设施布局。

因此，远期规划教育设施建设量应等同于远期教育设施用地规划量，以用地控制教育设施的整体统筹。

五、结语

长久以来，国内城市规划作为技术引导的属性大于公共政策的作用，尤其是在专项规划领域，以技术规范为唯一准则、以资源分配为规划要务，忽视了对社会形势的把握、重点社会矛盾的剖析和平衡。本文的研究以评估外来务工人员生活需求、民间资本参与社会基础设施运作等重要社会现象对规划的作用与影响为立意，结合《杭州经济技术开发区教育设施布局专项规划》的具体案例，通过创新性的定性、定量分析手法，建立一套多元公平的终身教育体系规划的完整系统，是在新的历史时期下，适应不同社会群体需求的公共设施、基础设施规划的有益探索。

参考文献

[1] 胡锦涛在中国共产党第十八次全国代表大会上的报告《坚定不移沿着中国特色社会主义道路前进为全面建成小康社会而奋斗中》.

[2] 毛丰付. 城市流动人口居住状况与安居意愿调查研究：以杭州市外来务工人员为例，浙江工商大学学 报2009（6）：90－95.

[3] 周昌祥. 发展社区学院构筑再就业工程的重要支柱，兰州学刊2003（4）：143－150.

[4] 杨得兵. 中美物业管理高职教育的比较研究—基于美国社区学院模式的思考，河南商业高等专科学校学报2011（2）：109－112.

作者简介

洪田芬，硕士，杭州市城市规划设计研究院，工程师；

杨毅栋，本科，杭州市城市规划设计研究院规划研究中心主任，教授级高工，注册规划师。

1.教育设施近期建设规划图
2.九年义务制教育设施布局规划图

度假城市的教育设施配置问题研究
——以三亚市为例

The Distribution of Education Facilities in the Resort City —A Case Study of Sanya

何凌华
He Linghua

[摘　要]　教育设施是城市公共设施系统中重要的基础设施，但旅游度假城市的特殊性却对教育设施的使用及配置产生了不小的影响。通过调查三亚教育设施系统的现状问题，挖掘度假城市教育设施问题的困境根源，从度假城市现实角度探索旅游度假城市教育设施规划布局的方法。

[关键词]　教育设施配置；旅游度假城市；困境；方法探索

[Abstract]　Education facilities are important fundamental facilities in urban public facilities system. The particularity of tourist city has a great influence on the allocation of education facilities. Based on a factual investigation on education facilities of Sanya, this paper analyzes the reason for serious education problem is the complicated population structure and the pattern of economic development, and points out relevant propose on the allocation of education facilities.

[Keywords]　Allocation of Education Facilities; Resort City; Dilemma; Methods Exploration

[文章编号]　2015-67-P-010

1.三亚市市区小学规模分析
2.三亚市市区小学班均规模
3.三亚市公办民办以及“黑幼儿园”分布
4.三亚公办民办学校分布
5.三亚市旅游地产分布

一、现状背景

在加强国际竞争力和追求自身经济效益的背景下，那些具备优质旅游资源的欠发达度假城市往往过分倚重旅游对经济发展的作用，大力开发旅游度假相关设施，基本的城市公共服务设施被忽略，城市基本公共服务供给不足、不均。教育设施是城市公共设施的重要组成部分，对社会的稳定健康发展及城市素质文明的提高有巨大的影响。

海南是中国最大的经济特区和唯一的热带岛屿省份。2010年中国政府发布《国务院关于推进海南国际旅游岛建设发展的若干意见》，至此，海南国际旅游岛建设正式步入正轨。三亚拥有海南岛最优质的旅游资源，本次发展浪潮更是进一步刺激了三亚旅游设施及度假地产的建设。高水平度假设施飞速发展，但高标准的从业人员群体却十分稀缺，欺客宰客行为屡禁不止。三亚需要一个高素质的城市教育环境来支撑国际旅游岛的建设，但是在度假城市旅游市场繁荣发展的另一面却是城市教育体系的混乱和缺失，提供旅游者度假消费的美丽城市却无法满足本地居民的基本教育诉求。

二、三亚教育设施概况

通过对三亚市教育设施的实地调研和资料分析，对三亚教育设施体系的问题进行梳理。主要存在以下几个问题。

1. 基础教育设施整体水平较低

（1）教育设施设置的标准偏低

作为国际旅游岛的海南省，在教育设施的相关标准上距离国际标准还有一定的距离。我们选取经济实力与教育实力较强的北京、上海，经济实力较弱的长沙以及城区用地紧张的深圳作为参照。如图1可以看出，三亚无论是占地面积还是建筑面积都落后于其他城市，尤其是生均建筑面积的标准未达到全国标准。

（2）市区学校规模严重超标

即使是以海南省现实较低于全国水平的标准，三亚市市中心的学校仍然面临学校占地不足，学校规模严重超标，市中心小学几乎全部超过海南省的规模限定。[1]从班均人数上来看，同样存在严重的两极分化问题。城区学校班均人数基本全部超标，部分拥有较优质师资的学校甚至达到了70人以上。

（3）教育资源分布不均

在市中心学校班额严重超标、资源严重不足的情况下，市郊学校却因为师资力量薄弱面临招生难的危机。从图1可以看出，大部分的城郊小学都没有达到270人的办学最低标准，从图2来看，城郊小学班均人数基本都达不到30人/班。一边是城郊学校无法达到办学的最低标准，面临生源严重不足的情况。另一边却是城中心区小学大大超过办学的最高规模限制，无论是规模还是班额，城郊学校都和市区学校的形成了鲜明的对比。

2. 民办教育资源的异军突起（高需求量和低质量的反差）

在国际旅游岛的建设背景下，三亚的旅游业发展如火如荼，同时也吸引了大规模的外来务工人员。一些已经长久居住在三亚的打工者拥有暂住证，但更多的打工者则蜗居在各个城中村，构成这个城市无法计量的庞大打工群体。大量外来务工子女极大地冲击着三亚的教育设施体系，本已不堪重负的教育设施无力为其提供相应数量的学位，严苛的审查制度也限制

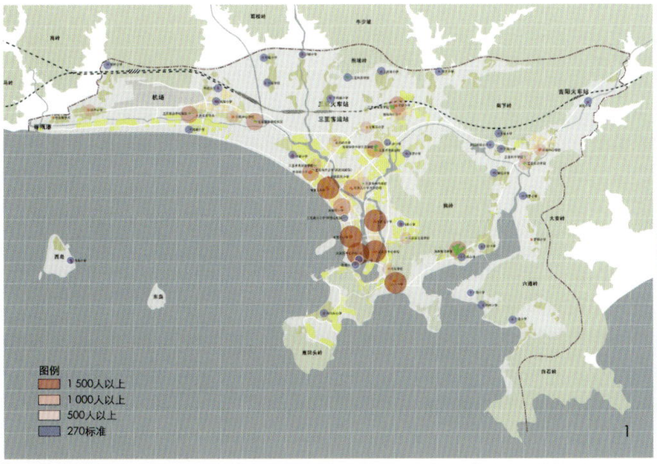
图例
1 500人以上
1 000人以上
500人以上
270标准
1

图例
班均人数超过50人的学校
班均人数不足30人的学校
2

图例
公办幼儿园
已注册民办幼儿园
部队办幼儿园
农垦办幼儿园
筹设幼儿园
“黑”幼儿园
3

图例
小学
民办学校
4

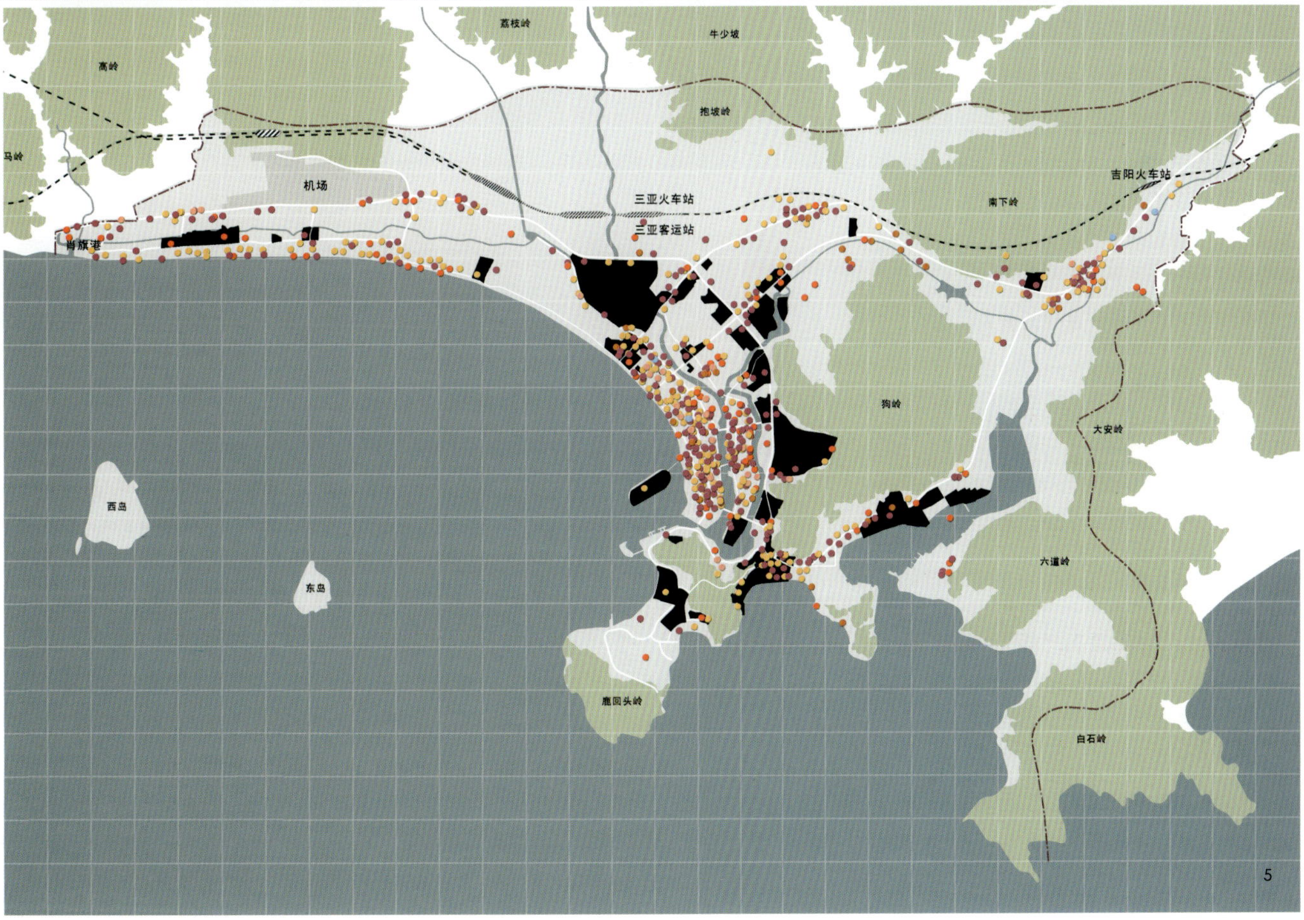
荔枝岭
牛少坡
高岭
马岭
抱坡岭
机场
三亚火车站
三亚客运站
吉阳火车站
南下岭
狗岭
大安岭
西岛
东岛
六道岭
鹿回头岭
白石岭
5

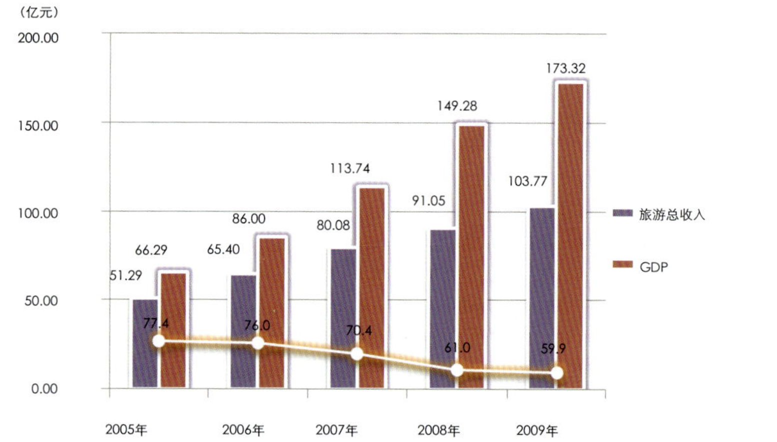

6

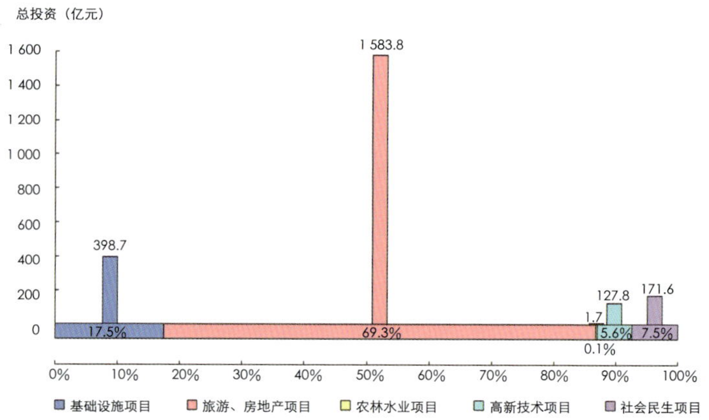

7

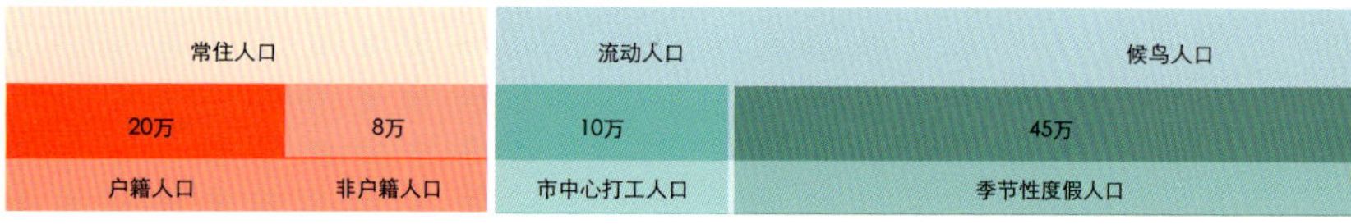

8

	国家标准	海南省标准	三亚现状
城市高中	1:12.5	1:15	1:16
城市初中	1:13.5	1:16	1:26
城市小学	1:19	1:22	1:33

9

6.三亚市旅游总收入占GDP比例变化
7.2012年三亚市重点推进项目投资统计图
8.三亚市旅游季节人口比例
9.三亚市学校师生比情况与国家及海南省标准的对比
10.三亚市小学的规划校核
11.亚幼儿园的规划校核
12.中小学总图

了绝大多数外来务工子女的就学。[2]

在这样的情况下，私立学校、幼儿园在城市中如雨后春笋一般蓬勃地发展起来。三亚的学前教育中除了仅有的两所公立幼儿园，其余幼儿园全部为民办。在城中村聚集的区域，不合格的民办幼儿园（即黑幼儿园）的数量更是庞大。2011年三亚对全市未经审批民办幼儿园进行“拉网式”排查，排查出未注册民办幼儿园共98所，从业人员约850人，在幼儿园就读儿童约8 900人。在三亚的小学中，民办小学也占据了一定比例。民办小学校舍用房以租房为主，由于缺乏用地的保证，民办小学的办学稳定性也受到一定影响。除了极少数教学质量较好的民办小学，多数学校教学环境严重落后，校舍环境差，师资力量相当薄弱。

3. 教育设施配置的落实与闲置

随着三亚旅游地产的高速发展，三亚城区已经被众多候鸟度假地产所包围。这些以候鸟或投资客为居住主体的区域中，所规划的教育设施用地基本处于闲置状态中。由于候鸟居民和投资客基本没有入学需求，因此这部分教育用地的规划实际并没有起到其相应的作用，反而造成了用地的闲置。

4. 中等教育的巨大缺口

三亚市内高中较少，一共8所高中，其中民办两所，共有10 475名学生。而三亚有初中生29 000多人，高中学位严重不足。 即使加上中专职业学校的学位数量，仍有30%初中生无法进入高中或中专，被直接推向社会。而由此带来的是三亚的旅游从业人员文化程度偏低，服务意识弱、服务水平低，整体管理水平差，缺乏中高级管理人才。随着度假休闲观光旅游的进一步发展，这种旅游发展品质受制于人力资源的矛盾将进一步凸显，成为旅游业发展的瓶颈。

二、现实困境

1. 倚重旅游的城市经济发展模式带来的负效应

在基础公共服务设施尚未配置完备的情况下，旅游业的强势令城市公共服务设施短缺的局面更为严峻。旅游业迅猛发展带来的连锁反应对三亚城市公共服务设施的成长造成抑制效应，由于旅游产业能够给城市带来眼前的、巨大的收益，资源更多投向了旅游业，而教育、文化领域的投资则相对减少。从三亚市2012年重点项目推进项目计划可以看到，旅游、房地产项目仍是重中之重。

2. 度假城市人口组成结构导致传统规划配置方法的失效

传统的教育设施配置方法是以人口结构为依据，以规划区不同规划期人口规模的预测值为基数，从而确定学龄人口的数量。根据学龄人口的预测，结合现状情况，进行教育设施的空间布局。可以说，人口规模是教育设施规划布局的基础。

而目前三亚的人口组成结构却呈现出度假城市的典型特点—流动人口数量庞大。三亚旅游服务业吸引的大批临时打工人员，既没有被普查纳入常住人口，也不属于候鸟度假人口。据不完全统计，河东区目前共有流动人口5.4万人，其中已婚育龄妇女1.3万人。从月川社区居委会了解到，目前月川村本地居民仅有1万余人，而流动人口保守估计已超过5万人。这就意味着包括河东区、月川区在内的市中心就存在超过10万人的流动人口。但这些大量的外来打工人群未能有效参与到教育设施配置的人口基数中，由此产生的无法顺利借读的打工子女群体催生了大量的环境恶劣的“黑学校”、“黑幼儿园”。

同时，三亚候鸟房地产社区的教育设施空置问题则是旅游城市的另一大问题。据统计，每年冬季高峰时前来海南休闲、养生、养老的“候鸟老人”约

45万人，几乎是市中心常住人口的两倍。这些候鸟所占据的度假社区在城市规划中是以居住用地而非旅游度假用地出现的，在规划中都有相应的教育设施配套。但这些短暂停留的候鸟人群却对教育设施几乎没有需求，导致这部分教育设施用地的闲置，进一步加剧了三亚教育设施的问题。

3. 师资力量的短缺与不平衡

三亚中小学市郊两级分化问题，其根源一是由于过度重视经济发展而相对忽视了教育设施的建设，导致城区小学数量不足，学位供给不充分；而更重要的一个原因在于城郊学校师资力量的薄弱，换句话说，三亚中小学的问题不仅仅是缺学校，而是严重缺少优质的师资力量。如图9所示，三亚的师生比远远落后于国家标准，甚至远远落后于海南省标准。师资力量的不足造成市区重点小学的不堪重负，甚至导致了三亚市的生源向海南省其他地区流失。

三、规划方法的探索

1. 标准制度的再制订

从现状情况反观当地教育设施标准，不难发现所制定的标准基本无法实现。三亚应根据其自身特点指定阶段性规划标准，逐步提升标准，适应阶段性发展。

（1）制订符合自身区域的差别化标准

对于落后于国家标准的三亚来说，盲目地一味拔高标准不是解决问题的办法，城区稀缺的土地资源也使高标准变得不现实。面对已建区、新建区、滨海区的建设条件和环境的不同，灵活的差别化标准是目前解决三亚教育设施问题的关键。

对于老城区的教育设施，重点评估现有校园校舍情况，在危旧房整改工程进行的同时，对于有条件扩建增建的校舍在原基础上扩大校舍建筑面积，调整班额，提升教学环境质量，并可积极探索地下空间的利用。对于新城区规划新建的教育设施，依据海南省相关标准执行，自身可适度提高标准。

（2）鼓励民营资本的介入，依据现实情况，灵活制订准入门槛

面对日益增大的打工子女入学需求，应鼓励并扶持民营资本的介入。尤其对于学前教育和普通高中教育以及职业培训机构，政府亟需制订相关的准入条件和完善监察机制，鼓励私营教育设施调节补充城市公办教育设施的供给不足。

在严把教育质量条件的基础上，对民办学校的规模条件可以适当降低，以适应三亚市区的现实环

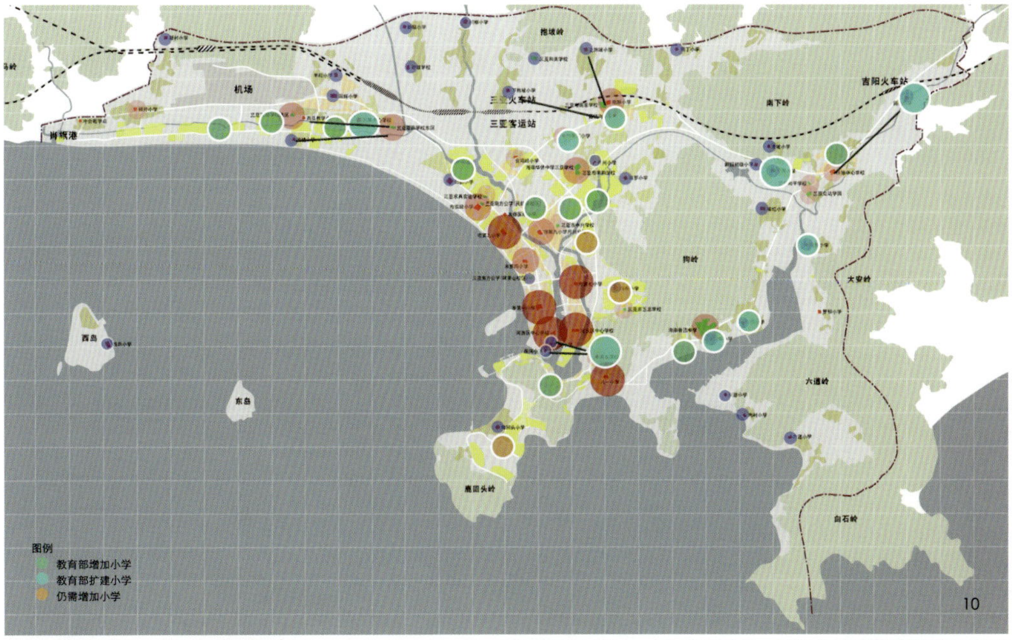

10

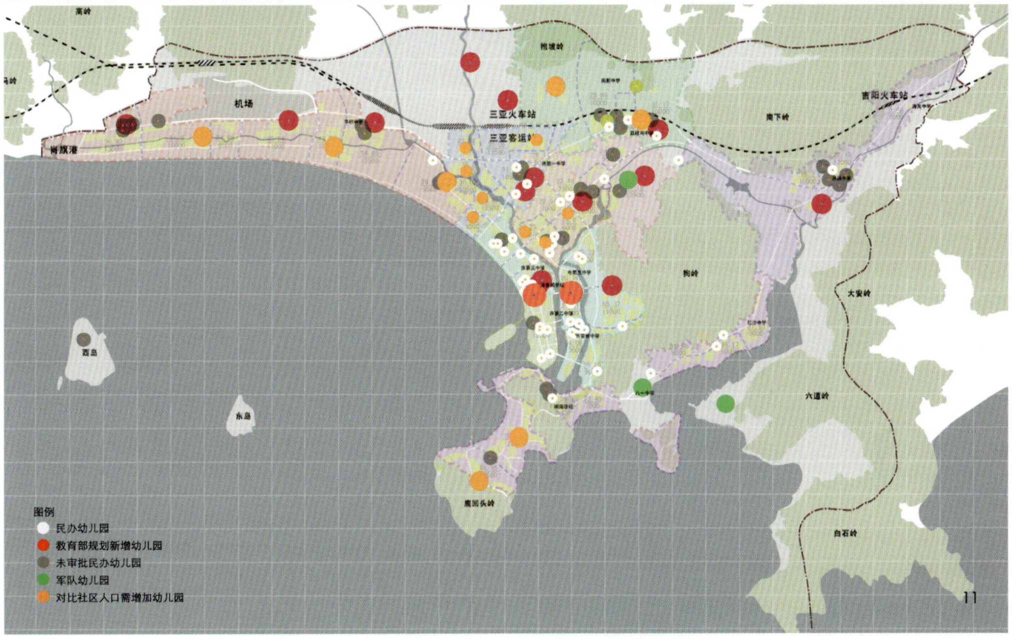

11

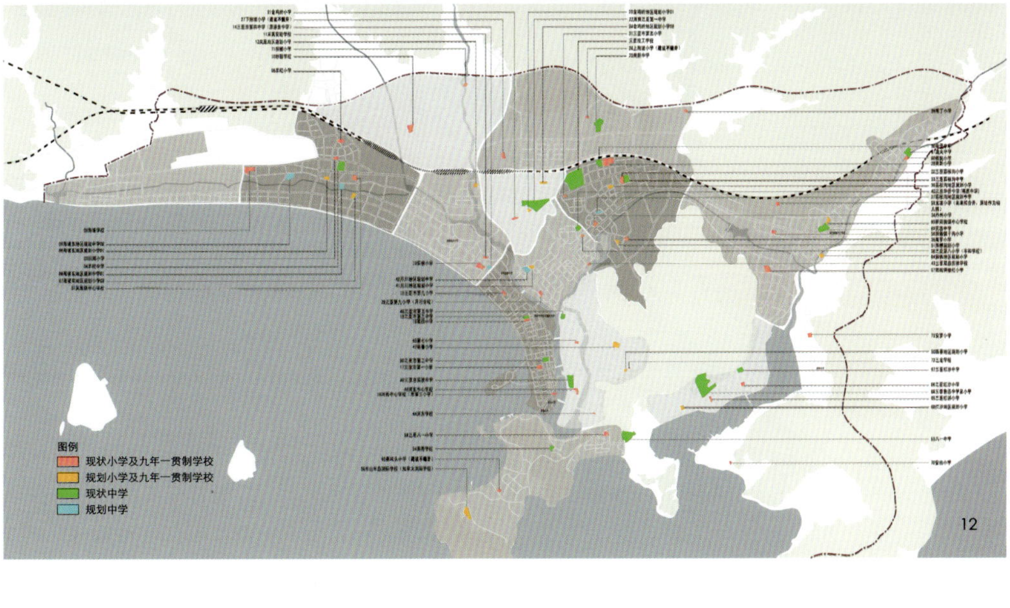

12

13.规划图则落实-分图图则
14.规划图则落实-分图图则

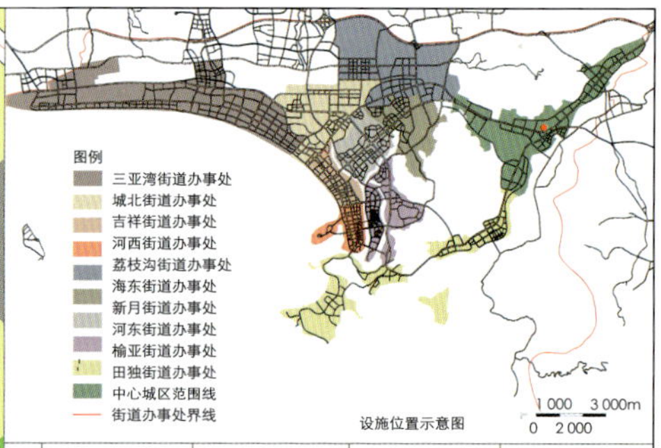

设施用地指标控制	用地面积（hm²）	5.00	增加用地（hm²）	—
	容积率	0.66	增建面积（m²）	5 276
	建筑密度（%）	35%	班级数（现有/规划）	40/77
	建筑面积（m²）	33 250		
	建筑限高（m）	18		
	停车位	0		
规划及设计规划范围要求	1.新建小学层数不得超过4层，新建初中层数不得超过5层 2.新建小学、初中生均面积必须超过10m² 3.保留小学初中班均人数小学控制在45人/班，中学控制在50人/班以下			
其它要求	1.该用地为现状三亚民族中学，规划为扩建中学，原逸夫中学并入民族中学 2.初中部面向田独招生，高中部面向三亚市招生			

图例 用地边界　　0　40　80m　比例尺1:2 000

设施名称	海南三亚市民族中学
设施编号	A3-TD-MS-C01

设施编号说明
第一组代表设施所属城市建设用地分类：A2-文化设施，A3-教育设施，A4-体育设施，A5-医疗设施，A6-福利设施
第二组代表设施所处居住区（街道办辖区）：SYW-三亚湾，CB-城北，JX-吉祥，HX-河西，LZG荔枝沟，HD-海东，XY-新月，YY-榆亚，TD-田独
第三组代表设施简称
第四组代表设施级别及序号：C-市级，R-居住区级（街道级）

13

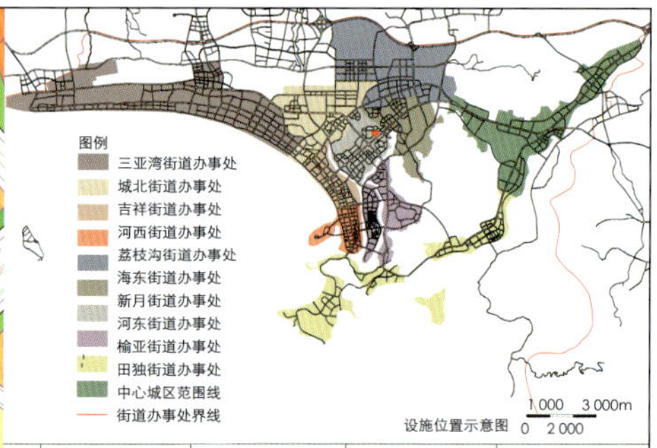

设施用地指标控制	用地面积（hm²）	1.67	增加用地（hm²）	0.45
	容积率	1	增建面积（m²）	
	建筑密度（%）	25	班级数（现有/规划）	42/42
	建筑面积（m²）	1.67		
	建筑限高（m）	15		
	绿化率	30		
规划及设计规划范围要求	1.新建小学层数不得超过4层，新建初中层数不得超过5层 2.新建小学、初中生均面积必须超过10m² 3.保留小学初中班均人数小学控制在45人/班，中学控制在50人/班以下			
其它要求	1.现状海南三亚丰和小学（三亚市第八小学）			

图例 用地边界　　0　40　80m　比例尺1:2 000

设施名称	海南丰和小学（9年制）
设施编号	A3-XY-NS-R01

设施编号说明
第一组代表设施所属城市建设用地分类：A2-文化设施，A3-教育设施，A4-体育设施，A5-医疗设施，A6-福利设施
第二组代表设施所处居住区（街道办辖区）：SYW-三亚湾，CB-城北，JX-吉祥，HX-河西，LZG荔枝沟，HD-海东，XY-新月，YY-榆亚，TD-田独
第三组代表设施简称
第四组代表设施级别及序号：C-市级，R-居住区级（街道级）

14

境。如北京过去要求申办幼儿园至少规模要达到6个班以上，而按照新的“小规模办园”政策，孩子数量达40个人以上就可以申办。同时对幼儿园面积要求也大大降低，每个班面积达到60m^{2}以上就可以申报。在监察的基础上，应对民办机构提供相关上岗培训、师资引进等服务项目。将民办社会事业作为社会公共事业发展的重要补充，统筹规划，合理布局，加快培育形成政府投入为主、民间投资为辅的公共服务体系。

（3）制订教育师范人才的培养引进计划

制订教育师范人才的培养引进计划，从根本上改变三亚市教育环境问题，解决部分基础教育学校班额严重超标的问题，实现教学资源的平衡分配。

2. 控规与专项的校核

在教育局编制的《三亚中小学布局调整方案》的基础上，结合各片区控规进行校核。同时参考社区规划人口，依据社区就近入学范围，校核社区范围内学前教育、基础教育、中等教育的数量，匹配学位数与入学需求。进行控规与教育局专项规划的统一校核，使城市规划部门与教育部门在教育设施的用地安排上协调统一。在校核工作的同时，将设施缺项或冲突问题反馈至教育部门，最终实现两规合一，完成对教育设施的用地落实。

3. 刚性设施弹性控制

规划针对度假地产中教育用地的闲置问题，采用白地概念，灵活调动候鸟区教育设施用地。设定一定的非度假人口指标，确定需求量，决定教育设施配置与否。也就是说“落实用地，灵活使用”。在“候鸟”小区，公共服务设施用地上的设施可根据实际需求调整其功能，未来也允许根据需求的变化改变功能。公共设施功能的弹性一方面可提供给候鸟人群便利的服务，另一方面也可在一定程度上缓解候鸟人群冬季对普通公共服务设施的占用和影响。

4. 图则的最终落实

最后，在校核规划的基础上，规划结合《三亚中小学布局调整》并经过与相关部门的讨论，制定了教育设施设置布局的具体图则。以社区为基本单位，对教育设施逐一落实。针对现状学校的情况，明确增扩建的具体指标，在校园面积较大的学校提出增建校舍，增加班级数量，平衡班额。同时根据三亚教育局的学校危房整治计划，落实学校的拆改建具体指标，加固、修缮、重建陈旧校舍，完善校园设施。对于新建学校，控制好新规划学校用地，规划班额，适时建设。对于配置“盲区”（即控规和教育局布局规划都未配置学校的区域），通过对社区人口的核算，规划提出新校建设的建议并给予用地的预留，供规划局及教育部门参考，促成盲区教育设施的补充。最终通过教育设施图则，实现对基础教育设施的刚性控制。

四、结论及建议

良好的教育环境是旅游度假城市的软实力，它一方面提供给本地居民及外来打工人群一个安居乐业的城市氛围，另一方面也为高端旅游城市的建设提供源源不断的高素质人才。三亚亟需摆脱现有对旅游业、房地产业高度依赖的发展模式，应该通过旅游业反哺包括教育设施在内的城市公共事业的发展，使三亚成为一个健康、和谐、均衡发展的专业化城市，无论是本地居民，还是打工人群、“候鸟”、游客都能在此安心生活。

三亚教育设施规划是三亚公共服务设施规划的一个子章节。该项目负责人为：蒋朝晖、王飞。项目参与人员名单：魏钢、何凌华、魏维、王颖楠、顾宗培、岳欢、张佳、袁璐。

注释

[1] 根据《海南省义务教育学校办学基本标准（试行）》，小学的最大规模为30班，1 350人，最小规模不小于270人；九年制学校最大规模为45班，其中小学45人/班，初中50人/班，最大规模不超过1 500人。即使在用地紧张的深圳，小学的最大规模也不超过36班。

[2] 外来务工子女入学条件：1.农村户口；2.在原居住没有监护条件（要有乡镇政府或派出所出具的证明）；3.外来务工人员必须有务工单位，且在三亚已务工半年以上（要有务工单位证明）；4.要有三亚公安部门办理的暂住证和相关证明。在具备以上条件的基础上，还需提前提交三亚市教委，等候派遣。

参考文献

[1] 三亚市教育局．三亚市学校布局调整方案[Z]．（2001）．

[2] 三亚市教育局．三亚市义务教育均衡发展规划[Z]．（2012）．

[3] 海南省教育厅．海南省义务教育学校办学基本标准（试行）．2011－07－18．

[4] 中华人民共和国教育部．城市普通中小学校舍建设标准[Z]．2002－07－01．

[5] 北京市教育委员会．北京市中小学办学条件标准[Z]．2005－12－01．

[6] 上海市教育委员会．上海市普通中小学校建设标准[Z]．2004．

[7] 深圳市发展和改革委员会．深圳市普通中小学校建设标准指引（试行）[Z]．2007－11－01．

[8] 长沙市教育局．长沙市普通中小学标准化学校建设标准[Z]．2007－04－06．

[9] 三亚市统计年鉴．三亚市统计局[Z]．2010．

作者简介

何凌华，中国城市规划设计研究院研究二室，城市规划师。

上海中心城周边地区基础教育设施布局规划的思考
——以闵行区为例

Thinking of Basic Education Facilities Arrangement in Surrounding Areas of the Central City of Shanghai
—The Case of Minhang Area

黄 普
Huang Pu

[摘 要] 近年来，社会各界普遍反映中心城周边地区在基础教育设施布局方面存在一些问题。本文试图以闵行区为例，对上海中心城周边地区基础教育设施布局规划进行分析和思考，以对未来的规划实践提供一定的借鉴。

[关键词] 中心城；周边地区；基础教育设施；布局规划；闵行区

[Abstract] It is commonly accepted that there are some problems in basic education facilities arrangement in surrounding areas of the central city of Shanghai. Through the case of Minhang, this paper attempts to analysis these problems and aims to provide a reference for future planning practices.

[Keywords] The Central City of Shanghai; Surrounding Areas; Basic Education Facilities; Arrangement Planning; Minhang Area

[文章编号] 2015-67-P-016

一、背景

闵行区处于快速发展阶段，空间拓展和人口增长较均为迅速，基础教育设施的配置面临较大的挑战。为落实市委、市政府《关于全面实施教育综合改革，率先基本实现上海教育现代化的若干意见》精神，加快推进区域教育现代化发展，需要对全区的基础教育设施布局进行统筹规划。

在这个过程中，出现了一系列的矛盾和困难，其中有些是闵行区所特有，但更多的是上海中心城周边地区的共性。因此本文试图以闵行区为例，对上海中心城周边地区基础教育设施布局规划进行分析和思考，以对未来的规划实践提供一定的借鉴。

二、中心城周边地区基础教育设施布局现状所存在的问题

近年来，社会各界普遍反应中心城周边地区在基础教育设施布局方面存在着一些问题，这些问题具有很高的相似性，主要体现在以下三个方面。

1. 设施规模有所不足，幼托缺口较为突出

闵行区现状共设置基础教育设施340处，总用地约388.8hm^2，总班数5 657班。其中包括204所幼儿园、70所小学、33所高中、5所完中、18所九年一贯制学校和1所十二年一贯制学校。本文试图从两个途径对基础教育设施的规模进行分析。一个途径是以区域常住人口总量为基数进行分析；另一个途径是以学生数量为基数进行分析。

（1）以常住人口总量为基数

截止到2012年末，闵行区常住人口达到250.8万人。按照《上海市控制性详细规划技术准则》（沪府办[2011]51号文）中对于基础教育设施的规划标准进行核算，可以知道闵行区各类基础教育设施的班级规模都存在一定缺口。

表1 闵行区现状基础教育阶段班级数量设置情况及与规划准则要求比对分析（2012）

类别	现状班级数量（班）	班级数量需求（班）	班级数量缺口（班）
高中	377	1 204	-827
初中	1 276	2 006	-730
小学	2 040	2 809	-769
幼儿园	1 964	3 762	-1 798

（2）以学生数量为基数

为了从不同角度对计算结果进行验证，本文还选取了学生数量作为第二个计算基数。根据闵行区教育局统计，2012年全区共有在校学生数量约18.1万人，占常住人口总量的18.1%。按阶段分布如表2。

如果以《普通幼儿园建设标准（2005）》和《普通中小学校建设标准（2004）》中规定的标准班级人数作为理想状态，可以计算得出，目前闵行区的中心小学的班级规模总量设置已经能满足闵行区的实际使用需求，而幼儿园的班级规模缺口较大。

表2 闵行区现状基础教育阶段学生数量统计（2012）

类别	现状学生数量（人）
高中	10 783
初中	34 937
小学	59 781
幼儿园	75 448

表3 闵行区现状基础教育阶段班级数量设置情况及与行业标准要求比对分析（2012）

类别	现状学生数量（人）	标准班级人数标准（人）	标准班级数量需求（班）	实际班级设置数量（班）	班级数量缺口（班）
高中	10 783	50	216	377	161
初中	34 937	45	776	1 276	500
小学	59 781	40	1 495	2 040	545
幼儿园	75 448	25	3 018	1 964	-1 054

综合以上两种途径的计算结果可以总结出：目前闵行区幼儿园的缺口较大，中小学的规模总量目前基本可以满足实际使用需求；但是考虑到人口年龄的波动递推，在不远的未来，幼儿园的缺口会顺延至中小学。因此，各类设施在总体上看是有所不足的。

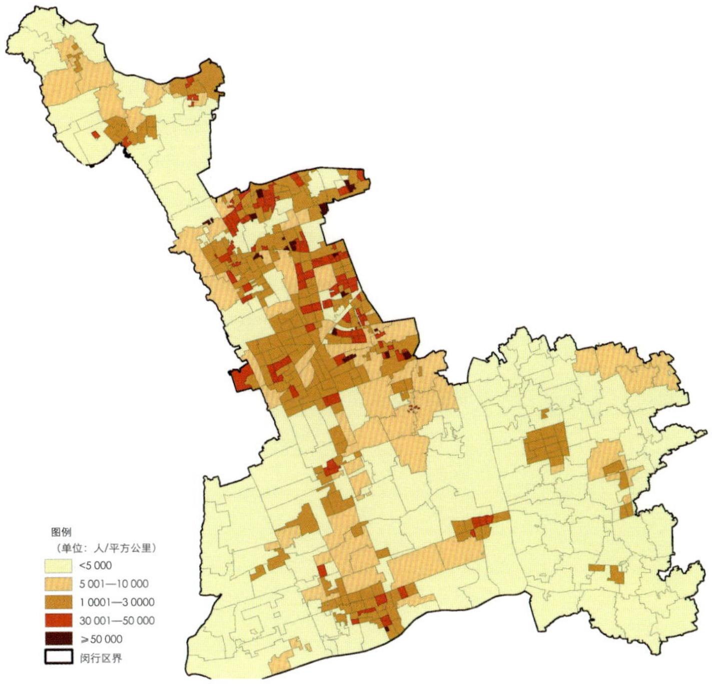

1

2

1.闵行区常住人口密度分布图（2010年）
2.闵行区已批未建基础教育设施分布图

2. 设施布点不够均衡，地区差异较为明显

闵行区各街镇的人口分布和设施分布都较为不均衡，因此各街镇的设施配置差异较大。传统的七宝、虹桥、梅陇和莘庄地区由于人口吸引力很强，使得设施的配置压力较大；而华漕和浦江等历史上建设较晚的地区也由于存量资源较少而面临比较突出的入学矛盾。

3. 优质资源竞争激烈，入学矛盾较为突出

居民们越来越重视子女的教育问题，使得大家竞相追逐传统的名校资源。越来越多的居民通过在名校周边购买学区房来实现子女进入名校的愿望。这使得大量的适龄儿童在名校周边区域集聚，使得这些区域的入学矛盾较为突出。

三、问题产生的主要原因

造成中心城周边地区基础教育设施布局问题的原因是多方面和深层次的。从对闵行区的具体分析，可以将这些原因总结为以下四个方面。

1. 教育设施建设滞后

中心城周边地区中除了原有的少量集中建设区域外，大部分区域为近十几年来建设形成。在这些地区的建设过程中，往往首先是通过住宅建设吸引人气，通过工业建设吸引就业，而公共设施的建设则往往滞后，从而使基础教育设施的配置滞后于人口和就业的导入，造成了目前中心城周边地区基础教育设施有所不足的局面。

事实上，这些地区近年来已经逐渐认识到这一问题，在控制性详细规划的全面覆盖中，已经把公共设施的配置作为了最重要、最严格的规划要求之一。以闵行区为例，目前已通过控制性详细规划审批而准备实施的基础教育设施有189处，相当于在现状建成设施基础上增加近60%。

但是值得注意的是，由于多方面的原因，一部分已批未建的基础教育设施在实施的过程中还面临很多实际的困难。例如，在闵行区的虹桥镇，有三所已批未建的基础教育设施的用地位于现状高压走廊附近。这条高压走廊在控制性详细规划中明确规定为入地建设，以腾出地面的用地空间。然而，由于各种原因，这一规划设想迟迟未得到实施，这也使得前面说的三所基础教育设施的规划一直没有实施。

2. 人口变化幅度较大

闵行区的人口状态一直处于较大的变化发展状态，主要体现在以下三个方面。

（1）人口总量增长迅猛，其中常住外来人口的增长尤为突出

21世纪初，闵行区经历了一个人口快速导入的阶段。2000—2010年，闵行区常住人口从121.73万增加到242.94万。到2012年末，闵行区常住人口达到了250.8万人。这期间，闵行区常住人口增幅超过了100%，仅次于松江区，位列全市各区县第二。与闵行区比较接近的还有嘉定区和青浦区。可见，近郊区是上海市人口规模增长最快的区域。

同时，值得注意的是，闵行区人口增长最主要的来源是常住外来人口。2010年，闵行区常住外来人口占比达到了49.6%。与嘉定区、松江区、青浦区、奉贤区、宝山区和浦东新区的情况较为接近，远远高于市区。常住外来人口占比在50%左右是近郊区的普遍情况。

（2）人口出生波动较大，人口年龄段高峰递推效应较为明显

近年来的人口出生高峰，导致闵行区的学龄人口占比较高。从2010年上海市各区县户籍人口中0—14岁人口的总量与占比可知，闵行区均位于排名的第二位，分别仅次于浦东新区和松江区。可见，闵行区户籍人口中的学龄人口的总量与占比均很大，因此对基础教育设施的需求很大（表4）。

而从前文对闵行区学生数量的统计可知，幼儿园学生数量远远超过其他学龄段的学生数量，这使得

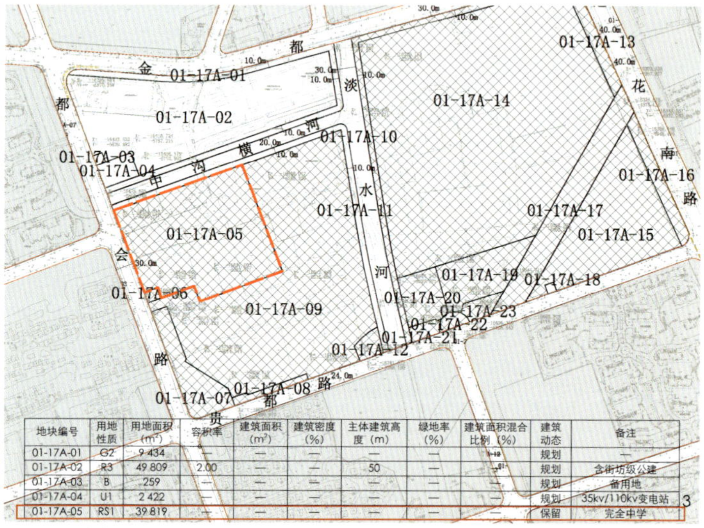

3

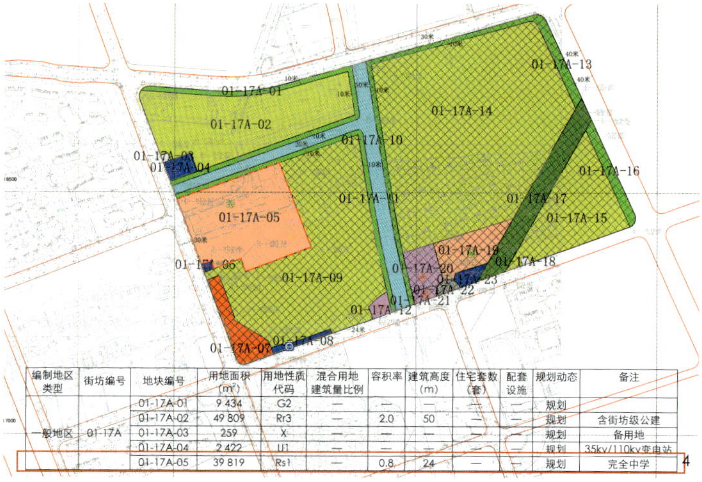

4

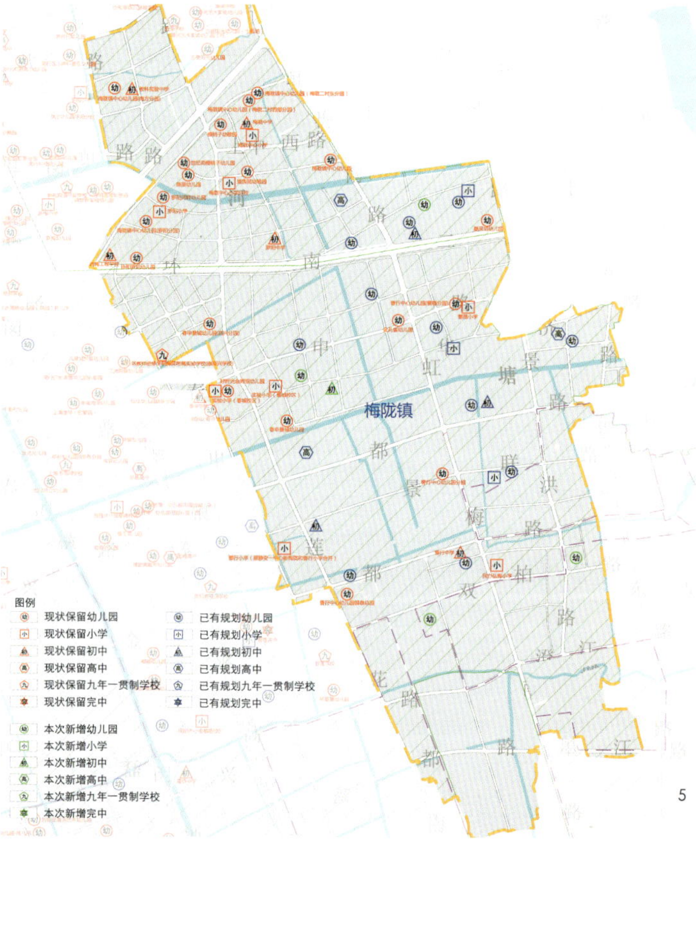

5

幼儿园的入学矛盾较为集中。而随着这个学龄段人口高峰的递推，未来的中小学入学矛盾会逐渐上升。

（3）人口分布很不均衡，设施布局与人口分布失配现象突出

闵行区的人口分布非常不均匀，呈现出比较明显的极化态势。2000年，外环周边的虹桥、七宝、莘庄、古梅、梅陇等地区，以及依靠老工业基地的江川和吴泾是人口较为密集的区域。2010年，这些区域的人口密度稳中有升；同时沪闵路、地铁5号线和地铁8号线周边区域的人口密度增长明显。与人口的极化分布不同，基础教育设施的布局更倾向于均衡设置，因此设施布局和人口分布之间出现了失配的现象。这一现象需要通过对人口的引导和对设施的完善两方面加以解决。

表4　　上海市户籍人口统计（2010年）

名称	合计（万人）	0—14岁（万人）	0—14占比
黄浦区	29.5	1.9	6.6%
卢湾区	19.3	1.2	6.5%
徐汇区	80.1	6.2	7.8%
长宁区	50.5	3.8	7.5%
静安区	18.9	1.4	7.3%
普陀区	92.5	6.9	7.4%
闸北区	63.0	4.4	7.0%
虹口区	65.1	4.4	6.8%
杨浦区	103.6	6.9	6.6%
闵行区	122.2	12.9	10.6%
宝山区	113.1	10.3	9.1%
嘉定区	64.3	6.0	9.3%
浦东新区	301.0	29.1	9.7%
金山区	53.1	5.0	9.4%
松江区	64.1	6.8	10.7%
青浦区	46.7	4.8	10.2%
奉贤区	55.5	5.5	9.9%
崇明县	55.2	4.2	7.5%
总计	1 397.7	121.7	8.7%

注：数据来源于第六次人口普查。

3. 入学习惯加剧矛盾

居民的入学习惯也会对基础教育设施的入学矛盾产生一定的影响。从对闵行区的调查来看，这种影响主要体现在三个方面。一是部分外来人口的子女在闵行区就读幼儿园，进入小学阶段则回到外地原籍入学，使得幼儿园的需求较为显著，中小学的需求有所弱化；二是部分闵行区的户籍人口选择进入相邻行政区如徐汇、长宁的学校就读，在一定程度上弱化了闵行区学校缺口的现象；三是如前文所述，越来越多的居民加入到对优质教育资源的追逐，导致学龄人口在优质教育资源附近的高强度集聚，极大地增加了这些资源的压力，甚至超出其承载能力，使得局部区域的入学矛盾格外突出。

4. 现状设施利用不足

造成闵行区基础教育设施布局问题还有一个很容易让人忽视之处，就是由于种种原因，现状的部分基础教育设施没有得到真正合理有效地利用。这主要体现在两个方面。一是由于部分民办资源占用公办教育资源，却并未履行公办

教育设施的职责，从而造成了公办教育资源不足的局面。二是部分原有的基础教育设施目前被占用为其他功能。这两种现象都需要有关部门加强管理来予以解决。

四、规划难点与思路

闵行区基础教育设施布局规划中遇到的最主要的困难来自两个方面。一是如何合理确定人口规模，因为人口规模是设施配置的基础。二是几乎没有可规划的土地资源，因为闵行区的控制性详细规划已经基本全面覆盖，可以新增或调整的空间非常有限。

1. 合理确定人口规模

本次规划主要采取四种方法来综合预测闵行区的规划人口。

（1）趋势外推

上海经济在过去的20年中持续快速发展，社会、文化等环境也体现出较大的优势，吸引了大量外来人口的就业和居住。闵行区紧邻中心城和虹桥枢纽，并且有1号线、5号线、8号线等已运营的地铁线路，因此交通区位优势非常明显；此外，闵行区拥有较多的产业园区，产业优势也非常明显。这些优势，使得闵行区对人口的吸引力非常强。这些优势在未来一定时期内仍将继续保持。因此根据上海市和闵行区人口发展的历史情况来推测，闵行区未来人口仍将进一步增加，但增速将逐渐放缓。

（2）政策引导

从政策引导和规划控制的角度来分析，由于大型居住社区的建设，闵行区将导入较多的户籍人口增加，这部分人口主要集中在闵行区的南部；而产业升级和城中村改造将疏解较多的外来人口。

（3）人口密度

要塑造生态宜居的现代化城市或者城区，应该将人口密度控制在合理的区间。借鉴纽约、伦敦、东京等大都市区的分圈层人口密度分布，并结合上海的人口密度现状，闵行区人口规模控制在0.8万人/平方公里是较为适宜和现实的。

（4）空间承载

目前，闵行区集建区范围内的大部分地区已实现控制性详细规划全覆盖，其中住宅建筑总量约为9 600万m^2。按人均住宅建筑面积35m^2计算，闵行区已规划的住宅空间可承载人口约为270万人左右。

综合以上四个方面的分析，本次规划按照280万人左右的人口规模进行基础教育设施的配置，并应结合土地使用的空间布局，合理地分布人口。

2. 合理挖掘空间资源

由于闵行区的控制性详细规划已经基本全面覆盖，可用于新设置基础教育设施的空间非常少，因此本次规划提出以存量优化为主、增量补充为辅的方法。即首先考虑对现状和已批未建的基础教育设施进行优化；其次，结合全区的转型发展态势，在存量工业用地转型基础上挖掘合适的空间资源进行新增基础教育设施布点设置。

3. 分街镇规划指引

由于各街镇的规划建设情况及人口和基础教育设施的配置情况差异较大，而且基础教育设施的建设主体为各街镇，因此对于基础教育设施的规划应该在全区统一规划研究的基础之上，以各街镇为单位进行具体的规划指引，具体分解人口指标和规划目标，确定具体的规划措施。

例如，古美街道的基础教育设施配置情况较好，未来以加快落实已有规划为主要任务。而梅陇镇的基础教育设施配置情况则较差，需要采取积极的规划措施来应对。

表5　古美街道基础教育设施配置情况表

古美路街道		2020规划人口（万人）	2020年数量需求	已有规划设置数量	数量缺口
班数（班）	幼儿园	14	210	231	21
	小学	14	157	153	4
	初中	14	112	129	17
	高中	14	67	84	17

表6　梅陇镇基础教育设施配置情况表

梅陇镇		2020规划人口（万人）	2020年数量需求	已有规划设置数量	数量缺口
班数（班）	幼儿园	30.9	464	333	146
	小学	30.9	346	269	77
	初中	30.9	247	212	55
	高中	30.9	148	72	76

五、主要规划措施

基于前文对闵行区基础教育设施布局中面临的问题、产生的原因和规划的难点的分析，本次规划提出了以下一些主要的规划措施。

1. 加快规划实施

如前文所述，闵行区基础教育设施的建设有所滞后，目前已批未建的设施数量达到189处。因此首要对策应是加快这些设施的实施建设，这将会极大地缓解闵行区的入学矛盾。

2. 现状设施挖潜

现状设施的挖潜包括两个方面，一方面是在条件允许的情况下，利用现有设施，扩大办学规模；另一方面是在条件允许的情况下，对现状设施进行改扩建，提高办学能力。但是，现状设施的改扩建需要设置一定的前提条件，主要包括：改扩建设施需满足相邻关系和相应的各类规范标准；周边有规划未实施学校的，暂不列入近期改扩建计划。

3. 设施内部调配

针对人口在年龄段之间的分布不均，基础教育设施资源可以在内部进行适当调配，满足人口的变化需要。例如，江川街道幼儿园存在较大缺口，小学资源则有较多富余，因此可以适当将部分小学暂时调整为幼儿园，弥补幼儿园缺口。

表7　江川街道基础教育设施配置情况表

江川路街道		2020规划人口（万人）	2020年数量需求	已有规划设置数量	数量缺口
班数（班）	幼儿园	20.5	308	199	109
	小学	20.5	230	313	83
	初中	20.5	164	142	22
	高中	20.5	98	127	29

4. 适当新增布点

最后，对于对于需求矛盾极为突出的地区，应在街镇明确土地供给的基础上，结合城市转型发展，利用存量工业用地的转型适当新增基础教育设施。

参考文献

[1] 第五次、第六次人口普查.

[2] 《国家中长期教育改革与发展规划纲要（2010—2020年）》.

[3] 《上海市中长期教育改革与发展规划纲要（2010—2020年）》.

[4] 《关于全面实施教育综合改革，率先基本实现上海教育现代化的若干意见》.

作者简介

黄　普，上海市城市规划设计研究院，硕士，高级工程师，注册规划师。

3.君莲完中所在街坊原规划图则

4.莲完中所在街坊规划调整图则

5.梅陇镇规划设施分布图

上海中心城基础教育设施布局规划的思考
——以黄浦区为例

Thought of the Fundamental Education Facilities Location Planning in Central City of Shanghai —The Case of Huangpu District

王 蕾
Wang Lei

[摘 要] 随着城市的快速发展，基础教育设施合理布局越来越成为人民日常生活重要议题，成为政府、社会、居民等共同关注核心问题。作为上海市中心城区核心区的黄浦区，一直存在着旧区改造压力大、空间资源紧缺的发展问题。其中的基础教育设施布局也存在一些矛盾和困难，其中有些是黄浦区所特有，但更多的是上海中心城的共性。本文试图以黄浦区为例，对上海中心城基础教育设施布局规划进行分析和思考，以对未来的规划实践提供一定的借鉴。

[关键词] 中心城；基础教育设施；布局规划

[Abstract] With the rapid urban development, reasonable layout of infrastructure education is more and more becoming an important issue in people's daily life, becoming the core issues of the government, society and residents. Huangpu District, as located in Inner City of Shanghai, there has always been facing urban transformation pressure, shortage of urban space resources development issues. As one of these development issues, the fundamental education facilities location has also been facing some contradictions and difficulties. Some are unique to the Huangpu District, but more are the common in inner city of Shanghai. This article attempts to take Huangpu district as an example to analysis and think the fundamental education facilities location planning of Shanghai and to provide a reference for future planning practices.

[Keywords] Inner City; Fundamental Education Facilities; Location Planning

[文章编号] 2015-67-P-020

一、背景

2005年3月经国务院批准，教育部全面启动《2020年中国教育发展纲要》的研制工作，一个最基本的目标，就是在2020年，在全国初步实现教育现代化。2007年在“中共十七大”上，胡锦涛总书记将教育列在“六大民生”之首，对新时期教育工作提出了“提高教育现代化水平”的要求。

上海于1994年制定了《上海市建设一流基础教育规划》，并提出了“三步走”的发展策略。进入新世纪以来，上海市委、市政府明确提出把科教兴市、人才强市作为实现上海跨越新发展阶段的重大战略选择。

经国务院批准，2011年5月20日，撤销原黄浦区、卢湾区建制，建立新的黄浦区。各项资源面临、优化配置和有序统筹的机遇和挑战。其中，基础教育设施资源作为社会设施资源也面临着统筹安排。

黄浦区的基础教育设施在规划过程中一直存在一些矛盾和困难，其中有些是黄浦区所特有，但更多的是上海中心城的共性。本文试图以黄浦区为例，对上海中心城基础教育设施布局规划进行分析和思考，以对未来的规划实践提供一定的借鉴。

二、黄浦区基础教育设施概况

1. 现状情况

黄浦区地处上海市中心城区，是集商业商务、旅游文化和金融贸易为主导的综合城区。区域总面积约20.5km^2，除河道水系外可建设用地面积为18.7km^2。根据第六次人口普查数据，全区户籍人口90.6万人，常住人口67.9万人，远期规划人口52万人。

黄浦区现状基础教育设施共计133所，总用地面积69.32hm^2。其中幼儿园59所，用地面积13.5hm^2；小学29所，用地面积12.7hm^2；九年一贯制学校10所，用地面积10.2hm^2；初中17所，用地面积17.5hm^2；高中13所，用地面积16.7hm^2；完中5所，用地面积5.7hm^2。

2. 规划情况

根据2005年已批准的黄浦区各社区控制性详细规划，规划各类基础教育设施共计119所，总用地面积68.41hm^2。其中幼儿园58所，小学24所，九年一贯制学校8所，初中14所，高中10所，完中5所，各社区具体分布情况见表1。

三、黄浦区基础教育设施布局中存在问题

1. 规划标准

有关基础教育设施配置的国家规范主要有《城市居住区规划设计规范》GB50180—93（2002）和《中小学校建筑设计规范》GBJ99—86，上海市规范主要有《城市居住地区和居住区公共服务设施设置标准（2006）》、《普通幼儿园建设标准（2005）》和《普通中小学校建设标准（2004）》。此外，2006年上海市市政府的文件《关于加强社区公共服务设施规划和管理意见》中制定了有关公共服务设施规划编制中实行差别配置的原则。这些规定中有关基础教育设施布局规划的控制对象主要为幼儿园、小学、初中和高中，控制指标主要分为设施数量、班级数量、用地面积、建筑面积和服务半径五个主要方面。

2. 达标分析

将黄浦区基础教育设施的现状情况与前文确定

表1　各社区基础教育设施数量统计

基础教育设施	广场（个）	外滩（个）	董家渡（个）	豫园（个）	半淞园（个）	南浦（个）	淮海中路（个）	打浦桥（个）	南园（个）	合计（个）
幼儿园	7	1	2	11	10	—	12	13	2	58
小学	2	—	1	4	2	1	8	5	1	24
九年一贯学校	2	—	1	1	1	—	3	—	—	8
初中	1	—	1	3	2	—	3	4	—	14
高中	2	—	—	1	2	—	3	2	—	10
完中	1	1	—	2	1	—	—	—	—	5
合计	15	2	5	22	18	1	29	24	3	119

表2　各社区基础教育设施用地面积统计（单位：hm^2）

基础教育设施	广场	外滩	董家渡	豫园	半淞园	南浦	淮海中路	打浦桥	南园	合计
幼儿园	1.03	0.23	0.93	2.34	2.96		3.58	2.09	0.35	13.51
小学	0.7		0.58	3.08	0.98	1.04	2.81	3.53	3.1	15.82
九年一贯学校	1.23		0.96	1.48	0.62		2.77			7.06
初中	0.58		0.36	2.16	0.96		1.99	3.49		9.54
高中	1.9			1.41	5.06		3.64	4.73		16.74
完中	1.41	0.23		1.82	2.28					5.74
合计	6.85	0.46	2.83	12.29	12.86	1.04	14.79	13.84	3.45	68.41

表3　《上海市控制性详细规划技术准则》设置标准

项目	配建标准	千人指标（平方米/千人）		用地折减
		建筑面积	用地面积	
幼儿园	1万人配建15班幼儿园一所	550	649	内环内6折 内环外8折
小学	2.5万人配建28班小学一所	432	870	
初中	2.5万人配建20班初中一所	414	787	
高中	5万人配建24班高中一所	266	536	

表4　基础教育设施的设置数量达标分析

基础教育设施类别	应该设置数量	现状设置数量	达标状况
幼儿园	52	58	6
小学阶段学校	21	32	11
初中阶段学校	21	27	6
高中阶段学校	10	15	5

表5　基础教育设施的用地面积达标分析

基础教育设施类别	标准要求	标准折减	规划情况	达标状况
	用地面积（hm^2）	用地面积（hm^2）	用地面积（hm^2）	用地面积（hm^2）
幼儿园	33.75	20.25	13.51	-6.74
小学阶段学校	45.24	27.14	19.35	-7.79
初中阶段学校	40.92	24.55	15.94	-8.61
高中阶段学校	27.87	16.72	19.61	2.89
合计		88.66	68.41	-20.25

的规划标准相比对，可以得出基础教育设施布局方面的达标情况。这样的达标分析主要可以从以下三个方面来进行。

（1）基础教育设施的设置数量达标分析（表4）；

（2）基础教育设施的用地面积达标分析（表5）；

（3）基础教育设施的服务范围覆盖率分析。

各类基础教育设施有不同的服务范围，其中幼儿园服务半径300m，小学500m，初中1 000m，高中1 000m。按照上述服务半径测算，豫园社区西北部缺少幼儿园，豫园社区东北部、董家渡社区北部缺少小学，而南园社区则缺少小学。

幼儿园、小学阶段学校、初中阶段学校和高中阶段学校的服务范围覆盖率分表为50.93%，71.46%，97.02%和89.36%。

表6　各社区基础教育设施服务范围达标情况

社区	基础教育设施
广场	基本满足
外滩	基本满足
董家渡	幼儿园、小学有缺口
豫园	幼儿园、小学有缺口
半淞园	基本满足
淮海中路	基本满足
打浦桥	基本满足
南园	缺少小学

值得注意的是由于黄浦区的教育设施大部分为建成环境，而本文采用的规划标准颁布时间较晚，且主要是针对新建设施而制定，因此本文计算的达标率偏低，并不一定能完全反映黄浦区基础教育设施现状布局的真实情况。

3. 问题总结

由于黄浦区是中心城区发展较为成熟的老城区，一直有着社会公共资源总量充沛、品牌优势突出的优点，但布局失衡、功效不足问题仍然存在。其中就基础教育资源来看，数量较多，布点较密，已拥有37所中学、31所小学、41所幼儿园；品牌优势明显，其中市级示范性、实验性高中达到7处；但规模偏小，与规划用地标准有差距。

通过对现状基础教育设施的达标分析可以总结当前存在的一些主要问题。

（1）托儿所和幼儿园分离设置，规模较小

现状大多数幼儿园和托儿所是分离设置，用地面积、建筑面积和班级规模普遍较小，对园所的教学质量和全面发展较为不利。

（2）用地与建筑规模存在一定程度的不足

大部分基础教育设施在用地规模方面与规划标准相比还存在一定的差距。其中高级中学和初级中学的情况相对较好，小学和幼儿园相对较差；近年新建成的学校情况相对较好，现存时间久的学校情况相对较差；传统名校的情况相对较好，一般学校的情况相对较差。

（3）部分设施服务覆盖率低，就近入学难

部分设施由于设置数量相对不足，而且布点也不够均衡，因此造成设施的服务覆盖率较低，给部分

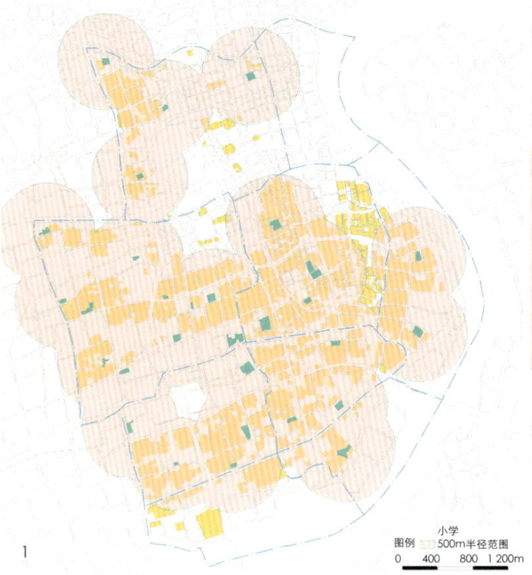

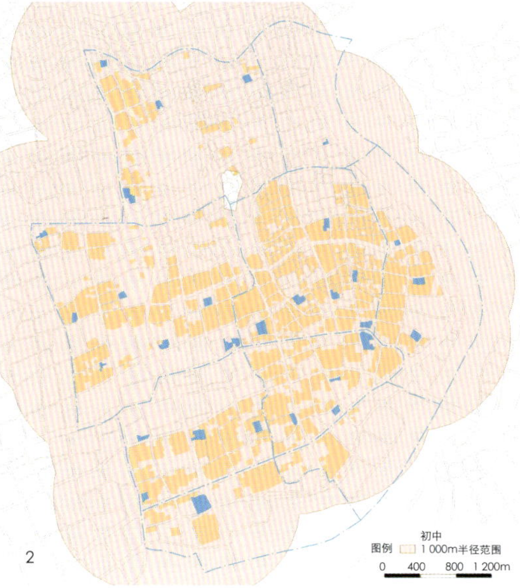

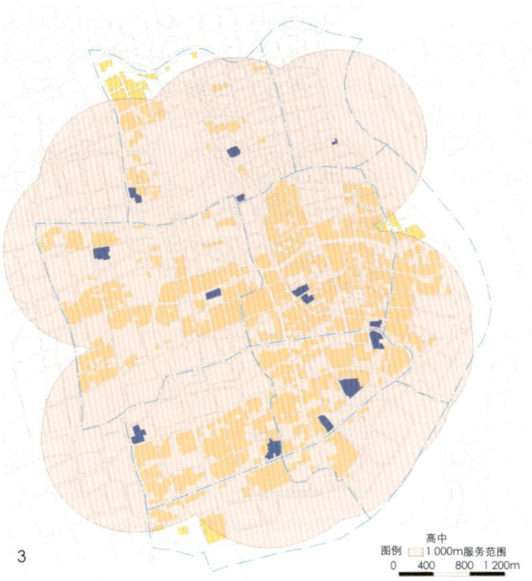

1.小学服务范围
2.初中服务范围
3.高中服务范围

区域的居民就近入学造成一定影响。其中高中的情况较好，初中次之，托儿所、幼儿园和小学的情况比较严重。

（4）设施分布呈现“东强中平西弱”格局

历史上，黄浦区的人口和城市建设主要集中在区域的东片，因此东片的基础教育设施配置较好，中片次之，西片最薄弱。随着上海市和黄浦区的不断建设与发展，西片成为黄浦区近期发展的重点和人口导入的区域，全区的人口发展呈现出西增东减的局势。在这一发展背景下，西片的基础教育设施更显不足。

四、黄浦区基础教育设施布局规划对策

针对现状存在的问题，对于基础教育设施的布局提出了一系列规划对策。

1. 幼托一体设置

幼托一体化设置可以有效改善现状托儿所和幼儿园分离设置所导致的各自服务范围覆盖率均偏低的局面，同时可以对全区的幼托设施进行整体规划，引导资源有效配置。

2. 增加幼托数量

为应对未来几年生育高峰导致的幼托学生人数逐年增加的局面，规划的主要措施之一就是增加幼托数量。幼托数量的增加主要采取新建和置换两种方式。新建的方式利用现有城市储备用地和旧区成片改造用地，而置换的方式则是利用其他现有富余的基础教育设施用地。例如现状玉屏南路地段小学设置较为集中，而幼托不足，可以将改小学用地置换改建为幼托。

3. 扩建现有设施

对有条件的现有基础教育设施，可以结合周边地区的建设与改造进行适当的扩建，增加用地规模、建筑规模和班级规模，以提升办学质量，增强服务能力。

4. 加强西片配置

增加对西片区域幼托设施的规划配置，使全区的幼托设施分布更加均衡，并为该地区的发展提供良好的社会服务支持。

5. 各类设施联动

远景考虑采取撤、联、并、建、改等方法，从全区层面对现有各类教育设施布局逐步进行调整优化，增加可达性和共享性，方便居民就近入学。对布局不合理且无发展潜力的教育设施逐步取消；对调整后保留的设施，应规划预留好其发展空间；新建教育设施应达到国家和上海的相关规范制定的标准；同时可以针对不同时期的不同发展状况在教育设施系统内部进行资源的整合设置。例如在近期生育高峰时段内将若干富余的小学用地改建为幼托等。

五、上海中心城基础教育设施布局规划面临的矛盾

黄浦区基础教育设施布局规划在对现状存在的问题进行分析和解读并提出规划对策的过程中，发现了上海中心城基础教育设施布局规划所普遍面临的矛盾，主要体现在以下六个方面。

1. 设施改善的需求与土地供应的紧张之间的矛盾

随着经济和社会事业的不断发展，城市居民对基础教育设施的要求越来越高。但是相关部门在力图改善基础教育设施质量的同时，也面临着土地供应紧张的制约。上海中心城绝大部分地区都是建成区域，可供开发建设的土地非常稀少，扩大学校规模以解决问题并不可行，中心城怎样建设高标准学校成为新的课题。所以设施改善的需求与土地供应紧张之间的矛盾是制约上海中心城基础教育设施布局规划的最主要矛盾。

2. 设施的稳定性与人口的变化性之间的矛盾

基础教育设施一旦建成就具有稳定的特点，无论是用地规模、建筑规模、活动场地规模还是可支持

的入学人口规模，都处于相对稳定的状态。与此相对照的是城市人口则处在不断变化中。近年来上海中心城常住人口的变化呈现出以下三大特点。

（1）人口分布变化较大

上海中心城的常住人口总量相对稳定，但是人口分布却明显地从内环向内、外环间特别是中、外环间迁移。

（2）人户分离现象明显

中心城各区都存在明显的人户分离现象，户在人不在和人在户不在的现象都很普遍，并呈现出较不规律的状态。

（3）年龄结构变化较大

上海中心城的年龄结构正在逐渐老化，而且在未来的若干年内这一趋势还会加速发展。但同时上海也进入了生育高峰期，婴儿出生率在最近几年大幅度增长。这两个因素使得上海中心城常住人口的年龄结构在近年来处于较大幅度的变化中。

因此近年来上海中心城各年龄段的适龄入学人口规模一直处于较大的变化中，而对其未来变化的预测则变得非常困难。在这种情况下，基础教育设施的稳定性如何更好地应对适龄入学人口的变化性成为上海中心城基础教育设施布局规划的另一个问题。

3. 设施的长期性与标准的时效性之间的矛盾

规划标准是一个时代经济、社会、技术发展水平和政府对未来发展观的体现，必须与时俱进地进行实用性修改。因此国家和城市在发展的不同阶段，也会对基础教育设施的配置提出不同的规划标准。上海市目前适用的标准主要有《城市居住地区和居住区公共服务设施设置标准（2006）》、《普通幼儿园建设标准（2005）》和《普通中小学校建设标准（2004）》，这些标准较之更早的标准在规划配置的各项指标上均作了较大程度的提升。在这种情况下，上海中心城的基础教育设施配置在旧标准下达标率很高而在新标准下达标率偏低的情况就屡见不鲜了。因此，基础教育设施的长期性与规划建设标准的时效性之间的矛盾是制约上海中心城基础教育设施布局规划的另一个矛盾。

4. 规划的系统性与管理的分散性之间的矛盾

基础教育设施是一个完整的系统，对它的布局规划应该系统地进行。目前上海提倡幼托一体化设置，这就需要系统分析托儿所和幼儿园的现状设置情况，根据其布局状况、建设规模和运营质量等因素，逐步采取撤、联、并、建、改等措施，使幼托的布局设置朝着一体设置、规模适度和均衡布局的目标迈进。然而在不久以前，黄浦区的托儿所和幼儿园却分属于不同的行政主管部门，这使得在过去很长一段时间里，托儿所和幼儿园一直是两个相对独立的系统，这给幼托一体化的规划目标带来了较大的困难。在上海中心城的其他区域也不同程度地存在这种现象。因此，规划的系统性与管理的分散性之间的矛盾是上海中心城基础教育设施布局规划需要解决的另一个矛盾。

5. 专项规划的深入性与综合规划的全面性之间的矛盾

基础教育设施布局规划是一项专项规划，分为全市和行政区两个层面；同时上海的城市总体规划、分区规划、单元规划和控制性详细规划中也都有教育设施（或者基础教育设施）规划的部分。所不同的是，前者由于针对性较强，往往能够开展得较为细致、深入和充分，而综合规划由于涉及的专业和部门较多，因此在注重全面协调的同时，较难在某一专项内容进行深入细致地规划，也不可能提供非常完备的规划措施来实施具体项目，容易使规划与实施出现脱节现象。同时，由于两种规划之间的关系并没有十分清晰地界定，因此给规划的编制、实施和管理都带来一定的困难。所以专项规划的深入性与综合规划的全面性之间的矛盾也是上海中心城基础教育设施布局规划面临的一个问题。

6. 布局规划的前瞻性与控详规划的操作性之间的矛盾

基础教育设施布局规划作为一种专项规划，除了对近期工作的指导外，往往要求对远期发展提出战略性的构想，对于某些在实际操作中难以解决的问题也会提出一定的前瞻性设想或者建议。上海中心城的控制性详细规划是以城市总体规划、分区规划和单元规划为依据而编制的，用于直接指导城市的规划管理和建设实践，规划依据和可操作性是其着重考虑的方面。因此二者之间往往容易产生一定的矛盾，当它们在编制时间和规划期限上有所差异的时候，这种矛盾就体现得更加明显。因此基础教育设施布局规划的前瞻性和控制性详细规划的操作性之间的矛盾也是影响上海中心城基础教育设施布局规划的一个难点。

六、结语

基础教育设施布局规划关系到人民的切身利益，在推进教育现代化建设、构建和谐社会、关注民生和强调科学发展观的今天，城市政府、相关部门和城市居民都越来越关注这一方面的工作。通过黄浦区教育设施布局规划修编工作能发现上海中心城基础教育设施布局规划中存在的一些问题，以及其背后所反映的一系列矛盾。这些矛盾的解决不是一蹴而就的，还有待于在未来的规划工作中不断地探索。

参考文献

[1] 刘保亮，李京生．居住区配套教育设施标准的现状及课题：以广州、上海为例．现代城市研究，2001（2）．

[2] 王小翔．民生规划编制方法的思考：成都市主城区义务教育中小学布点规划编制有感．四川建筑，2006（9）．

[3] 陈武，张静．城市教育设施规划探索：以温州市城市教育设施规划为例．规划师，2005（7）．

作者简介

王　蕾，上海市黄浦区规划和土地管理局，博士生，高级工程师，注册规划师。

数据量化与多层控制的商业网点规划
——以张家港市杨舍城区商业网点布局及业态规划为例

Quantified and Multilayered Commercial Network Planning
—Take Yangshe District in Zhangjiagang City as an Example

洪田芬 潘 蓉
Hong Tianfen Pan Rong

[摘　要]　不同于之前商业规划单向偏重布局或业态的研究形式，本次规划从城市规划、商业发展双视角提出商业空间布局和业态提升的全新思路。一方面以多种估算方式对杨舍城区现状商业规模进行量化；另一方面，以规模控制、分级控制、业态控制、线性控制等多种控制形式，对商业网点的发展进行实体和业态发展的双重引导。此外，也以案例形式对单类业态的发展提出定量规划方案，为今后类似规划提供创新的思路与方法借鉴。

[关键词]　商业网点；规划布局；数据量化；张家港市杨舍城区

[Abstract]　The form is different from previous one-way layout or format on business planning, the planning put forward new ideas from both city planning and city commercial. On the one hand in a variety of estimation methods on yangshe district of commercial scale to quantify; on the other hand, in a variety of ways to the development of commercial outlets were dual-boot entities and format development. In addition, planning case put forward one class format, for future similar planning ideas and methods of innovation and reference.

[Keywords]　Commercial Outlets; Planning Layout; Data Quantization; Yangshe District in Zhangjiagang City

[文章编号]　2015-67-P-024

一、规划概况

2010年，张家港GDP为1 600亿元，占苏州市GDP比重为17.45%，在全国百强县级市中位列第三。杨舍城区为张家港市城市总体规划明确的中心城区西片区，也是张家港市商贸服务发展的重点与核心，规划总面积113.25km^2。

规划契合张家港市GDP高水平发展的现状，紧密结合城市总体规划，在总规明确的商业用地面积及人口规模预测规模上，借鉴同类城市发展经验，采用多种估算方法，对张家港商业网点的现状与需求量进行定量测算，以网点规划布局和业态引导的双重手段，正确地引导城市商业向良性的、合理的方向发展，形成与张家港城市化进程相协调的辐射强大、竞争有序、业态多样、布局合理的现代商业网点体系。规划还以张家港市高星级酒店预测案例，对单类商业网点的发展提出了数据量化指导。

二、规划对象的分类与分级

1. 分类对象

规划项目组根据对张家港市杨舍城区商业网点业态情况调研结果，将规划对象确定为包括零售业、生活服务业、生产服务业、宾馆餐饮业等商业网点和专业商品交易市场等五大类业态的分类体系。

表1　商业网点分类一览表

网点大类	中类	业态内容
零售业网点	综合百货	市区购物中心、城郊购物中心、百货店、仓储式会员店、工厂直销中心
	综合体	商业综合体、特色街
	专业店、专卖店	专卖店（电器、服装、珠宝、食品、图书等）
生活服务业网点	超市	
	农贸市场	
	娱乐设施	茶馆、酒吧、咖啡馆、足浴、卡拉OK
	其他综合商业用房	
生产服务业网点	金融、中介	银行、保险、房产中介、婚介等
宾馆餐饮业网点	酒店、餐馆	餐饮、住宿、酒店宾馆等
专业商品交易市场	家具建材市场	
	农副产品交易市场	
	汽车交易市场	
	服装市场	
	小商品市场	
	其他交易市场	

2. 分级对象

从商业等级体系来分，规划对象包括市级商业中心（含副中心和专业型中心）、片区级商业中心、居住区级商业中心（含产业邻里中心）、社区级商业中心等四个等级的分级体系。

三、商业网点现状面积测算两大方法

1. 商业容积率测算法

2010年，杨舍城区现状商业用地为333.21万m^2。根据现状调研，杨舍城区商业用地除沙洲中路步行街外以居住底商（单层）形式为主，单位用地商业建筑面积容量较低，商业容积率约在以0.5左右。以此计算，杨舍城区现状商业面积约为167万m^2。

2. 商业中心容量测算法

（1）现状商业中心分级结构

杨舍城区现状商业空间已初步形成“市级—片区级—居住区级”的三级发展层次。

①为全市服务的商贸中心、商业集群包括现状商业空间发展结构中以步行街为中心的商业核心和张家港购物公园、东方新天地商贸中心、香港城购物中心、城北城南两个汽车服务中心和城北市场集群（五

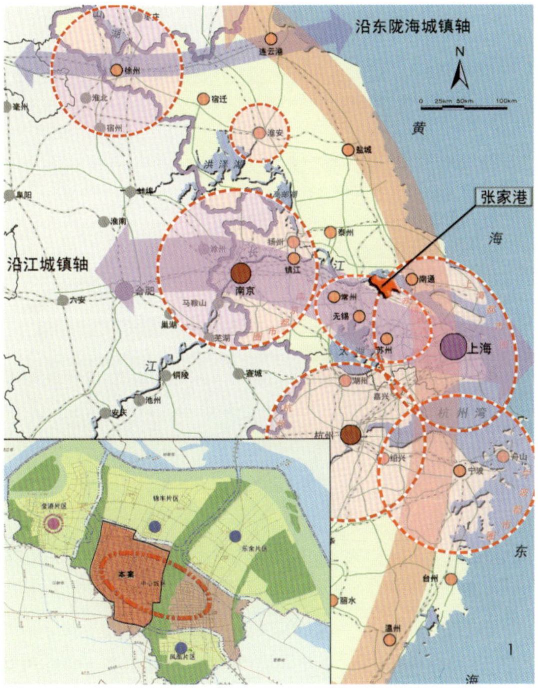

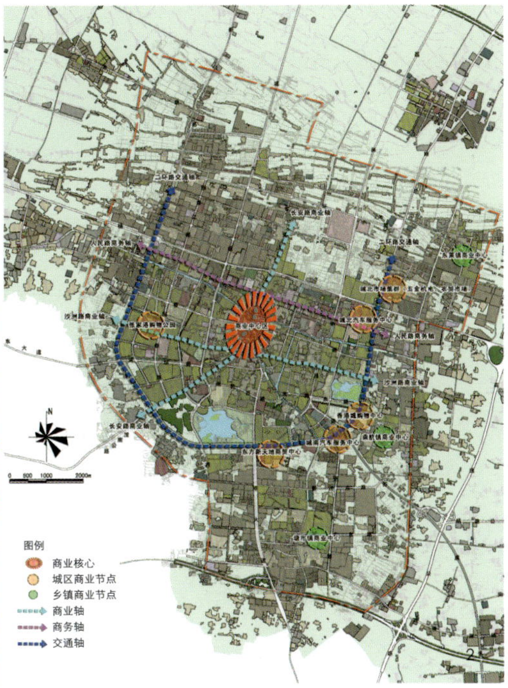

1.张家港市杨舍城区区位图
2.杨舍城区现状商业结构
3.商业网点规划结构图

金机电、农副产品）等六个城区商业节点。

②为片区服务的商业中心包括东莱街道、塘市街道、乘航街道等三个街道商业节点，为现状街道发展的中心。

③居住区级的商业服务设施一般结合居住区底商设置，表现形式为沿街的连续商业界面。

（2）各商业中心规模估测

规划在对现状商业核心、各商业节点容纳的中、大型商业空间规模统计的基础上作了估测。各级商业中心总规模约155万m^2。

3. 测算结论

根据两种测算方式，杨舍城区现状商业规模为155万～167万m^2。取两种估测方法的均值，杨舍城区商业面积约为160万m^2。

表2　现状商业核心和商业节点商业规模估算

类型	名称	面积（万m^2）	主要大型商业空间
商业核心	商业中心区	50	步行街、杨舍西街、杨舍东街、第一集贸市场、杨舍老街等
城区商业节点	张家港购物公园	14	沃尔玛购物广场、太阳广场、克拉水岸、欧陆风情街等
	东方新天地商贸中心	15	红星美凯龙、九州家具城、麦德龙
	香港城购物中心	2	奥特莱斯购物中心、水上威尼斯娱乐城、欧尚大卖场
	城北汽车服务中心	15	世纪星汽车城、4S店、大冈汽贸等
	城南汽车生活广场	14	4S店、汽车维修店
	城北市场集群	24	青草巷粮油副食品批发区、农副产品批发市场、五金机电市场、旭日交化市场
	小计	84	
街道商业节点	东莱街道商业中心	7	
	塘市街道商业中心	7	
	乘航街道商业中心	7	
	小计	21	
合计		155	

四、商业网点规划的四类控制

1. 规模控制

（1）总规用地规划测算规模

根据张家港市城市总体规划（2011—2030）用地规划，杨舍城区商业用地面积为478.17万m^2。从现状商业发展情况来看，杨舍城区二环以内规划商业用地以已建、已批商业为主，除沙洲中路步行街外以居住底商（单层）形式为主；二环以外结合杨舍城区现状商业用地情况和相关控规来看，商业用地的容积率在1.0～3.5之间（大部分为1.0～2.0之间）。此外，考虑商业用地中除商业营业面积外其他配套内容，建议取低值1.0的容积率，测算得杨舍城区商业网点总规模为478万m^2。

（2）服务人口测算规模

世界发达国家的人均商业面积1.2m^2，上海人均商业网点面积为2.3m^2，杭州人均商业网点面积为1.5m^2，深圳人均商业网点面积约1.0m^2，宁波人均商业网点面积1.1m^2，青岛人均商业面积达到1.5m^2，成都主城区人均占有商业营业面积1.0m^2。以规划期末2030年人均商业面积1.5m^{2}计，考虑到中

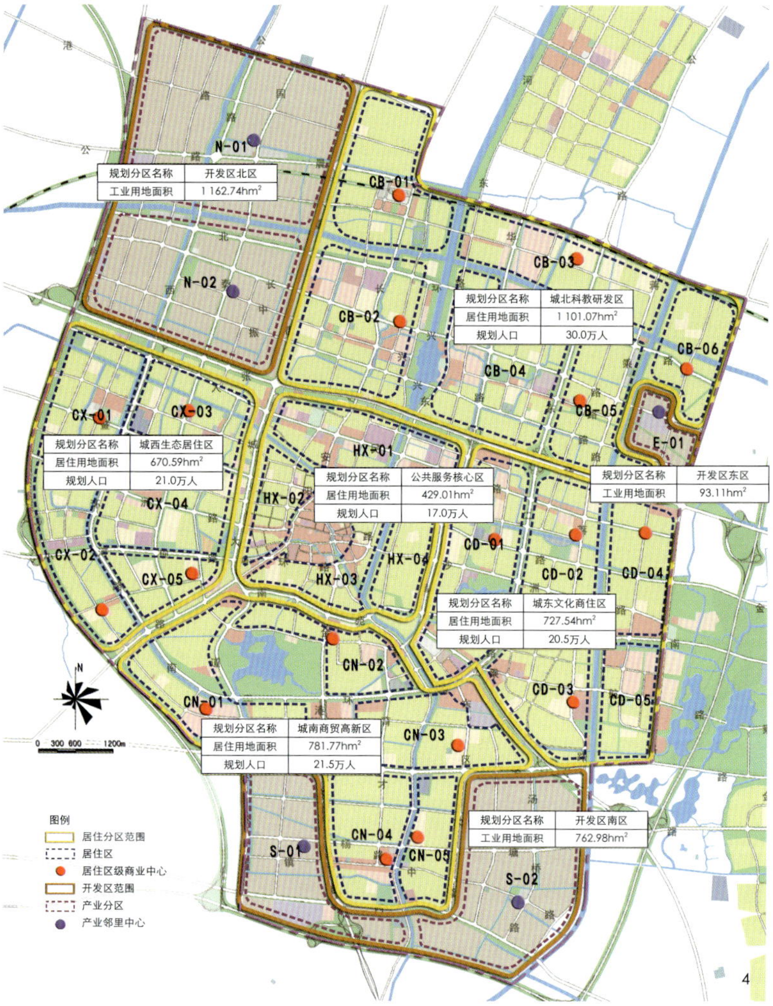

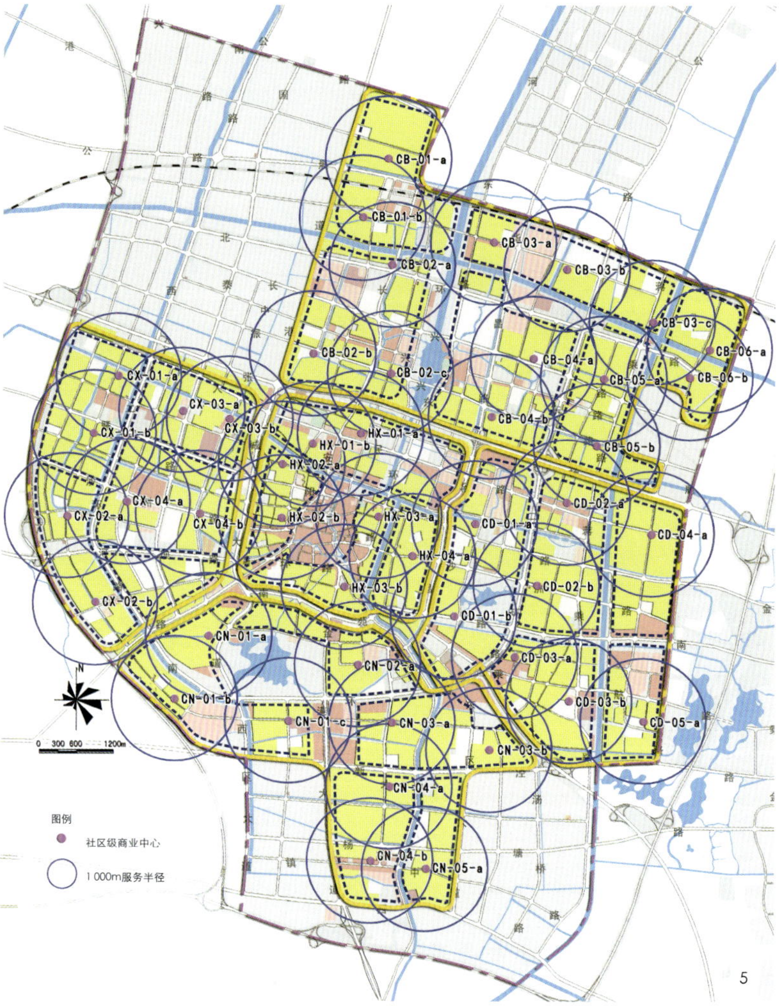

4.居住区级商业中心（产业邻里中心）规划布局图

5.社区级商业中心规划布局图

心城区商业网点为整个市域服务的职能，张家港市域规划总人口2030年约为275.3万人，则中心城区商业网点总规模为413万m²。以杨舍城区商业用地规模占中心城区商业用地规模的比重计算，杨舍城区商业网点规模为276万m²。

（3）商业网点总规模控制

根据两种测算方法，至规划期末杨舍城区商业网点发展总规模应控制在276万～478万m²之间，取中值377万m²。

2. 分级控制

（1）规划结构

规划形成“一主一副、三轴四心、四类四级”的空间布局结构。

“一主”即以沙洲中路步行街、杨舍西街等老城商业街区为依托的市级商业核心，集聚市级行政、商业、文化、体育、商务、办公等城市生活服务功能。

“一副”即位于双鹿路以西、南苑路两侧的黄泗浦商业副中心，结合黄泗浦文化生态园的打造，承担文化、体育、生态、旅游服务等功能。

“三轴”即沿城市轨道交通一、二、三号线的商业发展主轴线，三轴串联各级商业中心。

“四心”即杨舍城区东、南、西、北四处片区级商业中心，承担各功能分区综合服务职能，提供相应的商业、文化、医疗、体育、娱乐、办公等配套服务设施。

“四级”即市级商业中心、片区级商业中心、居住区级商业中心、社区级商业中心等四级商业中心。

“四类”即四类专业型中心，包括位于华昌路和北环路两侧地区的技术服务中心；位于二环路以南、金港路两侧的精品市场中心和位于二环路以东、苏虞张公路以南的城南汽车服务中心等两大专业市场中心；位于南二环路以南、西区大道以西的城南文创中心；位于港城大道以东、北环路以南的城北科教中心。

（2）分级体系

根据四级分级体系，规划范围内布置1处市级商业中心、1处市级商业副中心、4处市级专业型中心、4处片区级商业中心、18处居住区级商业中心和5处产业邻里中心、47处社区级中心，规划规模见表3。依分级体系测算商业总规模约385万m²，控制在276万～478万m²之间，接近预测中值377万m²（表3）。

①居住区级商业中心：杨舍城区共规划25个居住区，设18处居住区中心（其中公共服务核心区的居住区商业配套由市级商业核心覆盖，部分居住区实

现中心共享）。

②产业邻里中心：设置应尽量位于服务片区中心，且结合绿地公园等公共开放空间设置，建设以满足产业区工作人员日常商务活动、休闲娱乐、教育提升及生活等需求为主的小型商业综合体，合理布局商务服务、生活服务、休闲娱乐、运动健身及卫生医疗等业态。

③社区商业：按照网格化的要求均衡布局，以1 000m为服务半径实现全覆盖，本次规划参考相关规划对社区级商业中心选点提出建议。

表3　　规划商业规模估算

等级	集聚辐射范围	商业规模要求（万m^2）	商业中心名称	规划规模（万m^2）
市级商业中心	市域或者更广域范围	100～150	市级商业核心	130
市级商业副中心		60～100	黄泗浦生态副中心	48（60）
专业型中心		不小于10	技术服务中心	10
			精品市场中心	10
			城南汽车服务中心	10
			城南文创中心	10
			城北科教中心	10
片区级商业中心	以为片区服务为主	10～30	杨舍城东分区商业中心	20
			杨舍城南分区商业中心	10
			杨舍城西分区商业中心	30
			杨舍城北分区商业中心	38
居住区级商业中心	3万—5万人以上的居住区	每处不小于2.56万m^2	18个居住区级商业中心	46
产业邻里中心	产业区		5个产业邻里中心	13
合计				385
社区级商业中心	在控制性详细规划修编地块指标控制中强制性落实商业和综合服务设施面积占新建社区总建筑面积的比例不得低于10%的控制性要求			

3. 业态控制

（1）分类业态的布局形式

五大类业态中，零售业网点（大型）、酒店餐饮业网点、专业商品交易市场以集聚式布局为主。集聚式布局的商业网点的布局要求主要体现为规模集聚，如大型零售业网点在片区级以上商业中心实现集聚；酒店餐饮业网点在片区级以上商业中心、门户地带、旅游景点等周围实现集聚；专业商品交易市场在交通运输条件便利（公交可达与货运条件较好）的区域集聚形成市场群等。

生活服务业网点与生产服务业网点以均等化布局为主。以保证服务范围的全覆盖与消费人群的可达性为前提，分析该类商业网点布局主要影响要素，并以此要素为基础分析得出优势布局区位。同类或者关联业态高度集聚的基本表现形式为商业特色街（区）。

（2）商业中心的业态管制

规划针对各级各类商业中心，提出鼓励发展、限制发展、禁止发展的业态类型，对商业中心的发展作出详细的业态引导（表4）。

表4　　商业中心业态管制一览表

商业中心	鼓励发展	限制发展	禁止发展
市级商业核心	积极发展都市生活、创意文化、购物休闲等现代服务业，以综合性商圈为主要空间载体，大力推进老字号特色商业和综合体商业的发展，配套休闲娱乐产业，满足商务、游憩等需求，鼓励引进知名企业的大型专卖店、专业买手店、品类专业店、品牌旗舰店等，大力发展概念店、创意店、体验店、屋顶露天休闲、滨水文化等创新业态	大型超市、大型商品（家具、家电、建材等）交易市场、批发市场（服装等）、百货店等传统商业业态	产权分散式商业地产、无证经营的临时小店或流动摊贩、杂乱低端的专业专卖店、低档且污染较严重的娱乐餐饮等影响商圈国际高端形象的商业网点
黄泗浦商业副中心	鼓励文化博览、文化科考、旅游体验等创新业态，大力发展充分展示黄泗浦文化特色的商务会展、运动健身、生态旅游、文化演绎、艺术展示，引进知名高尔夫公馆、主题酒店、健身会所、禅修养生馆、科普基地、关爱公寓	大型商品（家具、家电、建材等）交易市场、批发市场（服装等）等传统商业业态以及一般工业园区	流动摊贩、低档且污染较严重的娱乐餐饮产权、分散式商业地产以及无证经营的临时小店等影响黄泗浦生态平衡和整体形象的商业网点
技术服务中心 精品市场中心 城南汽车服务中心 城南文创中心 城北科教中心	重点发展总部经济，布局5A甲级写字楼、顶级SOHO办公楼，吸引知名领域企业和跨国公司区域性总部、上市公司总部、外国驻张家港办事处及研发中心的入驻，鼓励管理咨询、创业辅导机构、研发服务、知识产权代理机构等中介服务机构以及网络技术、动漫游戏、媒体内容制作、图书出版、创意计等文化创意类产业、文创动漫、智慧科技等创新服务类业态的发展	除符合6个中心主题外的营业面积过小的经营业态；限制主题背离的业态发展，如便利店、大型购物超市的业态发展	流动摊贩、低档且污染较严重的娱乐餐饮产权、分散式商业地产以及无证经营的临时小店等影响中心主题形象的商业网点
杨舍城东分区商业中心	大力发展综合性商业，推进客运站商业，加快推进大型购物中心购物环境建设，完善休闲、美食、商务配套。在香港城发展商业综合体、购物中心、品牌旗舰店等新型业态，在客运站重点提升现有低端、杂乱业态，发展特色美食、休闲娱乐等中高端业态；着力完善基础设施建设，增加诸如医药、家电、书店、维修店、家政服务店、洗衣店、餐饮、旅店、文体场所等生活服务业网点数量	大型商品（家具、家电、建材等）交易市场、竞争过渡业态、低档次传统商业业态等	低端且污染严重的餐饮业、无证流动摊贩等
杨舍城南分区商业中心	重点发展与生活配套的商业网点，推进美食娱乐、商务休闲、文化创意等体现张家港时尚高端文化的商业业态。发展城市综合体和商务休闲中心，鼓励引入文化创意类产业，引入体验店、概念店、特色店、专业买手店等新型业态；着力完善基础设施建设，增加诸如医药、家电、书店、维修店、家政服务店、洗衣店、餐饮、旅店、文体场所等生活服务业网点数量	大型商品（家具、家电、建材等）交易市场、批发市场、低档次传统商业业态等	低端且污染严重的低档餐馆、无证流动摊贩等
杨舍城西分区商业中心	大力发展商务会展、高端特色餐饮，重点发展服务于新城区居民的生活性服务业如连锁超市、便利店、餐饮、家政服务中心、农贸市场等业态；商业（旅游）综合体、大型购物中心、高端美食休闲等商业	大型商品（家具、家电、建材等）交易市场、批发市场、低档次传统商业业态等	低端且污染严重的低档餐馆、无证流动摊贩等
杨舍城北分区商业中心	大力发展滨湖商业，重点发展总部商务、文化体验、运动健身、休闲娱乐等业态，鼓励引入文艺创新业态；满足周边急剧增长的东莱街道、江帆小镇、福前镇的居民日常消费需求和休闲需求，重点发展连锁店、专卖店、特色店等生活型服务业，大力推进与生活配套的超市、百货、便利店、餐饮、农贸市场等建设	传统竞争过渡业态、产权分散式商业地产	低端且污染严重的餐饮业、无证流动摊贩、杂乱低端的传统业态等

4. 线性控制

（1）城市道路空间管制

严格区分商业街和一般城市道路的功能，不适合进行沿街商铺形式设置的通路性交通干道应限制商业发展，以提高商业网点资源配置的合理性和有效性。

根据城市道路等级和功能性质，按商业设置的适合程度分为四类，即禁止设置道路、限制设置道路、允许设置道路和鼓励设置道路。禁止设置道路、

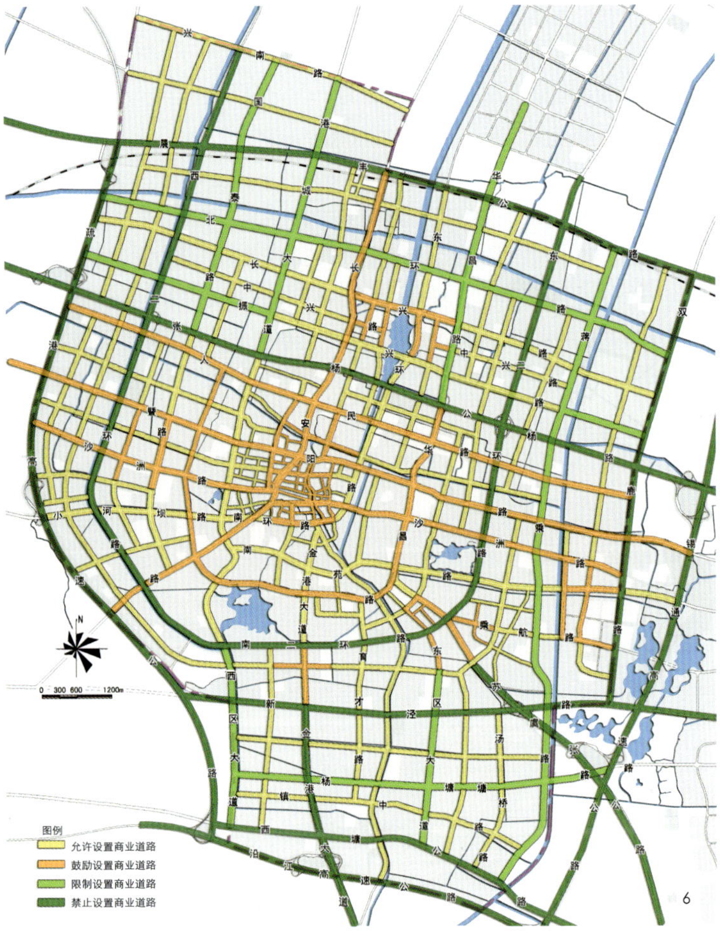

6

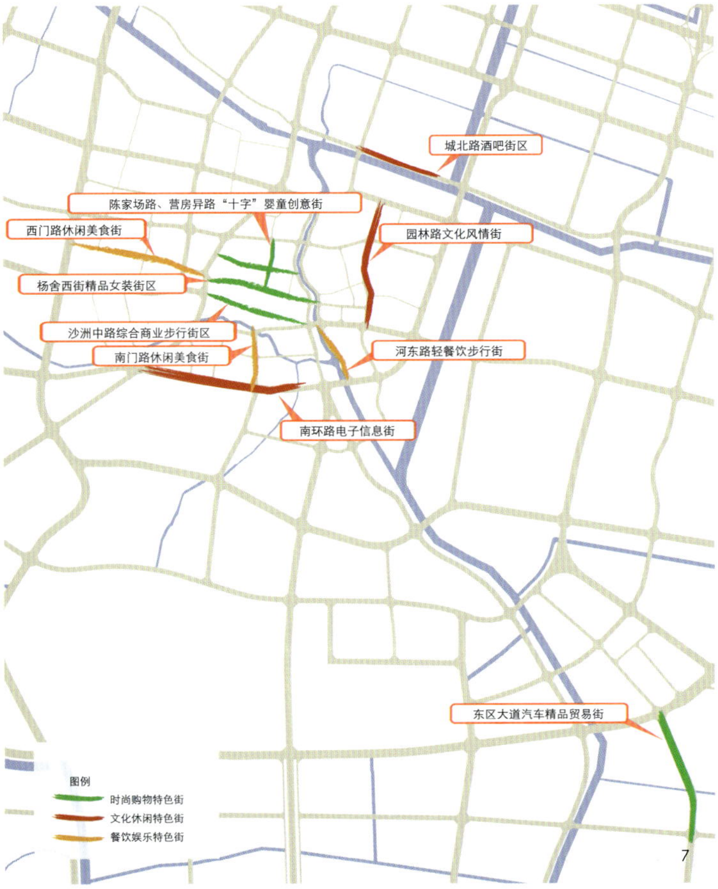

7

限制设置道路、鼓励设置道路详见下表，其余道路为允许设置道路。特色街需在允许设置道路、鼓励设置道路的范围内设置。

（2）特色商业街规划

特色商业街的长度。市级重点特色特色街（区）应具备一定的规模和档次，借鉴杭州特色街（区）的经验，市级重点特色街（区）长度一般在500～1 500m左右。考虑张家港市的商业规模容量，规划建议特色街（区）长度宜在500～1 000m左右。

表5 道路设置商业导引一览表

设置类型	道路等级	道路名称
禁止设置	高速公路	疏港高速公路、沿江高速公路、锡通高速公路、苏虞张公路
	快速路	晨丰公路、张杨公路、新泾路、西塘公路、东二环路
	主干路	西二环路、南二环路、双鹿路、金港大道
限制设置	主干路	北环路、振兴路（工业区段）、金塘路、国泰路（张杨公路以北）、港城大道（张杨公路以北）、西区大道、东区大道、华昌路（张杨公路以北）
鼓励设置	主、次干路、支路	人民路、暨阳路、沙洲路、长安路、华昌路（张杨公路以南），以及市级中心、市级副中心和片区中心涉及的各级道路

特色商业街的主题。依托商业街的历史底蕴、文化魅力或商品服务特色，在建筑设计和招商方面注重塑造具有特色的商业生态和景观，促进文化、旅游和商业之间的相互联动。特色商业街大致分成历史风貌特色街、时尚购物特色街、餐饮娱乐特色街、文化休闲特色街等类型。

商业特色街的文化。商业街主题文化应与张家港本土文化紧密联系，传承长江文化和江南文化融合发展的特色，突出暨阳文化、沙上文化等文化特色和基因。

杨舍城区规划特色商业街见表6。

表6 市级重点商业街（区）文化及业态定位

序号	街（区）名称	长度（m）	类型	文化定位	主导业态	配套业态
1	沙洲中路综合商业步行街区	600	时尚购物	购物文化	百货商场、购物中心	餐饮、休闲娱乐、住宿
2	园林路文化风情街	720	文化休闲	民俗文化	民间工艺、餐饮	文化表演、咖啡吧
3	杨舍西街精品女装街	570	时尚购物	女装文化	服饰	餐饮、娱乐
4	城北路酒吧街	530	文化休闲	休闲文化	酒吧	茶楼、咖啡吧、餐饮
5	南环路电子信息街	890	文化休闲	科技文化	IT贸易、电子信息	休闲餐饮
6	陈家场路、营房弄路“十字”婴童创意街	740	时尚购物	母婴文化	婴童、孕妇服饰	餐饮
7	南门路休闲美食街	320	餐饮娱乐	餐饮文化	餐饮美食	休闲
8	西门路休闲美食街	800	餐饮娱乐	餐饮文化	餐饮美食	休闲
9	东区大道汽车精品贸易街	700	时尚购物	汽车文化	汽车商贸业、汽车服务业等汽车消费	餐饮、会展、物流
10	河东路轻餐饮步行街	350m	餐饮娱乐	时尚文化	轻餐饮	休闲

表7　　2001—2011年游客总量统计数据表

已知年份	2001年	2002年	2003年	2004年	2005年	2006年	2007年	2008年	2009年	2010年	2011年
入境（万人次）	1.09	1.48	1.27	2.7	2.95	3.33	3.57	3.17	3.34	3.95	4.11
国内（万人次）	103.24	110.24	126.5	165.47	185.34	214.14	248.02	293.03	343.09	408.92	500.28
统计游客量（万人次）	104.33	111.72	127.77	168.17	188.29	217.47	251.59	296.2	346.43	412.87	504.39
年增长率	—	7.08%	14.37%	31.62%	11.96%	15.50%	15.69%	17.73%	16.69%	19.18%	22.17%

五、单项业态的容量需求预测——张家港高星级酒店需求预测案例

1. 游客总量预测

饭店住宿游客总量的测定主要取决于游客总量（T）和住宿游客比例（P）。游客总量的确定是住宿设施需求预测的基础，本项目研究根据张家港旅游业常态递增情况下，根据2001—2011年十年游客总量的统计数据（表7），采用二次方程回归分析，预测未来20年张家港游客总量（表8），其中，在2015年预测数据的基础上修正了10%，2020年预测数据的基础上修正了20%，在2030年预测数据的基础上修正了30%。

表8　2011—2030年二十年张家港游客总量预测

年份	2011年	2015年	2020年	2030年
游客规模（万人次）	504.39	630.92	1032.48	1956.09

2. 高星级酒店需求量预测

表9　　张家港高星级酒店现状接待情况

星级饭店名称	级别	接待人数	床位数（个）
国贸酒店	五星	72 902	740
馨苑度假村	五星	55 808	500
华芳金陵国际酒店	五星	37 802	460
沙洲宾馆	四星	34 654	419
江南酒店	四星	12 369	350
长江酒店	四星	30 903	285

据统计，2011年五星级酒店1 700张床位共接待住宿游客16.65万人次，平均每张床位接待游客97.9次；四星级1 054张床位共接待住宿游客7.79万人次，平均每张床位接待游客73.91次。2011年五星级酒店接待游客数占张家港所有游客数的3.30%（16.65/504.39=3.30%）从而算出2015年五星级酒店接待游客为：630.92×3.30%=20.82万人次，需求床位为208 200/97.9=2 127张，与2011年相比，增加了25.12%，考虑到张家港旅游日益由单纯的观光旅游向休闲度假旅游深化发展以及消费者经济水平的提高，建议至2015年，张家港市可以增设1～2家高星级酒店。以此类推五星级2020年、2030年以及四星级酒店需求量，见表10。

表10　张家港高星级酒店需求量预测表

指标名称	2011年	2015年	2020年	2030年
游客规模（万人次）	504.39	630.92	1 032.48	1 956.09
高星级宾馆接待规模（万人次）	24.44	30.54	49.97	94.67
高星级宾馆床位	2 754	3 442	5 631	10 668
高星级宾馆数量	6	6～8	12～14	22～24
其中：五星级宾馆接待规模（万人次）	16.65	20.82	34.07	64.55
五星级宾馆床位	1 700	2 127	3 480	6 593
五星级宾馆数量	3	3～4	6～7	11～12
四星级宾馆接待规模（万人次）	7.79	9.72	15.92	30.12
四星级宾馆床位	1 054	1 315	2 151	4 075
四星级宾馆数量	3	3～4	6～7	11～12

六、结语

商业空间是商业活动的集聚场所和空间载体，其区位选择、规模大小和主要业态具有高度的市场自发特性，导致商贸领域的相关数据统计十分缺乏。因此过去类似规划、研究多以定性分析为主，缺乏数据量化的指标；规划成果以圈点式的规划引导为主，缺乏边界和路径的控制及商业业态的精确引导。本次规划在商业规模定量分析、商业空间发展边界、商业业态量化引导等方面做了积极的探索，是提高商业规划的精确性、控制性和可实施性的有益尝试。

参考文献

[1] 侯成哲，杨涌潮，李玮．杭州市城市规划公共服务设施配套规范[R]．杭州：杭州市城市规划设计研究院，2009：10－12．

[2] 钟雯．工业化后期生产性服务业发展的特点：以上海为例[D]．上海：北上海社会科学院，2011：14－30．

[3] 许学强，周素红，林耿．广州市大型零售商店布局分析[J]．城市规划，2002（7）：48－50．

[4] 易开刚．我国城市商业网点空间布局及其优化[J]．科技进步与对策，2005（8）：106－108．

[5] 骆文标．中等城市商业中心区商业用地规及其在规划设计中的应用—以河源市东城西片区10号地块为例[J]．广东建材，2008（7）：196－199．

[6] 隆菁，葛幼松，张国栋．基于GIS的商业网点布局合理性分析[J]．山东建筑大学学报，2010（8）：423－428．

[7] 刘卫卫．城市商业发展新特征及对开发经营的借鉴[J]．上海房地，2009（12）：48－50．

[8] 胥树凡．绿色商业的发展与思考[J]．环境经济，2010（6）：44－46．

作者简介

洪田芬，硕士，杭州市城市规划设计研究院，工程师；

潘　蓉，硕士，杭州市城市规划设计研究院，高级工程师。

6.商业设施设置空间管制图

7.重点商业街（区）布局图

快速城市化背景下的中小城市商业网点规划

The Commercial Network Planning of Mid-sized Cities under the Background of Rapid Urbanization in China

朱 娟 胡建勇
Zhu Juan HuJianyong

[摘 要] 随着社会经济的发展，城市化过程的加快、经济体制改革与市场化进程的推进、经济国际化的扩大以及新经济、新技术等因素对商贸业的综合影响，中小城市商业发展面临着网点功能单一、商业设施陈旧、业态类型低端等发展瓶颈。本文以河北威县为例，针对快速城镇化地区小城镇商业网点规划做了研究与分析，对威县中心城区各级商业中心、商品交易市场、商业街、零售商业、商贸物流业的发展提出规划引导。

[关键词] 城镇化；小城镇商业网点规划；威县

[Abstract] With the development of social economy, the level of urbanization increasing, the reform of economic system and marketing process, the expand of economic internationalization, the influence factors of new economy and new technology, the commercial development of mid-sized cities faced with singleness of network function, commercial facilities outmoded, low-end business pattern etc. problems. In this paper, let's take Weixian city in Hebei Province for example, do the research and analysis with aiming at the commercial network planning of mid-sized cities in rapid urbanization regions, and promote the planning guide for the development of all central districtcommercial center, commodity market, business street, commercial retail, business logistics industry.

[Keywords] Urbanization; Small Town Commercial Network Planning; Weixian
[文章编号] 2015-67-P-030

1.零售业发展历程
2.城区空间结构分析图
3.商业空间结构

商业是城市最重要的功能之一，始终是城市经济、社会生活的最基本内容。合理的商业网点布局不仅会促进地区商业的进一步发展，同时也会促进社会的和谐统一，有利于城市形象的树立。目前，我国正处在快速城市化阶段，发展小城镇是推进城市化的重要途径。小城镇作为未来城市化的主体，其城市商业网点建设存在诸多问题，因此做好小城镇商业网点规划非常有必要。

威县位于华北平原南部，城市商业氛围浓厚，经过多年发展，已经成为邢台市南部连接山东、河南的重要的商品流通城市。虽然城市商业发展较快，对繁荣市场、满足消费需求发挥了重要作用，但也存在着布局不够合理的问题，在众多政策法规中，一直缺少一部指导性、操作性强的城市商业网点规划。

一、规划背景

1. 商业零售业发展趋势分析

纵观世界零售业总的历史发展趋势来看，零售业态的发展总体经历了四次大的革命，即百货商店、连锁超市、购物中心和无店铺销售。未来零售业的发展逐渐呈现业态多样化、市场多元化、空间布局合理化趋势。具体表现在业态已突破往昔传统业态（百货店）一统天下格局，超市、连锁店、仓储店、折扣店、专业店、专卖店等多种新业态的竞争要求市场定位的多元化倾向，零售业态在空间上的摆布一改往昔城市中心的状态，而出现“边缘崛起”、区域性零售分中心与市中心并存、选购品经营在城市或区域性商业中心、便利品经营在邻近居民集中居住区设点的迹象。

2. 城市经济发展与商业经济结构

目前威县城区商业服务网点功能单一，传统经营形式网点占绝大部分，主要以沿街经营的中小型超市、个体经营的食品、烟酒、家电、五金、建材、粮油门市等为主，少量的综合性百货商场及专卖、专业店经营规模也较小，连锁超市近年虽然较快发展，但所占份额还很低，经营模式以传统方式为主。

街区较缺乏，一些街区虽已形成了一定的行业分类，但功能还不强，需进一步规划，形成特色更加明晰的商业街区。

3. 城市空间扩展与商业网点布局

20世纪80年代以前，威县城区一直延续明清老城“四街五关”的格局；80至90年代期间，随着外围市场经济的发展城市向东北方向拓展；21世纪初期，随着城市新区、工业区的快速发展，城市进一步向东北方向拓展。随着城市空间格局的转变，原来位于城市边缘的农副产品市场、工业品市场演变为城市中心区，大量的货物集散影响城区生活；传统老城商业街区设施陈旧，缺乏投资更新改造。

二、规划策略与目标

1. 规划策略

基于对威县现状商业设施发展的相关研究，借鉴国内外商业网点发展的经验，规划提出“交通区位、城市经济、城市空间、地域文化、人口”五大规划策略，并贯穿整个商业网点规划全过程。

（1）交通区位

地块区位和交通条件决定了城市商业的发展前景，通过对威县中心城各片区商业服务业发展现状进行调研，明确威县商业服务业在邢台商贸服务产业发展中的地位和作用，商业服务业定位应与区域功能相配合。城市商业应分布在交通便利地段、城市市中心及各组团中心内，方便城市居民购物与休闲。

（2）城市经济

商业服务业应与商务、旅游、文化、休闲等产业进行关联研究，以产业功能融合为导向，引入的新商业理念和元素、加快发展的现代商贸种类和业态。通过对不同层级、不同片区的商业服务业消费对象和市场需求进行分析，结合全区商业服务网点的现状和发展趋势，合理配置商业服务网点的数量、规模和相应的业态类型，使商业服务业发展和网点布局规划与经济社会发展水平相适应。

（3）城市空间

政府行为对商业空间的发展起着引导性作用，通过规划引导，使商业空间更好地融入城市空间。通过对商业网点与城市发展面对的热点问题、难点问题进行思考和研究，科学合理地统筹商业服务业发展与城市总体之间的关系，达到调整和完善威县控制性详细规划、进一步落实土地利用规划的目的。商业空间的布局要充分考虑到城市现有城市形态，整体上要符合城市自身发展的需要，采用集中与分散相结合的布局方式。

（4）地域文化

历史文化对城市商业的发展起着重要的引领与促进作用，以文化品位为中心、历史文脉为轴线、地域特色为导向的城市商业才具有永久性和持续性的生命力。历史文化是打造优质商业空间的基础，也是吸引人流和物流的动因。

（5）人口

影响城市商业繁荣与否的是商业区内的人口流量和当地居民消费水平的高低，包括本地人口和外来人口，而消费水平的高低还决定着商业档次与商业空间环境的好坏。

2. 规划目标

规划总体目标：通过推进现有商业网点的资源整合和新型商业设施的有序建设，优化网点结构与布局，提升网点现代化水平，形成总量平衡、布局合理、业态先进、结构适当、配套完善的商业网点体系，将威县打造成华北新兴商贸城市。

社会销售品零售总额：根据威县国民经济发展规划，全县社会销售品零售总额预测2015年达到43.5亿元，2030年达到238.1亿元。

商业营业面积：根据《城市公共设施规划规范》4.0.3条规定，商业设施按城市人口规模（包括暂住人口）来确定，根据《威县县城总体规划》规划人口30万人，参照中等城市标准，人均商业建设用地面积为4.0m^2。根据人口预测2015年城区商业建设面积52hm^{2}左右，商业营业面积宜控制在31.2万m^{2}左右，至2030年商业建设面积120hm^{2}左右，商业营业面积控制在84.0万m^{2}左右。

表1　城市商业设施设置标准

城市规模	小城市	中等城市	大城市	特大城市	超特大城市
人均商业建设用地（平方米/人）	4.5～6.0	4.0～5.5	4.0～5.0	3.5～4.0	3.0～3.5

注释：来源于《城市公共设施设计规范》表4.0.3的规定。

就业人口：城市商业2015年就业人口为1.43万人，2030年为3.78万人。

三、城市商业总体布局

结合威县商业服务业的发展目标、发展现状和影响商业服务设施布局的各项因素，综合相关规划，确定威县构成“两轴、一圈、三心、三带、四区、多点”的商业空间总体格局。

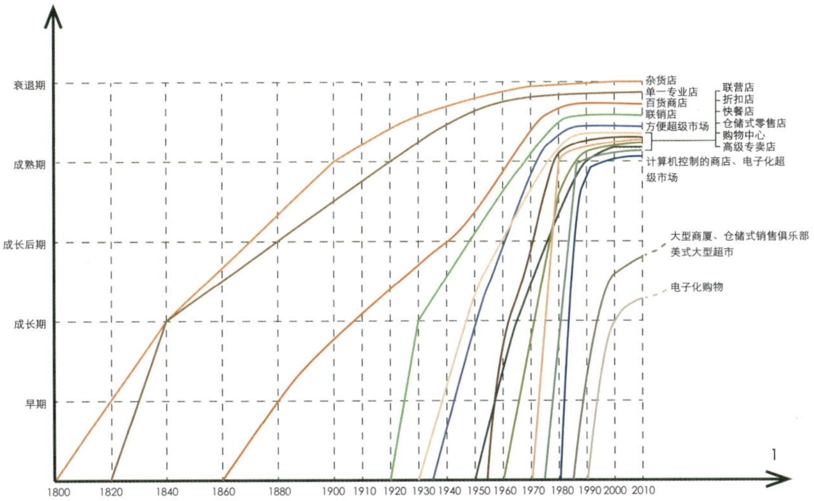

1

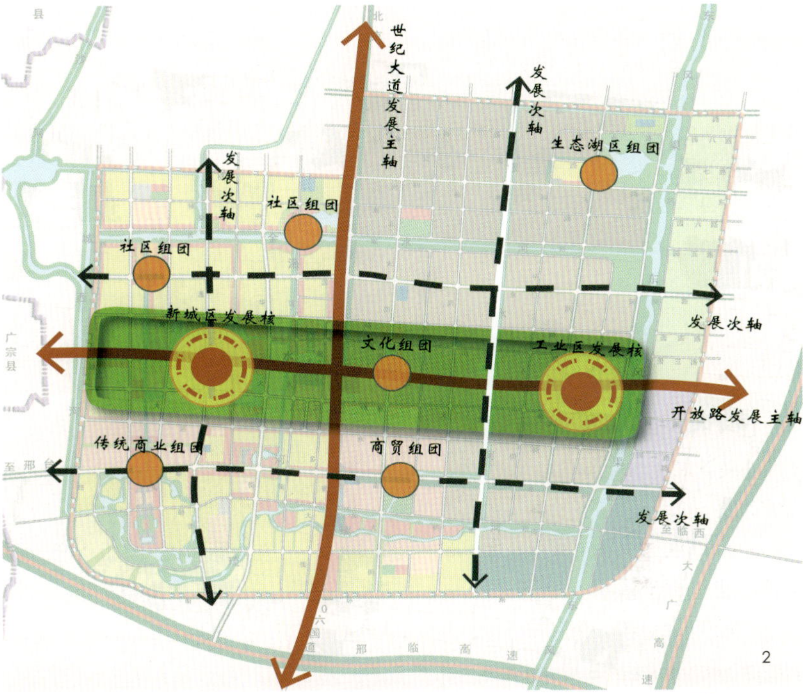

2

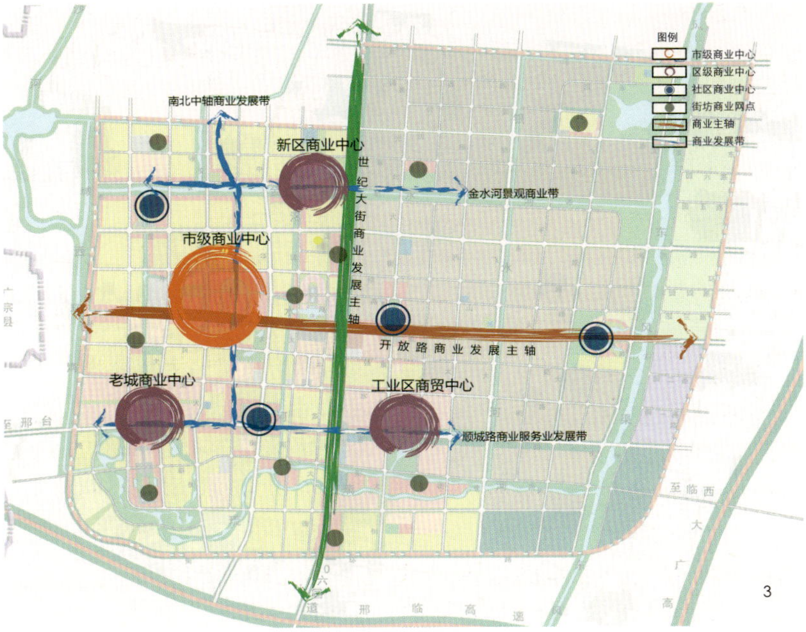

3

4

5

1. 两轴

即沿世纪大街、开放路两条城市发展轴：世纪大街是威县新老城区南北片区联动发展的结构主轴，也是威县对外形象展示轴线，沿线重要节点设置集中商业服务设施；开放路是威县新城区与工业区东西向发展的结构主轴，沿线串联市级商业中心、行政文化中心、工业区生产服务中心，将促进城市主导产业功能间的联动发展，也是商业发展的集聚轴。

2. 一圈——市级商业中心

（1）规划范围及规模

东至中华大街，西至北关外大街，南至开放路，北至团结路，总占地面积约67hm^2。结合威县的发展现状，市级商业中心商业设施规模为：营业面积35万m^2，商圈范围车程25min（服务半径30km），商圈人口60万人，辐射威县全县域。

（2）功能定位

市级商业中心商业高度集聚，经营服务功能完善，服务范围辐射全县，消费对象为市民和流动顾客的城市商业中心区。规划要求商业网点总量增速要快，起点要高，各种业态的商业档次要高，设施要精良，服务功能要齐全，将本区打造成为新型的具有超前时代气息的现代化商业中心区。

（3）业态导向

鼓励设置市区购物中心、百货店、专业店、专卖店、各式中西餐饮、快餐、文化休闲、健身、娱乐、星级宾馆等娱乐设施，适度设置大型综合超市、超市、便利店、自动售货机、大型专业店。限制设置仓储商店、专业市场、集贸市场。

逐步建成15万m^{2}左右、以大型Shopping Mall式的商贸企业为主体，能够积极引进和吸纳具有国际先进水平的商贸流通业态集群；

修建、引进咖啡店、休闲茶馆，娱乐城内建立保龄球馆、健身房、室内游泳馆、溜冰场、卡拉OK等娱乐设施；

周边街区辅以通透式园林购物休闲娱乐区，拥有便利店、连锁店、餐饮业、服务业等各种业态集群；

形成相应规模的地上及地下停车场（表2）。

3. 三带

指洺水河景观商业服务业发展带、顺城路商业服务业发展带和南北中轴商业发展带。三带分别在南北、东西两片构成“干”字交叉，主要功能是连接不同等级的商业中心、特色各异的商业街（区）以及社

表2　威县市级商业中心主要业态设置导向

业态类型	设置数量（个）	营业面积	经营结构	服务半径
Shopping Mall	1	15万m^2	集休闲、娱乐、文化、餐饮、服务、购物于一体的一站式消费	商圈半径为10～20km
百货店	2～3	6 000～20 000m^2	综合性，门类齐全，以服饰、鞋类、箱包、化妆品、家庭用品、家用电器为主	
大型超市	3	>6 000m^2	大众化衣、食、日用品齐全，一次性购齐，注重自有品牌开发	辐射半径2km以上
专业店、专卖店	>100	根据商品特点而定	以销售某类商品为主，体现专业性、深度性、品种丰富，选择余地大	
超市	2～3	营业面积在6 000m^{2}以下	经营包装食品、生鲜食品和日用品。食品超市与综合超市商品结构不同	辐射半径2km左右
便利店	6～8	营业面积100m^{2}左右	即时食品、日用小百货为主，有即时消费性、小容量、应急性等特点，商品品种在3000种左右，售价高于市场平均水平	顾客步行5min内到达

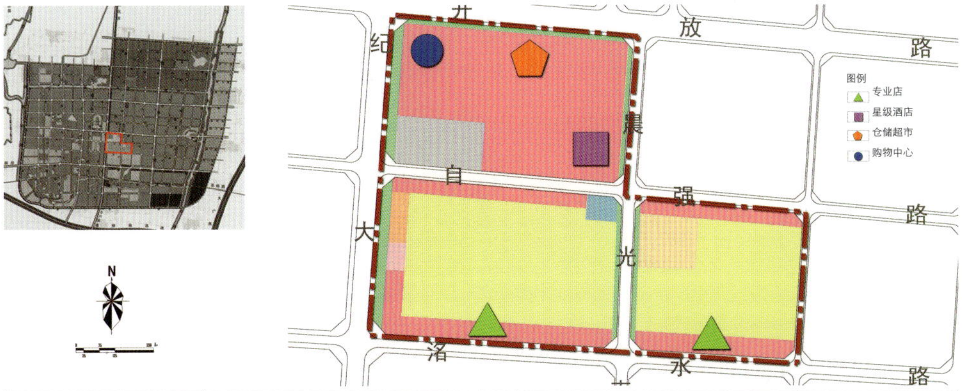

基本情况	规模以上商业网点业态统计			规划引导建议
		网点个数	营业面积	
		规划	规划	
本地块位于工业区和新城区的联接地带，西临106国道，地块内有一处客运汽车站，地块内有一处客运汽车站，交通条件优越，地块总面积50hm²，现有天客隆太阳能城和专业店分布，规划以物流、仓储及配套用地为主。 规划本地块总零售商业网点营业面积20万m²，其中大中型面积13.5万m²，服务人口30以上，外来消费占40%。	超市	1	30 000	1.规划该地块为威县的物流、客流中心 2.鼓励设置：仓储超市、专业市场、购物中心、高档餐饮 3.适度设置：专业店、专卖店 4.限制设置：日常百货、农贸市场、综合超市 5.结合交通优势、优越的运输条件及现状产业的集聚分布，重点发展物流产业，引导在周边设置以大型的专业市场、批发市场为主的市场群 6.城市设计上注意广场、街道和商业建筑高度、体量的比例关系 7.商业网点机动车停车场按70~80个泊位/万平方米建筑面积设置，自行车停车场按300个泊位/万平方米建筑面积设置，停车场的形式采取地上和地下相结合的形式
	餐饮	1	10 000	
	百货	1	20 000	
	购物中心	1	55 000	
	专业店	2	20 000	
	合计		135 000	

6

4.商业设施规划图
5.商业街规划图
6.工业区区级商业中心业态设置引导

区商业网点，引导、分流和带动商业服务业向纵深方向延伸。

4. 三心——区级商业中心

（1）规划范围及规模

规划片区级商业中心分别位于新城区、老城区、工业区。老城片区商业中心位于中华大街、顺城路两侧，规模为20～25hm²，结合现有商业设施，鼓励发展品牌专卖店、专业店及中小型餐饮业。新城片区商业中心位于长城路、友谊路两侧，规模为30～35hm²，主要为城市北部居住片区服务。工业区商贸中心位于世纪大街北侧，东至振兴大街，西至世纪大街，北至洺水路，南至开放路，结合南侧工业品专业市场设置相关商业服务设施，规模为15～20hm²。结合威县的发展现状，片区级商业中心商业设施规模为：营业面积10万m²左右，商圈范围车程10min（服务半径12km），商圈人口20万人。

（2）功能定位

片区级商业中心是商业中度集聚，商业服务行业比较完善，服务范围以城区分区为主的地区商业中心，突出购物、餐饮、娱乐、文化休闲、服务为一体的综合功能。

（3）业态导向

鼓励设置社区购物中心、大型综合超市、专业店、专卖店、餐饮网点、文化娱乐设施等。适度设置特色百货店、大型专业店、自动售货机、大型综合超市、购物中心和生活服务、图书报刊、邮电业等配套行业。限制设置仓储商店、专业市场、集贸市场（表3）。

5. 四区——社区商业中心

（1）规划范围及规模

根据城市总体规划以及威县实际，结合居住比较集中的片区，并根据商圈的服务人口，设置4处社区商业中心，分别位于晨光大街和开放路、滨河西街和开放路、西街和北街以及爱国路和北关外大街等交叉口附近区域，各社区商业用地规模为2～5hm²。结合威县的发展现状，社区商业中心商业设施规模为：营业面积2万m²左右，店铺数在20～50个，商圈范围车程5min之内（服务半径6km），商圈人口5万人左右。主要服务于各片区内的居住人口。

（2）功能定位

社区商业是指商业一定程度集聚，主要配置居民日常生活必需品的商业行业和生活服务业。距市级、片区级商业中心1km以外的居住区，服务人口3万～5万人左右，应有一个相应规模的社区商业中心；一般应按每千人400m²配置，其中80%网点集中在规划的社区商业中心内。

（3）业态导向

表3　威县区级商业中心主要业态设置导向

业态类型	设置数量（个）	营业面积	经营结构	服务半径
社区购物中心	1	5万m²	包括20～40个租赁店，涵盖百货店、大型综合超市、专业店、专卖店、饮食服务及其它店	商圈半径为5～10km
大型超市	1～2	>6 000m²	大众化衣、食、日用品齐全，一次性购齐，注重自有品牌开发	辐射半径2km以上
专业店、专卖店	40～60	根据商品特点而定	以销售某类商品为主，体现专业性、深度性、品种丰富，选择余地大	
超市	2～3	营业面积在6 000m²以下	经营包装食品、生鲜食品和日用品。食品超市与综合超市商品结构不同	辐射半径2km左右
便利店	3～4	营业面积100m²左右	即时食品、日用小百货为主，有即时消费性、小容量、应急性等特点，商品品种在3 000种左右，售价高于市场平均水平	顾客步行 5min内到达

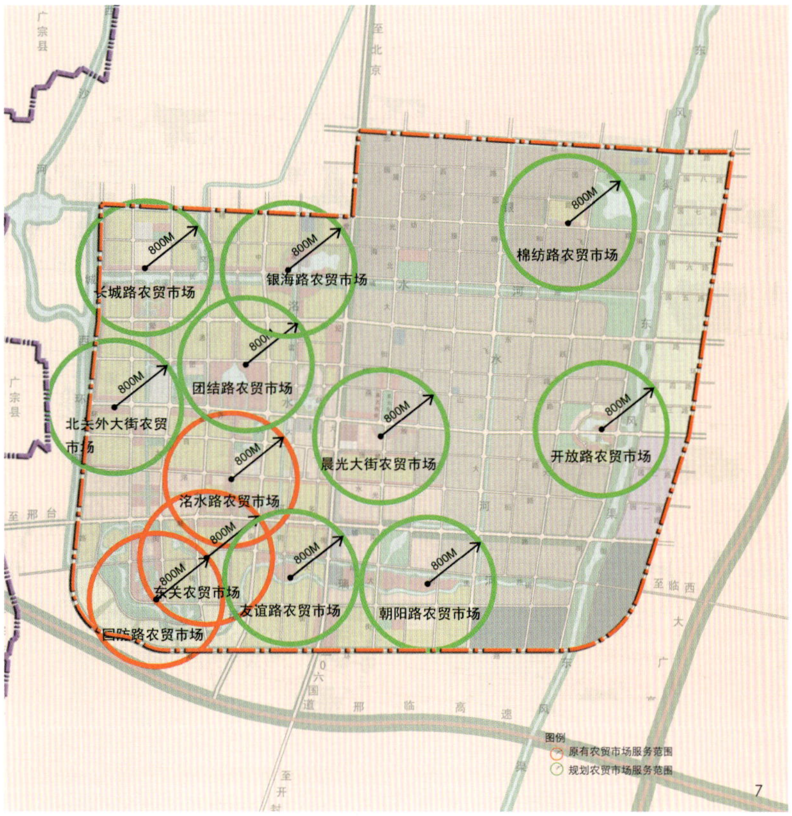

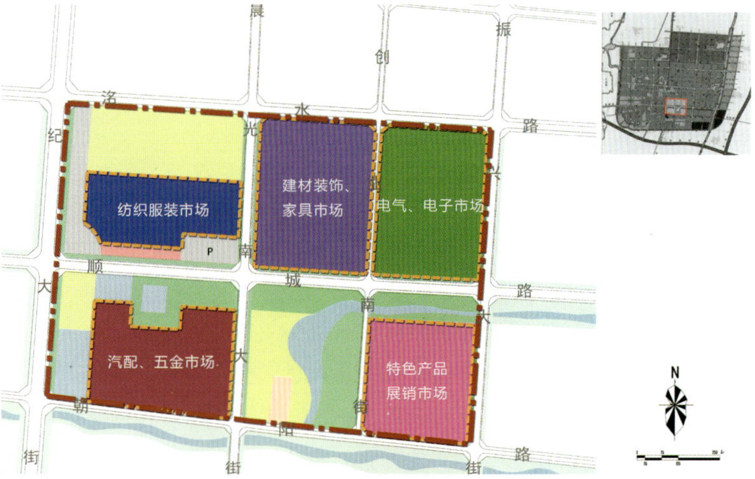

基本情况	名称	区位	规模（万m^2）	经营类别	规划引导建议
本地块位于工业区和新城区的联接地带，西临106国道，地块北侧紧邻商业中心，地块总面积116hm^2，规划建设包括建材、电子、服装在内的专业化市场群。规划本地块总市场用地面积62hm^2，服务人口30万以上。另外还需建设与市场配套的零售、专业店、小型超市等商业网点	纺织服装市场	西北	8.8	纺织产品、服装批发	家纺、服装贸易中心、展示中心
	建材装饰、家具市场	中部	15.4	建筑装潢材料、家具	发展成为有一定知名度的区域性建材市场
	电气、电子市场	东北	14.2	家电、电子产品	威县有特色的小家电市场
	汽配、五金市场	西南	12.3	汽车配件、金属材料钢材	汽车维修中心
	特色产品展销市场	东南	11.2	皮革制品、大宗物资特色产品	工业园区综合性交易平台，展销中心 8

7.农贸市场规划图
8.专业市场布局引导图

鼓励设置：新型社区购物中心（集购物、餐饮、休闲、娱乐为一体，能满足居民多样化消费需求的综合性社区商业服务中心）或超市、社区小型折扣店、便利店、超市、餐饮网点、菜市场、生活服务设施 。

限制设置：百货店、大型专业店、仓储商店、专业市场、购物中心、大型综合超市。

6. 多点——街坊商业网点

街坊商业网点设置在大型住宅小区主要出入口、居民主要途经地，大约10个。结合威县的发展现状，街坊商业网点商业设施规模为：营业面积2 000m^2左右，商圈范围步行5~8min（服务半径1 000m），商圈人口15 000人左右。主要发展便利店、食杂店，以及菜市场、餐饮、洗涤、美发、健身、维修等特色店（表4、表5）。

四、商业街规划布局

商业街是指商业功能突出，具有一定长度（长度>100m），以零售、餐饮和服务为主要定位，各

表4　　商业中心设置标准

分类体系		建筑面积（万m^2）	店铺数量（个）	服务半径	服务人口（万人）
美国零售体系	市级	>9	>100（综合零售店2~3家、百货商店4~5家）	30min车程	>20
	区级	3~9	40~100（综合零售店1~2家、百货店2家以及杂货店）	15~30min车程	10~20
	社区级	1~3	20~45（超级市场、杂货店、综合零售店和百货店）	10~15min车程	3~10
	邻里级	<1	10~15（核心店铺为超级市场，主营日常用品及服务）	<10min车程	0.8
日本零售体系	市级	—	180~250（综合超市2~3家、百货商店2~6家）	20~30min车程，商圈半径为30~40km	>200
	区级	—	100~200（综合超市2家、百货商店2家以及服装、饮食、杂货店）	10~15min车程，商圈半径为10~20km	50~100
	社区级	—	20~40（综合超市1家以及专业商店、饮食店等）	5~8min车程，商圈半径为3~5km	5~10
	邻里级	—	10~20（超市、专业商店、综合店、药店、洗衣店等）	3~5min车程，商圈半径为1~2km	1~2
国内商业分级	市级	20~30	购物中心、大型百货店、专业店、专卖店等业态		30~50
	区级	8~10	购物超市、百货店、专业店、专卖店、便利店等		特大城市20~30、大城市为10~15
	社区级	2~2.5	超市、便利店、小型折扣店、菜市场等		3~5
	街坊级	0.4~0.6	主要设置购物便利店		0.3~0.4

种商业网点相对密集（商业网点密度≥50%）的街道。特色商业街：指经营某类专业、专卖，并提供专业商品和专业服务，有一定文化底蕴的商业街。规划至2030年，威县城区设置1条综合商业街，5条特色商业街。

1. 综合型商业街

世纪大街综合商业街：北起国防路，南至开放路，是威县最繁华的商业集散地之一，全长1 000m，规划为品牌集聚的购物中心型百货商厦，减少中低档专业店、便利店、超市的比例，提高高档专业店、品牌专卖店的比例，形成中心商业街。

2. 特色商业街

北关外大街精品文化街：北起顺城路，南至琉璃街，结合威县传统水街的改造及回族民俗文化，将其打造为一条全县的精品文化特色街区，主要引进传统工艺品、民俗字画、特色餐饮等服务业，全长约1 200m。

友谊路休闲娱乐餐饮街：北起长城路，南至开放路，是联系市级商业中心与新城片区商业中心的休闲娱乐餐饮街，全长约1 200m，结合右侧的行政商务区块，努力打造为服务于威县全县域的一条专业特色街区。

开放路通讯电子街：西起北关外路，东至中华大街，全长约1 000m，以通讯器材、电脑、数码产品、电子器件的经营网点为基础，并向软件、知识产权通信产品、展示交易等方面拓展，使其形成专业性突出、业态结构合理的科技型商业特色街。

洺水路服装鞋帽街：西起交通大街，东至振兴大街，全长约2 000m。该街已有各类服装店，规划定位为以时尚服装鞋帽为主，辅以咖啡吧、美食坊等消费设施，体现休闲购物理念。

顺城路机电五金劳保用品街：西起交通大街，东至世纪大街，全长约1 500m，以机电、五金、劳保用品的经营网点为基础，使其形成专业性突出、业态结构合理的专业型特色街（表6）。

五、商品交易市场规划

1. 农产品市场

农产品市场又分为农贸市场和农副产品批发市场。根据中小城市和集镇居民的生活需求，在中小城市城郊培育一批主要供应市区农贸市场的农副产品批发市场。在交通枢纽地带，培育一批集聚我省优势农副产品并向省外输送的农副产品批发市场。农贸市场建设原则上以新建居住区为基本单位，服务半径一般为500m～1 000m，以250平方米/千人的建设标准配置。规划城区总共设置城乡农贸市场12个，除了保留原有的3个农贸市场外，未来还将规划9个新的农贸市场，以进一步完善未来威县的菜篮子工程，改善其市场营业环境。

2. 工业消费品市场

规划在世纪大街北侧，东至振兴大街，西至世纪大街，北至洺水路，南至开放路，临近工业区商业中心设置了一批工业品专业市场，总占地120hm^2，建筑占地面积62hm^2，营业面积30万m^2，服务人口50万以上。专业市场群的建设以世纪大街为空间依托，以满足企业原料需求和工业产品销售的需求为功能定位，与工业区商业中心互动，形成专业化的商业副中心。主要有纺织服装市场、建材装饰市场、家具市场、电器电子市场、农业机械市场、五金汽配市场、特色产品展销市场等，另外可以结合商业设施的配建，规划建设大型购物中心、厂家直销和仓储式会员店等。

六、物流配送业发展规划

结合城市空间总体布局和综合交通发展框架，以及主要物流市场需求的发展态势和空间分布特征，规划在大广高速下口处建设一个威县物流中心，规划控制面积约57.69hm^2。主要依托威县开发区的产业配套功能，充分利用大广高速，重点引导既有的联托运企业在此集聚，提升物流服务水平，为周边的生产流通企业提供配载、运输、仓储、包装、信息处理等一整套的综合物流服务。

表5　商业网点规划一览表

类别	名称	位置	面积(ha)	营业面积(万m^2)	服务半径(km)	服务人数(万人)
市级	威县市级商业中心	北关外大街—团结路—中华大街—开放路	67	35	30	60
片区级	新城区片区商业中心	长城路与友谊交叉口附近区域	28	10	12	30
	老城区片区商业中心	中华大街与顺城路交叉口附近区域	33	10	12	30
	工业区片区商业中心	开放路与世纪大街交叉口附近区域	20	13	12	30
社区级	西北部社区商业中心	爱国路和北关外大街交叉口附近区域	22	2	6	5
	西南部社区商业中心	西街和北街交叉口附近区域	30	2	6	5
	中部社区商业中心	晨光大街和开放路交叉口附近区域	28	2	6	5
	东部社区商业中心	滨河西街和开放路交叉口附近区域	21	2	6	5

表6　威县商业街规划一览表

编号	名称	起迄点	长度（m）	经营特色
1	北关外大街精品文化街	顺城路—琉璃街	1 200	传统工艺品、民俗字画、特色餐饮等
2	世纪大街综合商业街	国防路—开放路	1 000	以综合零售业态为主
3	友谊路休闲娱乐餐饮街	长城路—开放路	1 200	以休闲娱乐餐饮业为主
4	开放路通讯电子街	北关外大街—中华大街	1 000	以通讯器材、电脑、数码产品、电子器件的经营网点为基础
5	洺水路服装鞋帽街	交通大街—振兴大街	2 000	以经营服饰、鞋帽为主
6	顺城路机电五金劳保用品街	交通大街—世纪大街	1 500	以机电、五金、劳保用品的经营网点为基础

作者简介

朱　娟，上海同异城市设计有限公司，注册规划师；

胡建勇，江西省城乡规划设计研究总院规划四所，规划项目负责人。

现代商业街区规划设计初探
——以平顶山卫东区特色商业街区发展规划为例

Preliminary Research on Planning and Design of Modern Commercial District
—Take Development Planning of Featured Commercial District in Weidong, Pingdingshan as an Example

吴继芳 李明聪
Wu Jifang Li Mingcong

[摘 要] 基于商业发展、商业空间布局的一般规律，以平顶山卫东区特色商业街发展规划为例，探讨如何实现传统商业街区的转型提升和营造活力、魅力的现代商业街区。

[关键词] 商业街区；商业业态；商业形象；空间布局

[Abstract] Based on the general rules of commercial development and commercial space layout, take development plan of featured commercial district in Weidong district, Pingdingshan as an Example, discusses how to achieve the transformation of the traditional commercial district and how to enhance and create a dynamic, attractive modern business district.

[Keywords] Commercial District; Commercial Activities; Business Image; Spatial Layout

[文章编号] 2015-67-P-036

1.业态构成框图
2.规划布局结构图
3.总平面图

一、项目背景

为加快发展城市中心商务功能区和特色商业区，推动服务业集聚发展，增强城市发展实力和辐射带动能力，培育新的经济增长点，促进新型城镇化、新型工业化、新型农业现代化协调科学发展，2012年河南省人民政府下发《河南省人民政府关于促进中心商务功能区和特色商业区发展的指导意见》，平顶山卫东区特色商业街区发展规划顺势而生。

卫东区特色商业区建设有利于提升城市功能，增强城市辐射带动作用；有利于促进产业结构优化升级，形成城区经济新的增长极点；有利于服务业集聚发展，增创发展新优势。项目位于平顶山市商业中心，总用地面积85.96hm^2。

二、发展现状

卫东区特色商业街区作为平顶山的核心商圈，地位突出，商气人气旺盛，但现状发展仍存在一些亟待解决的核心问题：

（1）现状商业业态主要以日用百货、服装服饰、烟酒粮油、肉类调料、五金建材为主，业态复合多样，但商业档次不高。

（2）商业街区内目前仅有两家百货商场整地块布局，其他大部分商业以沿街一层皮布置为主，商业空间水平层次较低，商圈效应发挥不足。

（3）特色商业街区内混杂低档商业街、肉类粮油专业市场、百货商店、酒店、旧村等功能，整体商业空间形象不佳，交通组织混乱。

三、任务判断

1. 商业区发展一般规律

商业区发展一般经过以下四个阶段：

（1）形成期：商业设施在主要道路附近呈零星分布，商业设施、商业业态均处在较低的水平，一般以日常商业服务为主；

（2）生长期：点状商业设施形成一定聚集后沿最主要道路两侧呈现简单的线性分布，逐步形成商业街，商业街空间尺度小，商业业态逐步丰富，商业、餐饮、百货逐步混杂；

（3）发展期：随着商业规模的扩大，商业设施沿主要道路向纵深拓展，形成枝状或网格状结构，生长期商业业态混杂布局的形式逐渐改善，逐步形成不同功能的特色商业街和步行街；

（4）成熟期：商业向街区内部发展，出现复合功能的商业街区，购物环境质量和商业活力得到提升，现代化的商业街区形成。

以上四个发展阶段中，在形成期、生长期、发展期的商业空间模式均为沿街一层皮布局模式，到成熟期才发展成为商业街区布局模式。现代商业街区店群结构的合理性表现为多业态并存互补，为顾客提供“一次购足”的购物环境，并提供休闲、娱乐、餐饮等多种服务和体验。

2. 任务判断

根据商业区发展的一般规律和卫东区特色商业街的发展现状判断，卫东区特色商业街区处于发展期，随着近期大型商务中心、商业综合体的入驻，商业向纵深方向拓展，形成商业特色街区的发展趋势不可逆转。

卫东区特色商业街区发展目标将是功能复合互补、业态多样的现代综合商业区；作为集中展示平顶山市现代商业形象的标杆区域。

为此，本次规划有两个核心任务：

（1）实现卫东区特色商业街转型提升；

（2）营造活力、魅力的现代商业街区。

四、转型提升策略

1. 优化业态、升级规模

改变现状商业规模小、布局分散、经营方式简单粗放的特点，优化商业业态，重点发展大型零售商业、中高档的餐饮服务、休闲娱乐服务、星级酒店、高档办公写字楼等商业商务业态，同时升级商业规模，实现规模效益，引领平顶山市商业集聚发展。

限制农贸市场、大型批发市场在中心商业区的发展，现状存在的结合改造逐步进行外迁；禁止生产资料市场的入驻。

2. 优化布局、彰显特色

功能上凸显商业中心特征，增加商业、商务、酒店、娱乐等功能，适当控制居住功能，结合交通、自然要素、现状业态分布等条件，对范围内的大型商业区、特色街区、休闲娱乐区、商务办公区等功能区布局重新优化。规划形成“一轴、两心、四区”的布局结构。

一轴：指沿开源路形成片区商业主要发展轴；

两心：指商业中心和商务中心；

四区：包括商业核心区段、商务办公区段、休闲娱乐区段和生活社区区段。

商业核心区段——结合现状鹰城世贸广场和已批的商贸中心项目，形成商业核心区段，与西侧新华区商业中心形成规模效应，是大型购物中心、百货商场、综合体集中布置区域；

商务办公区段——以已批项目商务中心为启动，形成商务办公区段，彰显高档写字楼、银行办公、证券投资等办公特色；

休闲娱乐区段——结合湛河滨河公园，形成休闲娱乐区段，彰显星级酒店、休闲娱乐、特色餐饮等功能；

生活社区区段——主要保留现状的居住功能，步行街进行改造，完善社区配套商业设施，形成生活社区区段。

3. 混合用地、弹性开发

在土地开发上，一是提高商业功能比例，突出商业区功能特征。规划商业、办公及商住混合用地由现状的14.97hm^2，占总用地17.41%，提升到

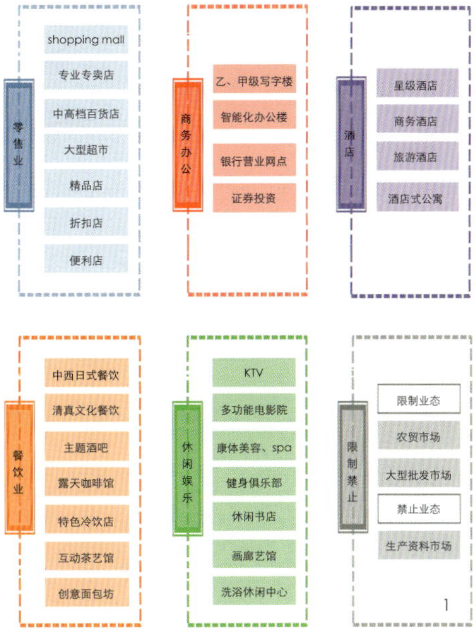

1

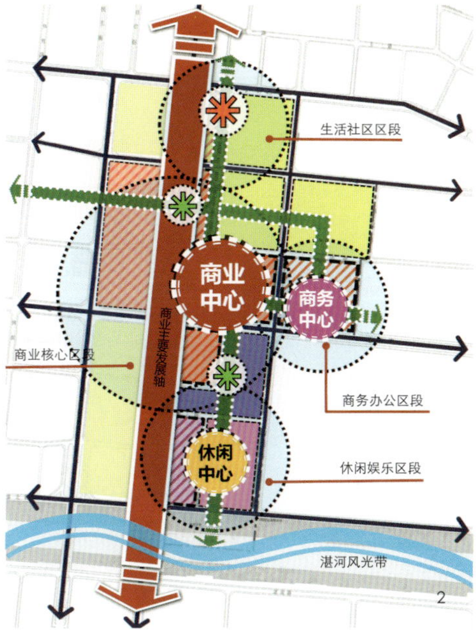

2

3

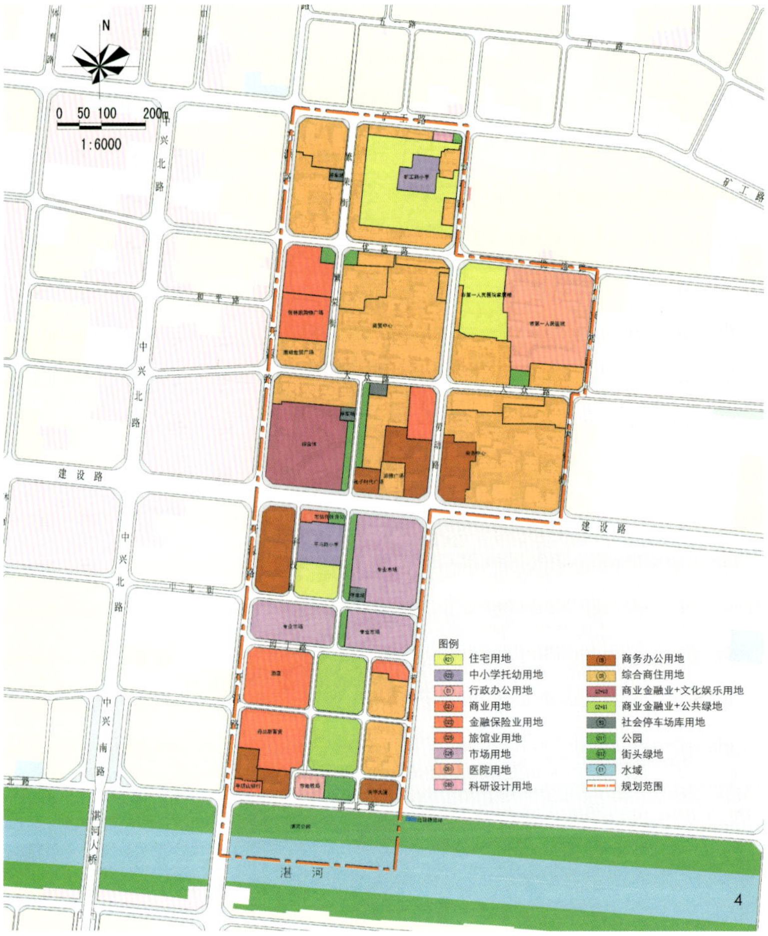

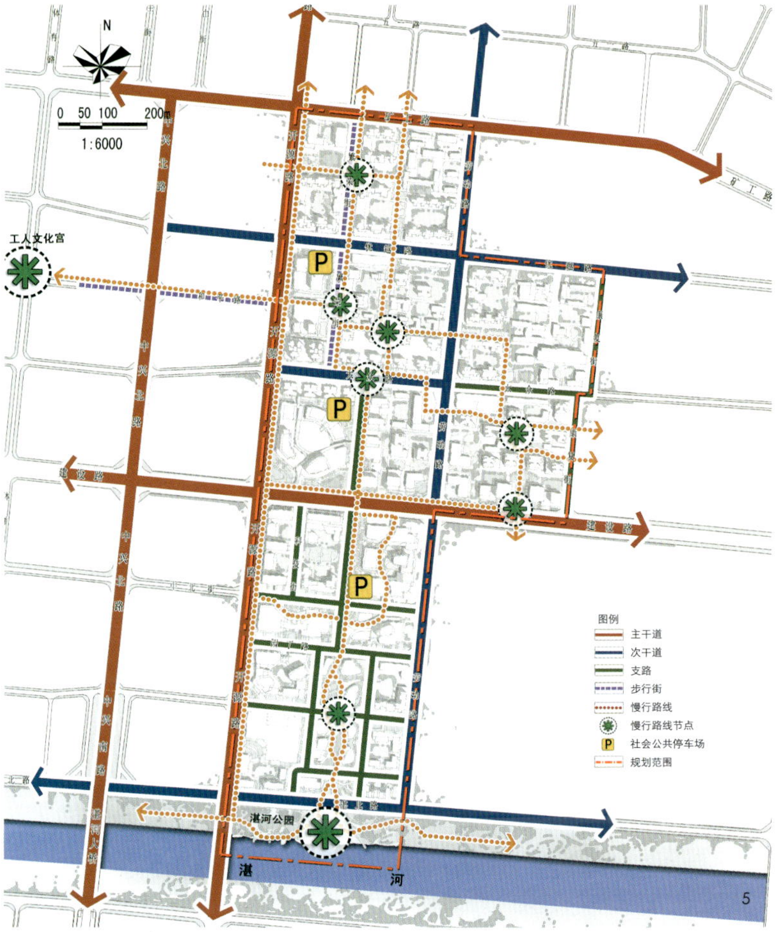

50.68hm^2，占总用地的58.96%。

二是加强用地混合使用，增添片区活力，保证开发弹性。包括商业与商务办公混合、商业与居住混合、商业商务办公与娱乐康体设施混合等，规划混合用地44.69hm^2，占总用地的51.99%。

五、空间布局策略

1. 打造街区、升华形象

以标杆项目为驱动，深化片区作为平顶山商业核心区的形象，将片区由沿街商业改造成现代商业街区，作为城市对外展示的形象窗口。

一是沿主要干道，营造商圈氛围。沿开源路、建设路集中布置大型商业、商务办公设施，营造商圈氛围，打造商业界面，充分体现城市现代商业集聚区的形象；沿建设路形成金融办公集聚带，集中布置高档写字楼、商务酒店、总部办公等，体现高档商务办公形象。

二是分区段，彰显空间特色。规划形成以大型商场、购物中心为核心的商业集聚区，以商务会议、银行网点、投资证券等为核心的商务办公集聚区，以数码电子、家居家电、电动车等为核心的专业专卖市场段，以星级酒店、餐饮、休闲娱乐为核心的休闲娱乐区段，以中高档居住社区、多层、高层居住区为核心的生活社区段。

三是选区位，打造标志节点。规划选择在开源路和建设路交叉口布置地标性的综合体，布局大型多层商业购物中心、超高层办公、公寓，集中展示平顶山市核心商业圈的形象。

2. 梳理交通、提高效率

特色商业街区是物流、人流汇集的核心地区，人车混杂、交通拥堵、停车位紧缺等是商业街区的核心交通问题。因此，对特色商业区进行科学合理的交通规划与组织管理，将有利于创造安全、畅通、有序的道路交通环境，进一步提高特色商业区综合竞争力。

一是增加支路网密度，加强交通微循环。规划整体路网密度由9.0km/km^{2}增加到13.0km/km^2。考虑到作为商业街区的实际使用，路网间距适宜控制在100～150m左右，满足大型商业设施的交通需求，临主干道作为店面主入口，支路作为进货通道。

二是分类分时组织车流，提高道路使用效率。在交通预测基础上，规划通过合理地交通组织，科学合理地分时、分路、分车种、分流向使用道路，使道路交通处于相对有序、高效运行的状态。

三是优先预留公交系统，提高公交出行分担率。规划建议新华路、建设路、矿工路等公交线路密集的道路设置公交专用道，在建设路劳动路交叉口西北侧设置一处公交首末站，在大型的交通吸引点和产生点增设公交站点，确保公交站点间距不超过500m。

6

4.土地利用规划图
5.道路系统规划图
6.鸟瞰图

3. 优化环境、创造活力

内部通过增加小学、幼儿园等教育设施，垃圾转运站、社会公共停车场等基础设施，街头公园、广场用地、绿化廊道等公共开放空间，完善商业街区的配套服务，优化商业区购物环境。

同时，将内部公共开放空间与商业、娱乐设施串联起来，形成富有活力、舒适的步行空间系统。

步行商业街：对传统步行商业街进行改造，加强商业空间的纵向延伸，通过增加临街小广场、街头绿地等，形成富有变化的步行空间，同时增加绿化、游憩休息观赏设施等，增加步行空间的舒适性和趣味性，最终形成连续的、并具有商业活力与消费吸引力的步行街区。

沿街步行空间：沿主要的商业界面，通过建筑的适当退让，形成沿街步行空间与临街的商铺店面便捷联系，通过在部分路口设置路口广场、街头公园等，作为人流集散和游憩场所。

绿化步行空间：结合临街的绿化带设置步行道，连接商业步行街，丰富规划区步行空间。

休闲街区步行空间：南侧结合餐饮、娱乐设施组织步行空间，形成相对自由富有变化的空间形式，南侧通过二层平台搭建，将步行空间与滨河公园连接起来。

滨河公园步行空间：在入口处设置集散广场，沿河步行空间强调观水、亲水功能，局部节点可设置观赏休息平台。

六、结语

通过对城市商业发展规律、商业街区的空间发展特征等分析，力求从商业业态选择、功能布局、空间形态、道路交通组织等方面入手，打造业态多样、功能复合、形象标杆、人气旺盛的现代商业街区，为平顶山商业中心区提供一个现代高效、科学可行的改造方案，促进平顶山商业发展，满足居民日益升级的消费需求。

作者简介

吴继芳，深圳市蕾奥城市规划设计咨询有限公司，主创设计师；

李明聪，深圳市蕾奥城市规划设计咨询有限公司，设计师。

1.愿景效果图
2.用地现状分析图
3.空间结构规划图
4.功能组团分布图

假日中原欢乐之心
——郑州惠济区特色商业区规划设计

Holiday Destination of Henan Province, Joy Center of Zhengzhou City —Distinctive Business Area Design and Planning of Huiji District, Zhengzhou

燕存爱 张 丽
Yan Cun'ai Zhang Li

[摘 要] 本文针对惠济区特色商业区规划项目进行一个全面论述，内容包括项目背景、现状特点、规划概念、规划布局等方面。商业区规划是规划领域的一个重要内容，本文侧重讨论了生态、产业、商业活力的发展内涵，进而分析项目策划中同步招商的重要性，阐述立体交通、公共交通、低碳慢行的交通组织形式，以及打造15分钟生活圈的设计思想与措施；同时也指出传统商业区规划设计所存在的问题和进一步发展中需要改进学习的地方。

[关键词] 郑州惠济区；特色商业区；规划设计

[Abstract] This paper is aimed at a comprehensive discussion of Huiji distinctive business area planning, including the project background, present characteristics, planning layout and so on. Business area planning is an important part of planning field. This paper focuses on the development dimension of the ecological, industrial, commercial viability, analyze the importance of investment projects planned in sync, elaborate three-dimensional traffic, traffic organization of public transport, low-carbon slow lines form, and the design ideas and measures of 15 minutes living area; the problems of traditional business area planning is discussed for pursuing advanced planning methods at the end of this paper.

[Keywords] Huiji District in Zhengzhou; Distinctive Business Area; Design and Planning

[文章编号] 2015-67-P-040

一、项目背景

随着中部崛起战略以及中原城市群的提出，郑州作为中原城市群的中心城市，承担着承东启西的重要职能，对城市服务业的发展有了更高的要求，同时服务业的发展也是扩大内需、调整经济结构的有效手段。郑州市规划提出建构六大商业区，其中惠济特色商业区在此背景下迫切提出。

规划项目位于郑州市惠济区中部，惠济区在城市总体规划中定位为郑州北部高品质生活居住区，会议健身、文化创意、旅游度假功能区。

基地前后经过多轮规划，曾经规划定位为郑州市大型的、多主题集群化的、产业与生活相融的信息创意产业园。但由于招商困难、难以启动开发。2012年12月，受区政府新的工作部署，本规划以《郑州市惠济区特色商业区发展规划（2012—2020）》为依据，重新确立定位为省级特色商业区。

二、现状特点

项目位于惠济区东风渠以东，文化路以西，开元路以北，大河路以南的围合区域，总面积约168hm^2。

1. 生态资源良好

规划区周边水系有东风渠、贾鲁河两条水系，东风渠作为郑州市主要景观水体，其生态效应对两侧居住品质的提高具有重要的影响，沿东风渠已形成多个高档住宅小区。规划区东侧为黄河迎宾馆，为郑州北区最具规模的集休闲、娱乐、会议、酒店于一体的综合型会所。规划区北侧为黄河，利用沿黄河生态绿地，已形成初具规模的沿黄河生态旅游带。

2. 产业基础较好

片区东南部新建多处企业总部（如省规划院、软件园、动漫城），西南部为规划惠济区人民医院，构成了较好的产业基础设施。

3. 商业活力不足

规划区缺乏大型商业中心及餐饮、购物、休闲、公园设施等多种公共配套。同时，缺乏活力项目，难以凝聚人气。

启示：根据现状解读，本规划区应基于优势资源，顺应市场需求，立足地区发展，创新产业引擎。

综上所述本规划区有两大资源优势，其一为自然景观优势，基地北临黄河风景名胜区，周边水系丰富，为打造生态惠济的核心位置。其二交通条件优越，基地南接连霍高速公路，西近京广铁路，东靠中州大道。规划地铁2号线、7号线分别沿城市主干路开元路、文化路布置，并设有轨道交通站点，构成了对外、对内四通八达的交通网络体系，为片区的发展提供了基础的支撑。

三、规划概念

1. 规划愿景

思考立足于“本项目能为郑州市、惠济区带来什么？”通过分析、提炼，着力打造区域五大城市级品牌。

（1）引领时尚、品牌集聚——郑北最具规模、最具风情的购物中心；

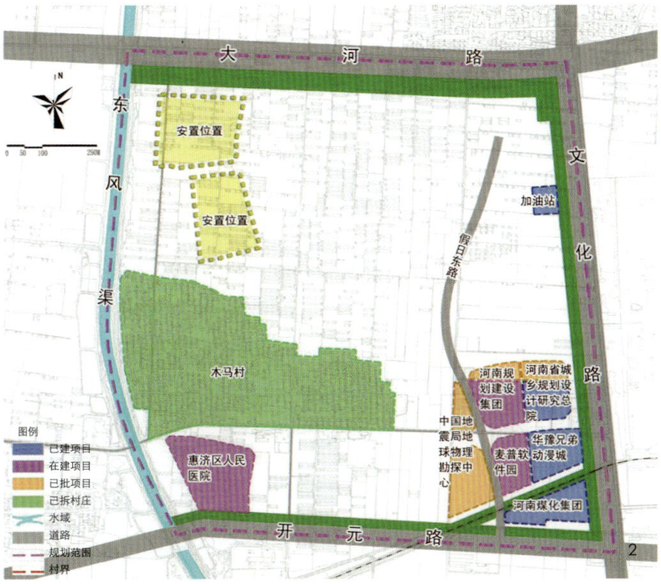

2

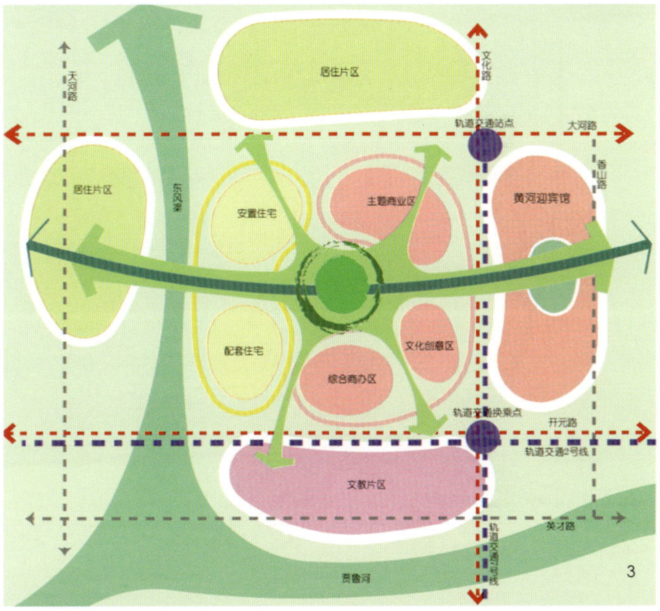

3

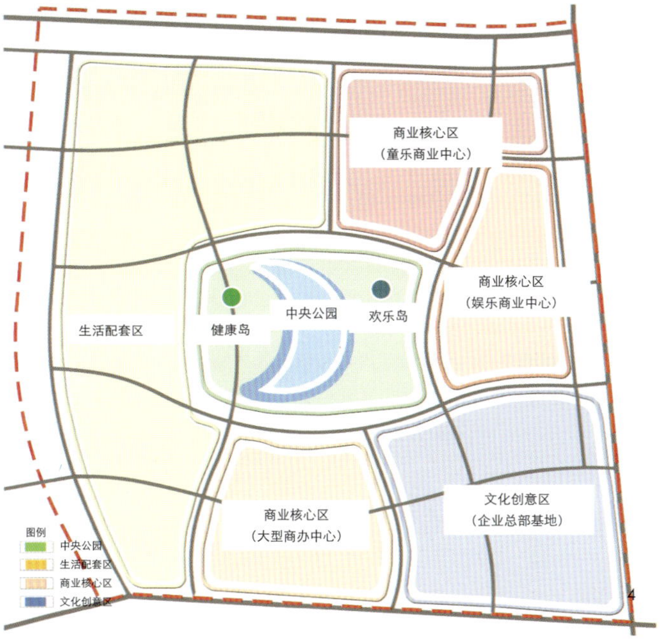

4

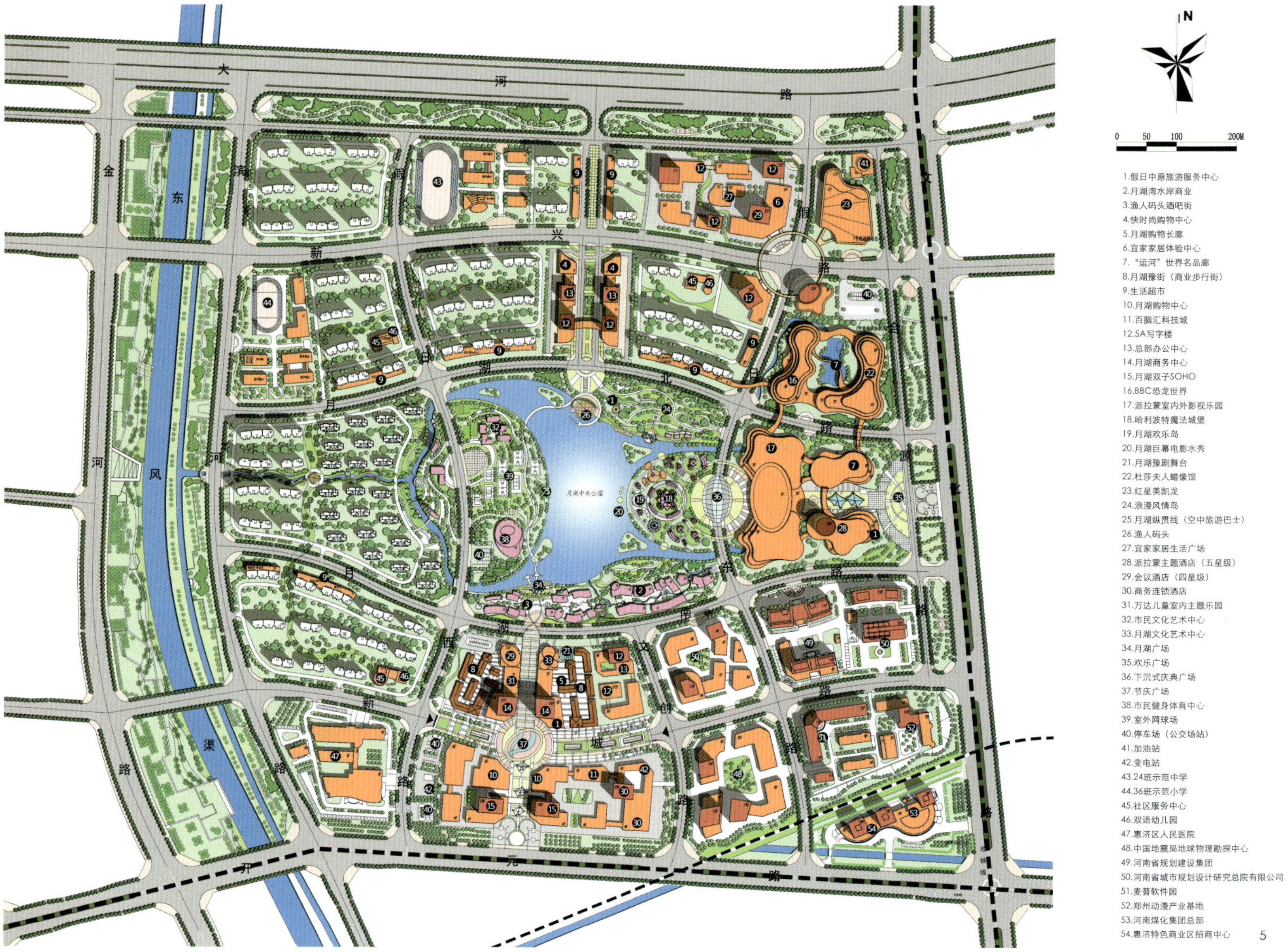

5.城市设计总平面图
6.绿地系统规划图
7.道路交通规划图
8.立体交通

（2）文化传承、时尚再造——郑州市首个时尚引领的中原文化商业街区；

（3）情系民生、共享发展——郑北地区最大的滨湖中央公园；

（4）地标鲜明、诗意生活——挺立湖畔的“梦想之环”；

（5）文化体验、市民休闲——中原最大的室内影视主题乐园、最大的儿童职业体验中心。

在此愿景下迫切需要发展转型，转变为“深绿发展”的模式。从单纯增加绿地、改善自然环境的“浅绿”，走向全方位的可持续发展的“深绿”城市建设。“深绿”强调人绿融合，更加重视生态环境与人的居住生活、工作生活、消费生活的和谐共生、一体发展，是全方位的可持续发展的城市生态建设，最终实现人与自然的和谐相处。

2. 规划定位

通过解析特色商业区在中原经济区、郑州市及惠济区等三个层面的定位，规划区总体定位为：生态引领、假日驱动、中国领先的中原文化旅游商业区及都市休闲目的地。

规划定位重点突出文化休闲和都市旅游的产业模式。

产业定位是以文化休闲为主导的都市旅游，积极拓展酒店、餐饮、购物、家居、文化等相关产业链，顺势发展规划设计、文化创意、科技研发等生产型服务业，协同发展面向企业为主的会议产业，形成引领惠济、服务郑州、辐射全省的生态化的现代服务业集聚区。

规划构筑“4+2+1”的产业体系，即以4级商业体系、1个总部基地、2个企业商办中心为主体的城市副中心级的商旅文创生态圈。

四、项目策划

1. 同步招商

传统的商业区城市设计往往只依据三维空间的美学原则进行物质空间设计，而忽略了城市实际发展过程中的社会、经济、环境等各方面的可行性及协调性，规划的商业项目落地实施难，规划往往成为“空中楼阁”。本规划设计过程中，将重要的利益主体参与进来，实现甲方开发公司的招商活动与规划设计同步进行。

规划设计过程的同时，甲方与诸多开发商进行招商洽谈，如万达集团、杜莎夫人蜡像馆、派拉蒙影视乐园等项目，其中有不少项目有明确的投资方，因此对于建设内容、规模及类型都有比较明确的目标，在城市设计中便能建立起比较确定的量化评价指标。

2. 具体项目

紧紧围绕“假日中原、欢乐之心”的定位，策划的项目结合产业、人口、周边功能等分析，结合市场需求和经济发展规律，明确功能需求及功能定位，并提出各类功能的细分意向，按照同步进行招商活动，最终形成“五大引擎项目、六大重点项目和八大配套项目”的布局。

（1）五大引擎项目——派拉蒙影视乐园、派拉蒙主题酒店、BBC恐龙世界、Lego乐高创意天地、Hello Kitty梦幻世界。

重点引进一批高端化、品牌化、国际化的大型娱乐项目，以品牌引擎项目为主，增强消费者对品牌娱乐的感受，促进都市文化产业的发展，包括主题乐园、主题酒店、都市娱乐、休闲旅游等多功能。通过引擎项目的带动，聚集人气，提升整体片区的价值。

（2）六大重点项目——杜莎夫人蜡像馆、运河世界名品廊、空中旅游巴士、月湖欢乐岛、月湖豫街、儿童职业体验中心。

高标准建设集购物、休闲、餐饮、娱乐、住宿、体验于一体的都市商业，使重点项目主题化、情景化、体验化，满足惠济区及周边地区消费旅游的需求。

（3）八大配套项目——5A写字楼、月湖双子SOHO、月湖商务中心、购物中心、渔人码头商业街、月湖巨幕电影水秀、文化艺术中心、总部办公中心。

配套项目包括办公中心、商业街、文化中心等，着力打造商业街和特色风情区，建设成为综合功能齐全、辐射周边的特色商业办公区。

五、规划布局

1. 空间结构

本规划借助周边优势资源，强调片区功能布局的景观渗透。规划区内部利用水绿互动，结合生态绿楔，突出居住、商业组团的协调契合，在此基础上形成“一心、两廊、三带”的布局结构。

“一心”：位于规划区中心地带，融合室内、室外等体验式娱乐活动及特色商业于一体的核心区。

“两廊”：东西廊道——核心区东侧入口与黄河迎宾馆西入口呼应，向西延伸至东风渠，串联入口商业、娱乐、休闲健身、滨水商业，打开东西向空间通廊。南北廊道——通过广场强化规划区南侧商业区与规划区北侧商业区的步行空间，串联中心绿地，形成南北向空间廊道。

“三带”：沿假日西路、假日东路、滨河路形成的三条绿地景观带。

2. 功能组团

规划共分为六大功能组团。

（1）大型商办中心：以商务办公、酒店公寓、商业购物等业态为主，规划郑州市首个时尚引领的中原文化商业街区，通过打造中原历史建筑群，承载皮

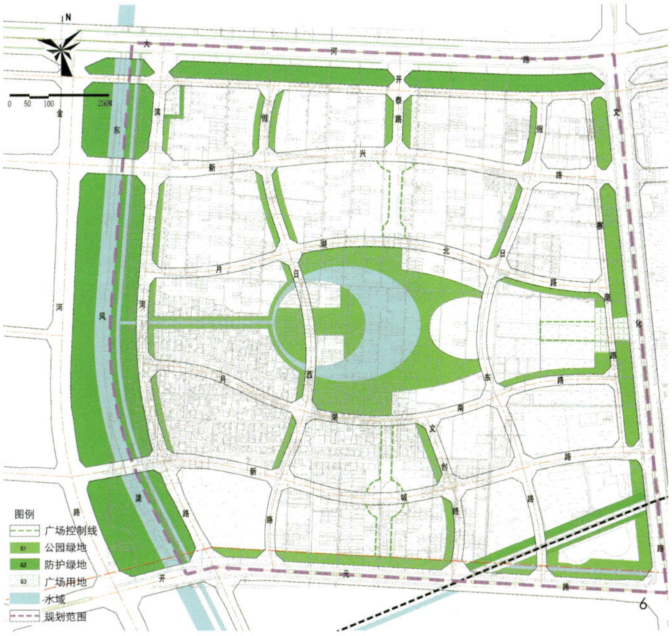

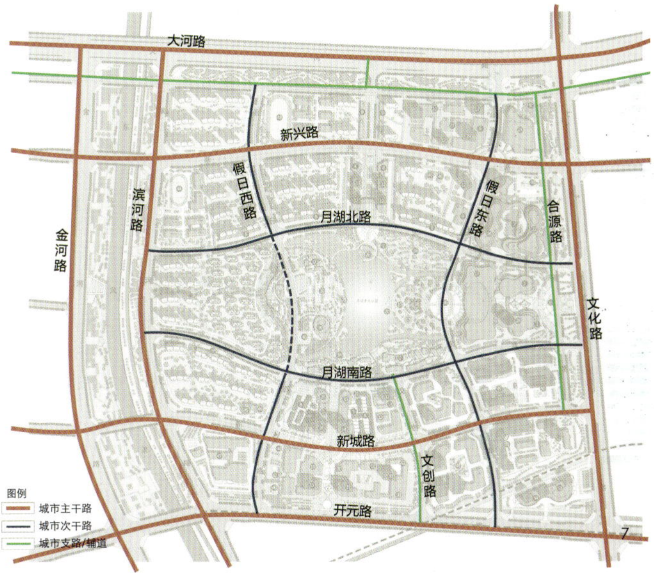

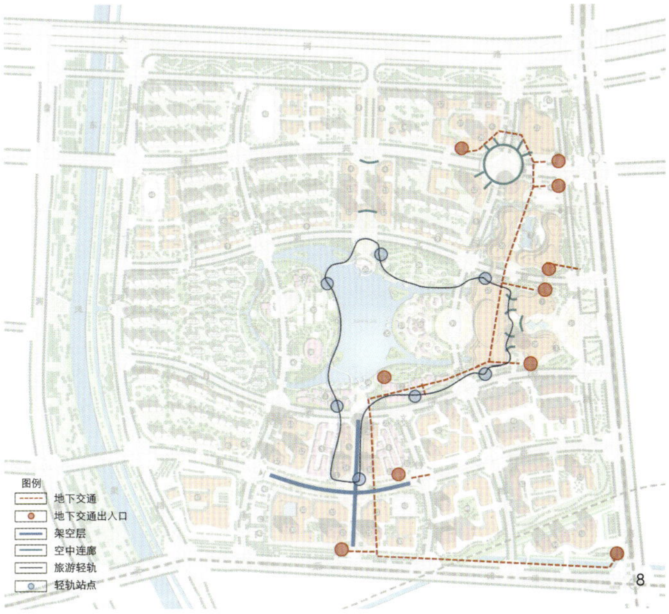

影、星巴克、萧记烩面、葛记焖饼、信阳毛尖茶等种类繁多、项目齐全、相对集中的商业业态。既有利于可持续发展，又可避免商务功能过于单一所产生的弊病。5A写字楼、月湖双子SOHO是超高层建筑，将形成基地的标志性建筑群。

（2）娱乐商业中心：以“文化+娱乐+商业”为主的功能业态，通过设置引擎项目，将派拉蒙影视乐园、派拉蒙主题酒店、BBC恐龙世界等众多国内外知名品牌公司聚集起来，打造主题化商业和主题娱乐，从而带动周边组团发展，逐渐形成立足郑州、辐射中原的大型商业中心。

（3）童乐商业中心：以儿童商业、儿童娱乐为主要功能，以儿童、家庭为主题，集购物、餐饮、休闲、娱乐、文化、儿童教育为一体的儿童情景体验商业中心。

（4）中央公园：规划郑北地区最大的滨湖中央公园——月湖中央公园，为郑州市27个新建大型公园之一，围绕公园、结合滨水绿地布置文化艺术中心、市民全民健身中心、老年活动中心、市民健身运动馆、月湖、月湖巨幕电影水秀、冒险岛、空中旅游巴士、渔人码头酒吧街、月湖湾水岸商业街等打造公共服务设施环。

（5）企业总部基地：以现状企业总部为主，包括河南省城乡规划院、软件园、动漫城等，形成产、学、研相结合的企业总部基地。

（6）生态居住片区：采用绿色建筑、生态雨水收集等多种先进生态技术的生态住宅组团。

3. 绿化景观

景观布局上强化东风渠与黄河迎宾馆的生态联系，通过以中央公园为核心的绿色系统进一步强化生态关系，形成三位一体的生态系统，形成一条贯穿东风渠与黄河迎宾馆的绿色生态廊道；结合基地东南侧的文教片区、迎宾馆、轨道交通站点设置商业片区，结合西北侧的居住片区和东风渠设置居住用地；于基地中央建设人工月湖，并以月湖为绿心形成向四周辐射的绿化体系。

结合基地防护绿地、公园绿地及现有水系，规划设计形成“一心、一轴、多带，鱼骨结构”的绿地系统。

“一心”：位于规划区中心区域的城市公园绿地。

“一轴”：沟通东风渠—规划区—黄河迎宾馆的生态景观轴线。

“多带”：沿道路布置的带状绿化轴线。

“鱼骨结构”：一轴为鱼脊，多带为鱼刺的

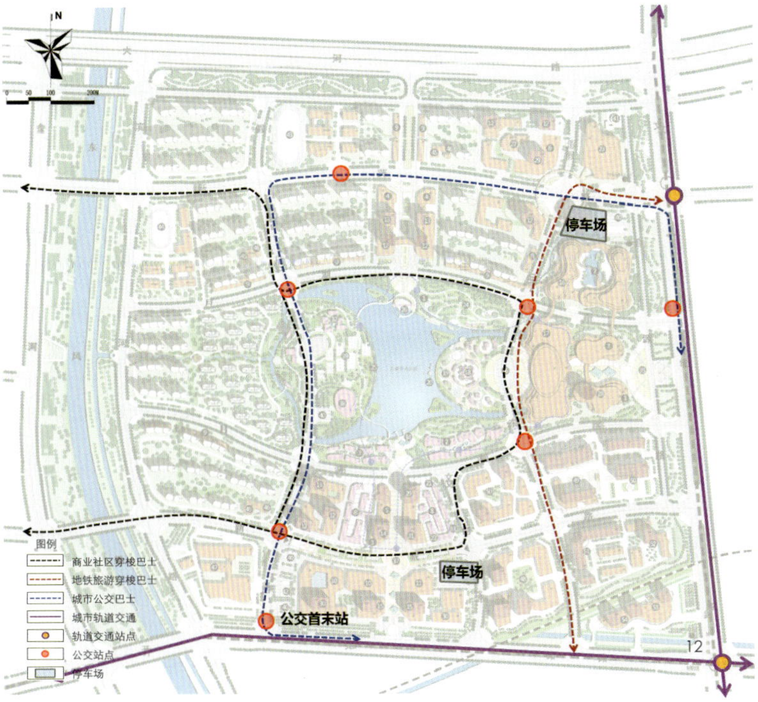

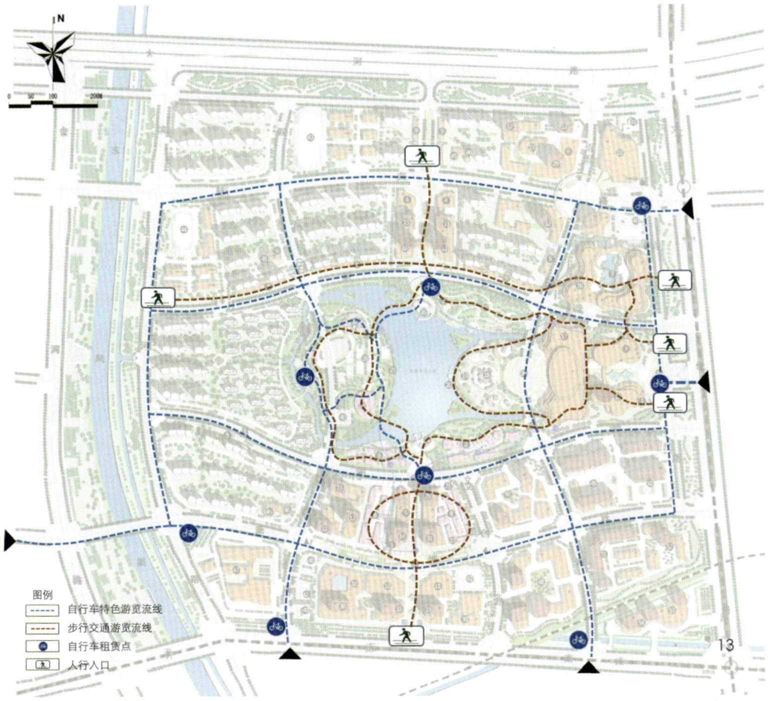

9.中心商务区效果图
10.娱乐商业中心效果图
11.总体鸟瞰图
12.公交优先
13.低碳慢行

绿化结构，使各区域均能享受到绿地的辐射。

4. 交通组织

本规划提出了“快、慢”并重的交通组织模式。通过快速交通组织、慢行系统的限制与引导，建设现代化、立体化的交通网络，同时建设城市快速公交体系，形成低碳、高效的城市交通系统。

规划区道路分为“城市快速路、城市主干路、城市次干路、城市支路”四个等级。

快速路一条：大河路；

城市主干路两条：文化路、开元路；

城市次干路三条：新城路、新兴路、滨河路；

城市支路八条：假日西路、假日东路、文创路、北四环辅道、惠商路、月湖南路、月湖北路、开泰路。

交通组织形式突出以下三点：

（1）立体交通

德国规划师希尔伯塞莫提出在不同平面把人行交通和车行交通分开的立体交通方案。本次规划方案对这一模式进行了有益的尝试和应用，地下交通通过地下车道和地下步道相互连通，长达2km的地下商业街将轻轨站点、企业总部、月湖公园、派拉蒙影视乐园、BBC恐龙世界、国际公寓等无缝对接。

地上交通充分结合建筑架空层、空中连廊、旅游轻轨，其中建筑的底层为架空或者商业使用，与地面车行交通道路相联系，而建筑的上层为居住、游乐空间，用架空的人行道互相连接，形成了“双层城市”的模式。

（2）公交优先

公交优先对于缓解城市交通拥堵、促进节能减排、建立可持续发展的综合交通系统具有重大意义。本次规划2号、7号两条轻轨线，并在基地内设站点一处；同时规划城市公交巴士、地铁旅游穿梭巴士、商业社区穿梭巴士三种类型多条线路的公交网络格局。

（3）低碳慢行

基于低碳理念的以步行、自行车、“步行+公交”、“自行车+公交”等为代表的慢行交通是实现交通领域绿色环保与可持续发展的重要手段，也是解决城市交通“最后一公里”末端衔接问题的根本途径。本规划中采用“步行+自行车+公交”的综合模式，倡导慢行生活、低碳交通。

5. 设施配套

规划打造15min生活圈，配套功能齐全、半径合理的社区公共服务设施，包括教育、医疗、社区服务等。规划中学一所，规模30班，占地面积3.00hm^2；小学一所，规模36班，占地面积2.62hm^2；惠济区人民医院处于建设中，位于开元路与滨河路交叉口处，占地面积为3.54hm^2。

六、结语

本文初步探讨了以假日经济为载体的城市规划模式，结合“假日中原、欢乐之心”的核心主题构建时尚风情的中原文化商业街区。本次实践是特色商业区规划的一次有意义的探索，包括规划的工作思路、框架到规划与招商、规划实施与管理方法、手段等。规划重点探讨了商业区开发中规划公众利益与招商项目落地的协调、文化传承与时尚再造之间的契合，对于未来同步招商中的特色商业区规划提供了借鉴意义。

作者简介

燕存爱，理想空间（上海）创意设计有限公司，主任规划师；

张　丽，理想空间（上海）创意设计有限公司，主任规划师。

战略聚集、层级服务与网络空间
——武汉“文化规划”的初步探索

Strategic Aggregation, Hierarchically Service, Networked Space
—The Outline of Cultural Planning in Wuhan

白 栋 唐知发
Bai Dong Tang Zhifa

[摘 要] 近年来，编制发展战略与空间规划密切结合的“文化规划”逐渐成为促进城市文化发展、提升城市和地区竞争力的重要手段。武汉的文化规划中，在对文化载体、文化设施和文化产业开展综合评估的基础上，借鉴国内外城市经验，从“战略聚集”、“层级服务”、“网络空间”三方面提出空间发展策略，分别体现城市文化“大”、“均”、“特”三方面的特征，重点从“建设战略文化地区，提升城市竞争力和影响力”以及“构建普惠均等的文化服务体系，实现居民步行15min日常文化需求全覆盖”两方面构建城市文化空间结构层次，并策划了重大文化节庆活动，支撑城市文化发展。

[关键词] 文化规划；战略文化地区；文化服务体系；武汉

[Abstract] Nowadays cultural planning which integrated with cultural development strategy and spatial planning has become an important means to enhance the competitiveness of cities and regions. In the cultural planning in Wuhan, a comprehensive assessment is carried out on cultural media, facilities and industry. Drawing on the experience of urban cultural development at home and abroad, three cultural development strategies for Wuhan have been proposed: strategic aggregation, hierarchically service and networked space, which embodied three urban cultural characteristics: bigness, equality and feature. What's more, it is recommended to develop strategic cultural areas to enhance the competitiveness and influence of city culture, and to build equal cultural service systems to make it possible to achieve cultural needs full coverage within 15 minutes' walk. To achieve these two objectives, s spatial structure of urban culture has been proposed, with several cultural festivals planned.

[Keywords] Cultural Planning; Strategic Cultural Areas; Cultural Service System; Wuhan

[文章编号] 2015-67-P-046

1. 武汉“文化五城”的解读
2.武汉文化发展现状评价的领域
3.2011年文化创意产业增加值（亿元）
4.占GDP比例（%）比较

20世纪90年代以来，伴随着经济全球化的发展和创意经济的兴起，世界范围内各城市都将文化发展提升到城市战略的高度，以期通过城市的文化特色，在全球城市竞争中占据有利位置。针对文化资源和文化需求的“文化规划”逐渐成为促进城市发展、提升城市和地区竞争力的重要手段。武汉针对市十二次党代会报告提出的“文化五城”发展战略[1]，编制了《武汉“文化五城”空间发展规划》，旨在以建设“文化五城”为突破口，奠定城市文化事业和文化产业发展的空间框架。

一、武汉文化发展的基础与挑战

“文化规划”的对象是城市的文化资源。结合“文化五城”的内涵，将文化资源分为非物质和物质两类要素，从文化载体、文化设施和文化产业三方面，对武汉的城市文化空间展开评价。

1. 文化载体：资源和潜力位居全国前列，但现状利用不足

武汉的长江文化、盘龙文化、荆楚文化、都邑文化、港埠文化、红色文化、商贸文化、工业文化、科教文化等领域均独具特色。市属8个演艺团体实力全国领先。同时，武汉素称“江城”，是我国最具魅力的滨江滨湖城市，拥有雄厚的教育科研资源和自主创新能力。这些资源为武汉的文化发展奠定了良好基础。

然而，武汉的历史文化风貌街区有效利用不足，文艺团体演出场次远不及北京、上海等城市。同时，武汉高校空间较为封闭，未能形成整体良好发展的高校板块，带动城市有序发展。

2. 文化设施：人均拥有量全国领先，但影响力和辐射力有待提升

截至2012年底，武汉共有公共图书馆19个、博物馆57个、文化馆15个、剧院和音乐厅15个，基本形成了市、区级文化设施体系。博物馆、公共图书馆、文化馆的人均拥有量与北京、上海、广州、天津、重庆等国家中心城市相比处在前列。

但从总量上看，武汉博物馆总量约占北京的1/3、上海的1/2，公共图书馆总量不到重庆的1/2，文化馆总量接近上海的1/2、重庆的1/3，剧院和音乐厅的总量仅为上海的1/6、北京的1/4。与国内外发达城市相比，文化设施的数量和使用频度都存在较大的差距（表1）。

同时，文化设施布局呈现“大集中，小分散”的特征。主城区集中了全市60%的文化馆、70%的图书馆、80%的博物馆、90%的电影院，以及所有的剧场、音乐厅，影响文化服务均等化。此外，各项重大文化设施布局分散、相互缺乏联系，未能形成合力提升城市空间品质。

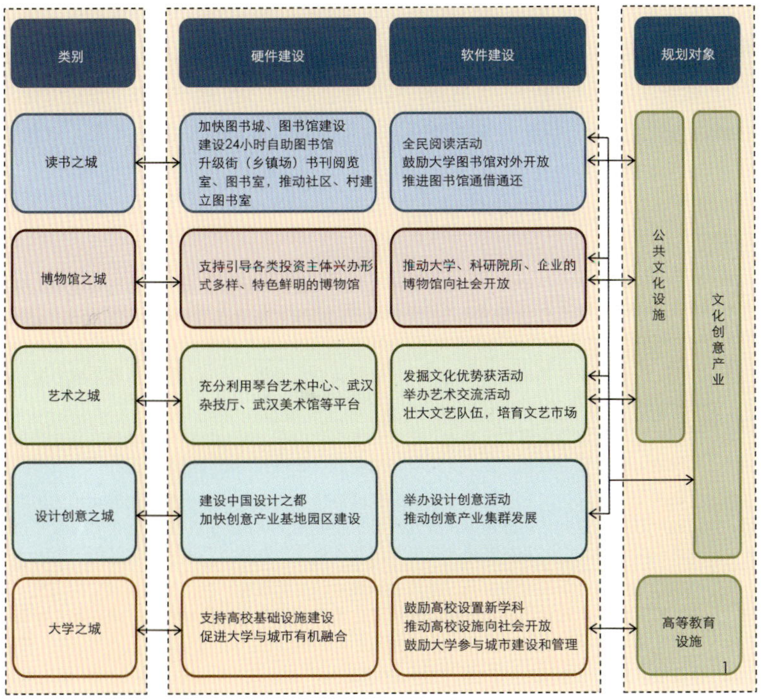

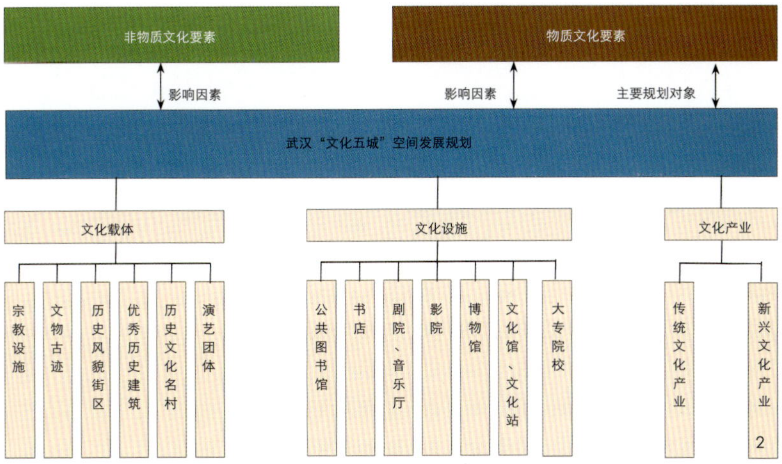

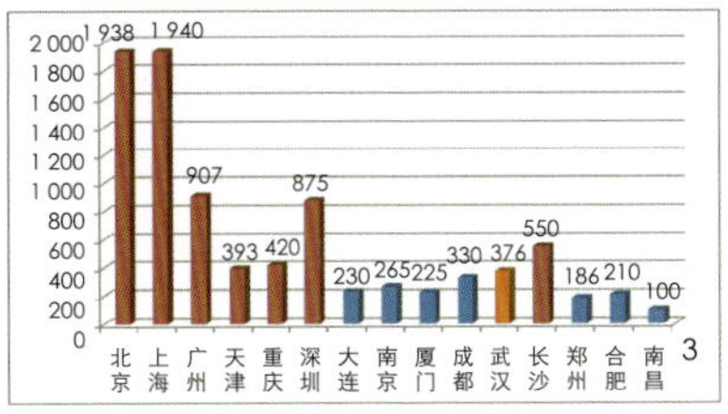

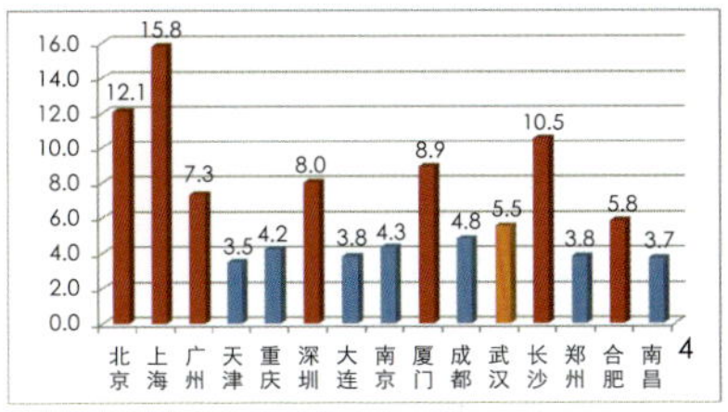

3. 文化产业：快速发展，但与发达城市差距较大

2005年以来，武汉文化创意产业增加值年均增长23.2%，超过同期地区GDP20.2%的增速，从业人员已达30万人，涌现出工程设计、软件设计和数字动漫等优势行业。目前，武汉市已形成覆盖全部十大类别的文化创意产业体系，已形成文化创意产业园区21家，初步形成集聚发展的态势。

然而，对比国内文化发达城市，武汉文化创意产业增加值和占GDP的比例均处于中游，落后于五大国家中心城市，也落后于同处中部地区的长沙。

表1　武汉文化设施数量和使用频度与国内外发达城市比较

	武汉	北京	上海	伦敦	纽约	巴黎	东京
市域面积（km^2）	8 494	16 410	6 340	1 570	1 214	12 012	2 187
人口（万人）	1 002	1 961	2 325	782	817	1 169	1 318
博物馆数量	57	156	114	184	101	157	79
公共图书馆数量	19	25	28	395	255	303	369
每10万人公共图书馆数量	0.18	0.13	0.12	5	3	2.6	3
剧院、音乐厅数量	14	56	86	215	111	158	132
每10万人剧院数量	0.14	0.29	0.37	2.7	1.4	1.4	1.0
影院数量	38	170	93	105	264	88	105
银屏数	252	595	415	516	—	376	211
每10万人银屏数	2.5	3.0	1.8	7	—	3	2
人均公共图书馆年借阅量（册/人·年）	0.50	0.57	0.25	5	2	—	7
影院年均人次（次/人·年）	1.3	1.6	1.1	5.3	4.8	2.4	1.8
博物馆参观人次（百万人次/年）	6.23	35.0	11.1	20.4	8.3	20.2	—
博物馆年人均参观次数（次/年）	0.6	1.8	0.47	2.7	1.0	1.8	—

备注：资料来自武汉、北京、上海统计年鉴及伦敦发展署报告；伦敦、纽约、巴黎博物馆参观数量为各城市排名前5位的博物馆数据。

二、武汉文化发展的空间战略

总的来看，目前武汉文化发展的空间问题主要体现在三方面：（1）文化影响力和辐射力——在全球化时代，国家的竞争更多地表现为城市和区域的竞争，而这种竞争将由文化为主导，在空间上表现为具有高度影响力的文化功能区片和较强辐射力的文化产业空间；（2）文化服务——随着城乡经济社会的发展，需要满足居民日益增长的文化服务需求，在空间上表现为公共文化服务设施；（3）城市特色——随着城镇化进程的推进，城市文化特色逐渐丧失，在空间上表现为城市公共空间和建筑艺术特色等。

对伦敦、纽约、芝加哥、北京、上海、广州等城市的研究显示，这些问题实际上是在全球化背景下大城市发展的共性问题。基于武汉的文化资源和文化发展面临的挑战，参照有关案例城市的发展经验，从“战略聚集”、“层级服务”、“网络空间”三方面提出空间发展策略，分别体现城市文化“大”（文化影响力和辐射力）、“均”（文化普惠性和均等性）、“特”（文化公共性和特色性）三方面的特征。

1. 战略聚集：战略文化地区与文化旗舰项目

（1）战略文化地区

战略文化地区[2]是城市文化设施聚集、文化产业发达、文化特色鲜明、代表城市文化竞争力、影响力和辐射力的典型地区，与商业、办公等功能的混合，注重文化的生产和消费，推动城市经济发展。从国内外城市发展经验来看，战略文化地区一般选址于滨江滨湖或城市轴线等最能凸显城市特色的核心地带；通常与城市快速路紧密相连，具备2条以上的轨道交通支撑；核心区占地100～200hm^2；主导功能包括文化博览、文化演艺、文化交易、文化传媒等，辅以商业、餐饮、住宿、休闲、娱乐等为补充的复合功能，延伸文化产业链（表3）。

（2）文化旗舰项目

大型文化设施的建设、重大文化体育节庆活动的举办通常是改善城市文化环境、提升城市竞争力的重要途径。其中，策划多样化的节事活动，通过重大节庆活动引领城市文化的发展，并扩大文化对外输出力度和影响力，是许多世界城市长期以来秉承的手段。

2. 层级服务：文化服务体系与个人文化圈层

（1）文化服务体系

依据对城市和地区在更大空间网络范围内文化发展作用的评估，以及对该地区文化需求和文化设施使用的评估，建立文化服务的空间层级，对于不同层次的文化需求做出回应，是文化规划的空间发展目标和原则之一。在快速城镇化背景下，近年来我国大城市周边新城建设方兴未艾，但新城的文化服务水平往往不足。借鉴国内外新城建设经验，以“公共服务设施导向开发”（SOD）的理念，按照公共服务中心向轨道站点集中的原则，综合考虑“交通便利、土地价值、用地潜力、设施完善”等因素，重点规划建设新城文化中心。

（2）个人文化圈层

“城市的意义在于关心人、陶冶人。”“新型城镇化”的本质是“人”的城镇化，满足人的需求。随着交通、信息技术的发展和生产、生活方式的变化，未来城市生活的发展越来越趋向以家、服务设施和交通节点组织“个人生活圈”，通过社区满足个人的基本生活需求，包括文化服务需求。因此，应推进街道、社区等基层文化设施建设，满足居民日常生活文化设施步行15min可达的需求。

3. 网络空间：特色文化空间与数字文化网络

（1）特色文化空间

城市历史地段、文化设施、公共空间等都是完善地区文化环境的空间要素。应加强城市设计，推动公园、广场、绿道等公共空间建设并有效联系，通过建筑艺术、雕塑、标志物等，形成不同片区的文化特色，促进城市文化氛围形成。

（2）数字文化网络

信息技术已经对人类的生活方式产生了革命性的变化。文化服务早已不局限在实体的文化设施之中。结合“智慧城市”建设，构建“数字文化网络”，利用个人电脑、移动客户端等设备，让文化融入人民生活。

三、武汉文化发展的空间布局

1. 文化空间结构

根据空间发展战略，从战略文化设施和地区、普惠均等的文化设施服务体系两个层面，确定文化发展空间布局结构：沿长江、汉江及东西山系，构建文化发展“十”字轴线，打造全国知名的文化发展带；按照“三镇三城”的理念，建设汉口沿江、月湖—南岸嘴、武昌古城、东湖西岸、光谷中心五大战略文化地区，打造文化发展的名片；依托城市副中心和六大新城组群中心，布局9个中等规模的区级文化中心、4个区级文化副中心；以文化资源、文化产业为基础，构建彰显宗教文化、历史文化、滨江文化、高教文化、科技文化、休闲文化等多样文化特色的城市片区。

表2　部分城市文化发展策略

城市	发展目标	空间策略
伦敦	世界一流文化城市；全球创意之都；人人都有机会享受城市文化	识别城市战略文化区域并开展保护与增强；在伦敦中心地区、城市边缘及市镇中心发展文化中心；在全市范围内建立10个创意节点区域；在开发项目中鼓励艺术与文化设施的建设
纽约	世界文化名城	市中心形成文化设施高度聚集地区；社区文化设施发达；注重对历史遗迹的保护和再利用
芝加哥	全球顶尖的创意、创新和艺术胜地	在城市中心区建立主要文化机构，形成城市文化中心；推动社区文化委员会建立和文化规划；保护城市遗产，促进文化可持续发展；加强公共空间城市设计
北京	3000年历史文化古都，具有国际影响力的文化创新、运营、交易和体验中心	发展历史文化区、工业文化区及创意文化区等特色文化区；加强具有国际水准的国家级和市级标志性文化设施建设；提升区县文化设施水平；鼓励和吸引社会资金投资建设基层文化设施；认定并支持文化创意产业集聚区；注重老厂房、老建筑的改造利用
上海	时尚魅力的国际文化大都市	利用世博园区会后利用的机会，形成设施集中的文化地标；完善区县公共文化设施，健全基层公共文化设施网络布局；推进文化遗产保护传承和开发利用；通过重点项目推动文化产业发展
广州	世界文化名城、岭南文化交流中心、区域性现代都市文化中心、区域“创意之都”	建设重点文化地区和文化项目，打造城市新地标；健全市、区（县级市）、街（镇）、社区（村）四级公共文化服务体系；明确文化产业的区域布局；加强历史文化名城和非物质文化遗产保护

表3　部分城市战略文化地区

战略文化地区	区位	交通	用地规模	主导功能
伦敦南岸地区	泰晤士河边，伦敦旧城核心门户地带	6条轨道交通	核心区约1.1km^2	汇集伦敦最经典的建筑物、剧院、表演艺术场馆、品牌精品店及酒店、餐厅等
纽约时代广场地区	位于曼哈顿岛，紧邻纽约CBD、中央公园地区	6条轨道交通	核心区约1km^2	剧院为主体，辅以艺术团体、休闲、旅游、娱乐、博物馆等功能设施
芝加哥滨湖路地区	位于密歇根湖畔，紧邻中央商务区（CBD）	3条轨道交通	4.9km^2（绿地、广场约占70%）	以文化广场、文化公园等公共空间为主导，聚集博物馆群、美术馆、剧院、音乐厅、体育场、会展中心等设施
北京长安街地区	位于天安门广场东西两侧	2条轨道交通	7km^2（核心区约2.5km^2）	体现北京文化中心性质的广场、博物馆、美术馆、文化宫、音乐厅、剧场及文化公园、图书城等
上海世博会（浦西）地区（已建）	原世博园区（浦西）地区，紧邻规划的会展及商务区	2条轨道交通	1.35km^2	以文化博览集群、艺术品交易、创意设计、交流展示、产品体验以及休闲旅游、时尚商业为主导的文化博览区和文化创意街区
广州珠江新城核心区（在建）	广州珠江新城，紧邻中央商务区	3条轨道交通	1km^2	包括图书馆、博物馆、少年宫、文化广场、剧院、观光塔以及配套设施

表4　武汉文化服务体系一览表

文化设施		规模	功能定位
市级战略文化地区	汉口沿江地区	4.2km^2（核心区2.0km^2）	以文化旅游、文化博览、文化演艺、艺术品交易、创意办公、时尚商业为主导功能
	月湖—南岸嘴地区	3.54km^2（建设用地1.8km^2）	以文化艺术、文化博览为主导功能
	武昌古城地区	7.7km^2（核心区2.0km^2）	以文化旅游、文化博览、时尚商业、文化艺术、创意设计为主导功能
	东湖西岸地区	11.9km^2（核心区1.4km^2）	以文化旅游、文化博览、传媒、艺术品交易为主导功能
	光谷中心地区	约1km^2	以设计产业总部集群、设计文化展示、设计主题公园以及文化演艺、图书阅览、时尚商业等为主导功能
区级	区级文化中心（9处）	每处15～20hm^2	集中布局中型图书馆、博览馆、剧院及音乐厅、美术馆等文化设施
	区级文化副中心（4处）	每处3～5hm^2	配置多功能剧院、艺术活动中心、群艺馆、图书馆、青少年宫等文化设施
街道（乡镇）文化设施		每4万～6万人左右配置一处，建筑面积300m^2	图书室、活动室和多功能厅
社区（乡村）文化设施		每1万人左右配置一处，老城区面积不小于60m^2，新城区、新建地区不小于100m^2	社区图书室、文化活动站

5

6

5.武汉城市文化发展空间结构规划图
6.近期建设规划

2. 文化服务体系

构建“（市级）战略文化地区—区级文化中心—街道（乡镇）文化中心—社区（乡村）文化设施”的四级文化设施体系，实现都市发展区文化设施15min步行距离全覆盖（表4）。

3. 文化活动策划

根据城市自身文化资源禀赋，策划“高山流水”国际艺术节、荆楚图书文化节、设计创意全球峰会、“科技之光”传媒系列节目等文化活动，提升城市文化竞争力、影响力和辐射力。

四、研究结论与展望

从各城市目前的文化发展挑战和应对策略来看，文化影响力和辐射力、文化服务、城市特色是三大共性问题。武汉在文化规划实践中，提出了“战略聚集”、“层级服务”、“网络空间”三方面的空间策略，分别体现城市文化“大”、“均”“特”三方面的特征。在关注设施体系层次性和设施覆盖均好性、保障民生发展需要的前提下，针对文化发展的“集聚”特征，明确提出了“战略文化地区”的理念，对“战略型”和“均等型”两类文化空间进行了布局安排。在此基础上，对不同类型的文化空间，特别是市场型和公益型文化设施的不同规划管控方式，有待进一步探索。

注释

[1] 武汉市第十二次党代会报告提出，通过建设读书之城、博物馆之城、艺术之城、设计创意之城、大学之城，“发掘武汉文化资源，丰富文化建设载体，让文化融入城市发展和市民生活，提升城市品位”。“文化五城”的建设内容，既涉及文化设施、文化产业园区、高等学校等硬件设施建设，又涉及文化活动、设计创意产业、大学氛围营造等软环境建设，横贯公共文化设施、文化创意产业、高等教育等多领域，本质上是以“文化五城”为突破口，提出了武汉城市文化发展的战略目标和方向。

[2] 本文“战略文化地区（Strategic Cultural Areas）”的概念源于2004年《大伦敦规划》（The London Plan 2004），在相关学术研究中，还有文化地区、艺术地区等若干称谓。

参考文献

[1] Evans G. Cultural Planning: An Urban Renaissance [M]. London and New York: Routledge, 2001.

[2] Frost-Kumpf H A. Cultural Districts: Arts Management and Urban Redevelopment [D]. College of Earth and Mineral Sciences Pennsylvania State University, 2001.

[3] Huntington S P. The Clash of Civilizations and the Remaking of World Order [M]. New York: Simon and Schuster, 1996.

[4] Mumford L. The Culture of Cities. London: Routledge, 1997.

[5] Zukin S. The Cultures of Cities [M]. Cambridge: Blackwell Publishers, 1995.

[6] 黄鹤. 文化规划：基于文化资源的城市整体发展策略[M]. 北京：中国建筑工业出版社，2010.

[7] 中国城市规划设计研究院. 武汉2049远景发展战略[R]. 2013.

作者简介

白　栋，武汉市规划研究院规划师，清华大学工学硕士；

唐知发，武汉市规划研究院规划师，重庆大学工学学士。

国际文化大都市建设下公共图书馆专项规划
——以上海市为例

Public Library Special Planning in the Background of the Cultural International Metropolis Construction —Case Study of Shanghai City

王宝宇 黄 皓 潘慧斌
Wang Baoyu Huang Hao Pan Huibin

[摘 要] 在上海市努力建设国际文化大都市构想的背景下，图书馆作为重要的公共文化基础设施展开了专项规划。规划参照国际标杆城市，结合我国相关规范指标标准，分级制定配置标准；规划布局上强调基于人口密度和服务半径的均好性；规划布局强调与上海城市文化设施空间结构的结合。

[关键词] 公共图书馆；专项规划；上海市

[Abstract] For endeavor to build international cultural metropolis, as the important public facilities, libraryspecial planning was launched. With reference to the international benchmarking city, like London, Paris, Tokyo, according to the relevant indicators standards of China, allocation standard was set hierarchically; sharing was considered in planning principles based on population density and service radius; the city culturalspatial structure was considered in planning layout.

[Keywords] Public Library; Special Planning; Shanghai

[文章编号] 2015-67-P-050

1. 中心城区图书馆服务空间密度图
2.中心城区图书馆服务人口密度图
3.具体目标定
4.上海市中心城区图书馆现状分布图

一、概况

上海《“十二五”规划纲要》中，首次提出了将上海建设成国际文化大都市的构想。文化的繁荣需要硬件的支撑，其中图书馆建设是“推进文化创新，增强文化发展活力”的重要公共文化产品和基础文化设施。加大投入力度，加快建设与国际大都市相适应的现代化城市图书馆基础设施体系，无论在软件和硬件上努力达到国际大都市城市图书馆发展水平。

上海市公共图书馆规划便是在这一背景下展开，本规划对象主要分为三个层级：市级公共图书馆、区县级公共图书馆及街道乡镇公共图书馆等三级公共图书馆，不包括村（居委）文化活动室中的图书阅览室。规划范围为上海市行政区划范围，重点规划范围为中心城区即黄浦区、卢湾区、徐汇区、长宁区、静安区、普陀区、闸北区、虹口区、杨浦区。

规划期限近期为2011—2015年，远期为2015—2020年。

二、现状情况

1. 上海市公共图书馆现状

（1）概况

至2011年底，本市有2个市级馆、27个区县图书馆和211个街道乡镇图书馆，三级公共图书馆总数达240个，另有5 337个村（居委）文化活动室设有图书阅览室，是完善图书馆服务的必要补充（表1、表2）。

（2）比较分析

中心城区人口约620万，图书馆数量93个，平均每个图书馆服务人口约6.6万人。各区图书馆平均服务人口数量差别较大，其中长宁区、静安区分别为5.1万人和5.2万人设一个图书馆，闸北区、虹口区、徐汇区、卢湾区处于一般水平，每6万～7万人设一个图书馆，杨浦区、普陀区每个图书馆服务人口较多，分别为7.7万人和7.9万人设一个图书馆，黄浦区由于人口密度最大，8.7万人设置一个图书馆。

从中心城区图书馆服务空间密度上看，平均每个图书馆服务面积为3.1km²，每1～2km²设置一个图书馆的有四个区，分别为静安区、黄浦区、卢湾区和虹口区；闸北区每2～3km²设置一个图书馆；长宁区、徐汇区为3～4km²设置一个图书馆，普陀区和杨浦区图书馆空间分布密度较小，每4～5km²设置一个图书馆。

2. 图书馆经营模式问题

在经营管理上，上海市图书馆存在以下问题。

（1）图书馆观念落后。面对信息社会的发展，

表1 上海市各区现状图书馆一览表

单位名称	区级公共图书馆		街镇级公共图书馆	
	数量（个）	面积（m²）	数量（个）	面积（m²）
黄浦区	1	13 122	6	2 348
长宁区	2	17 500	10	5 085
卢湾区	1	4 860	4	1 670
静安区	1	6 280	5	2 426
徐汇区	1	5 363	13	5 060
虹口区	3	11 791	10	4 024
杨浦区	3	11 484.5	11	3 621
闸北区	2	6 341	9	3 141
普陀区	2	37 000	9	5 034
闵行区	1	15 500	13	11 028
浦东新区	3	74 221	36	19 291
松江区	1	6 411	15	4 308
青浦区	1	8 000	9	4 032
奉贤区	1	17 146	8	3 759
宝山区	1	727	12	6 979
嘉定区	1	4 585	12	7 263
金山区	1	3451	11	4 538
崇明县	1	7 078	18	2 636
合计	27	250 860	211	96 243

表2 上海市中心城区各区人口与面积一览表

单位名称	人口（万人）	面积（km^2）	人口密度（万人/平方公里）
黄浦区	61	12	5.1
长宁区	61	38	1.6
卢湾区	31	8	3.9
静安区	31	8	3.9
徐汇区	90	55	1.6
虹口区	79	23	3.4
杨浦区	108	61	1.8
闸北区	70	29	2.4
普陀区	87	55	1.6
合计	618	289	2.1

图书馆在观念上始终处于落后状态。每当作出新的尝试时，又经常疑虑重重，不敢作出大胆的尝试，错失发展时机。

（2）图书馆经费短缺。经费短缺是长期以来困扰图书馆发展的重要因素。由于经费不足，严重影响了图书馆的文献资源建设和图书馆设备的维护与更新，影响到图书馆对新技术的采用及工作效率的提高，也使读者对图书馆失去兴趣。

（3）图书馆服务方式和手段落后。图书馆往往从自身工作出发，习惯于传统的服务方式和手段，较少考虑读者的需要、社会的需要，并根据这些需要作相应的调整。

三、发展定位与目标制定

由于文化在社会发展中的地位不断上升，与经济、政治相互交融的程度愈来愈高，城市间的竞争最终成为创造力的竞争，而独特的文化则是城市最宝贵的终端资源。

图书馆作为城市重要的文化设施，要与城市的文化发展战略相适应，创建符合城市文化发展水平的城市图书馆体系。具体目标定位见下图3。

四、街道级图书馆标准制定

上海市区级图书馆的建设规模及服务范围等可根据上海区划来确定，街道级图书馆没有明显的服务边界，但其与市民生活最为密切，也是体现城市图书馆服务品质的重要一环。规划通过研究国际城市相应服务水平、我国相关规范要求及上海城市经济文化发展状况，来确定上海市街道级公共图书馆建设指标，

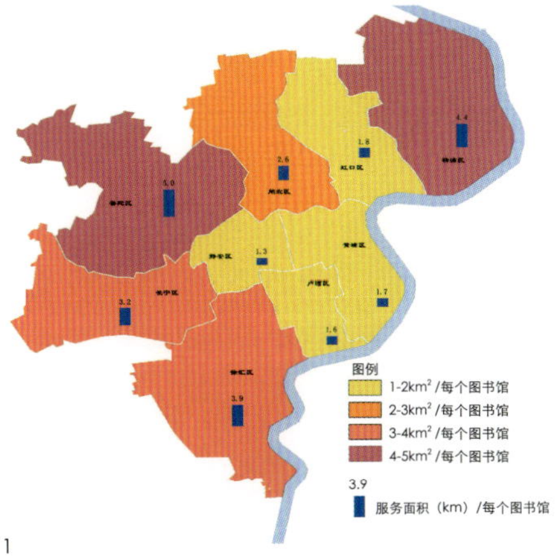

1

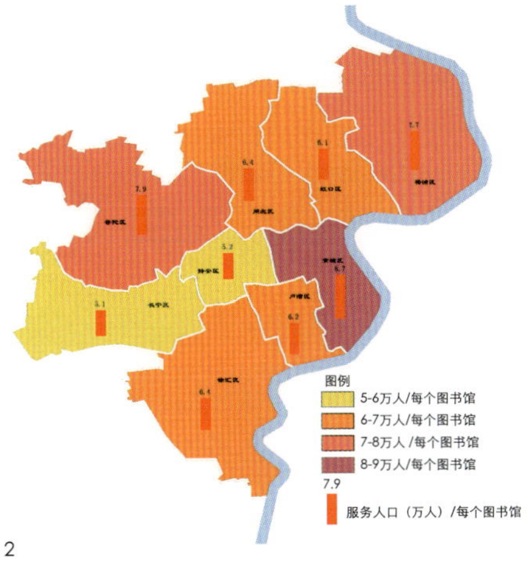

2

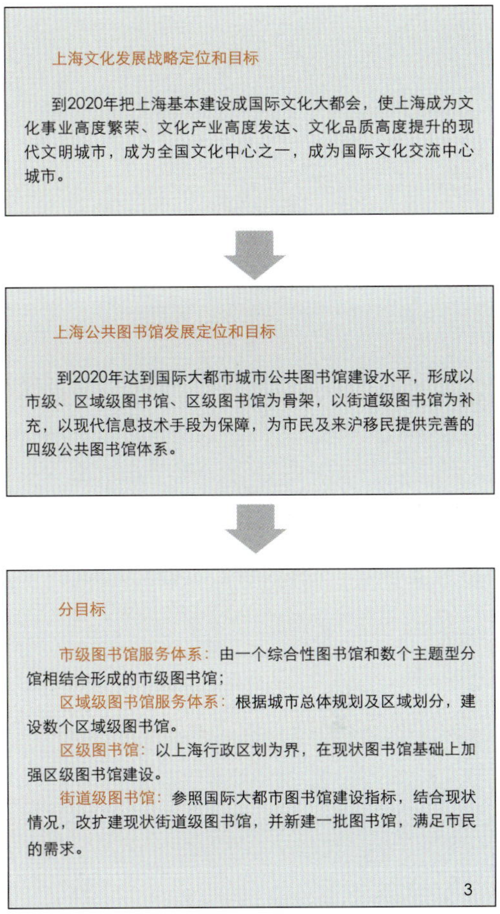

3

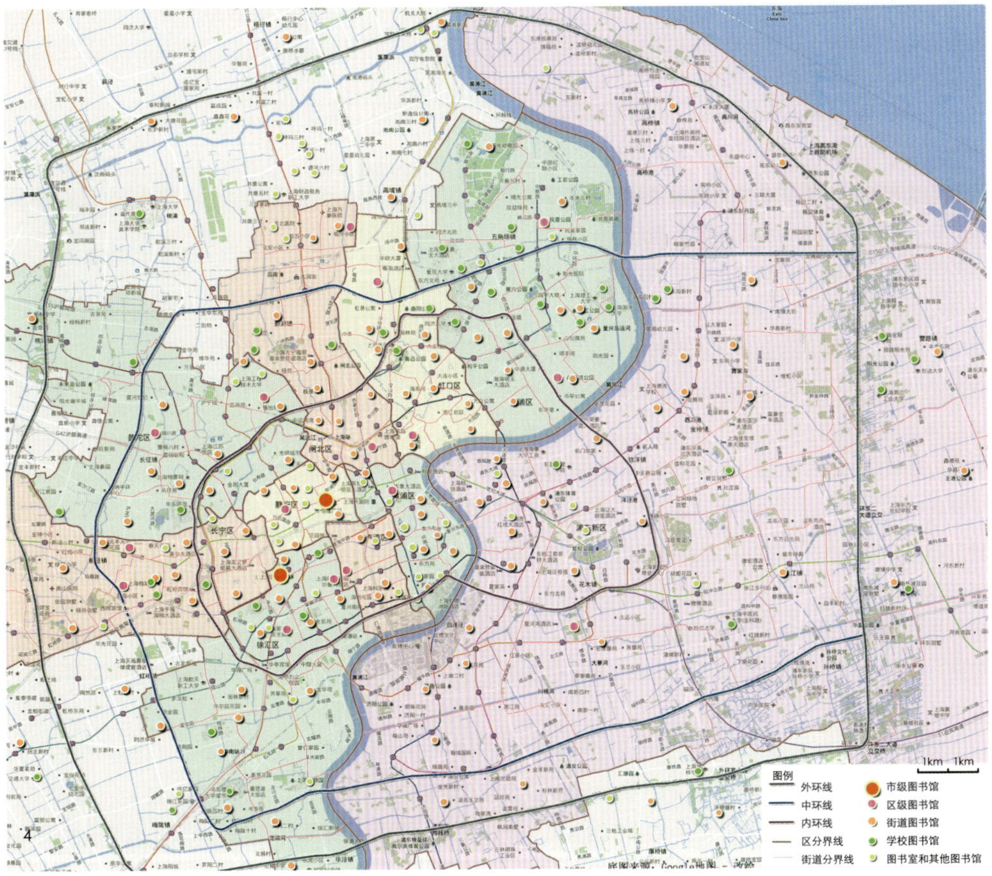

4

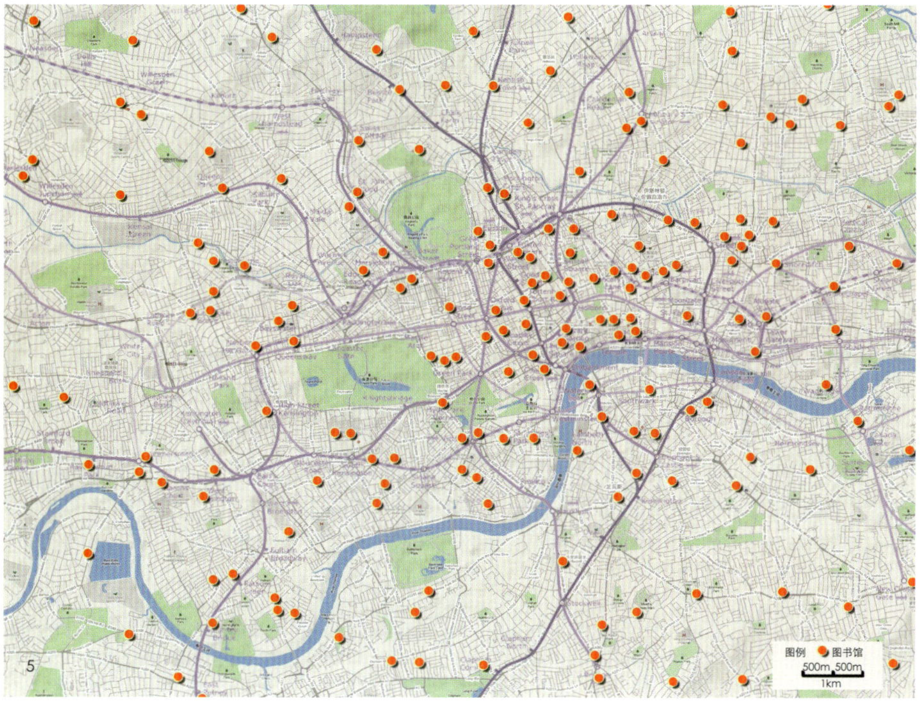

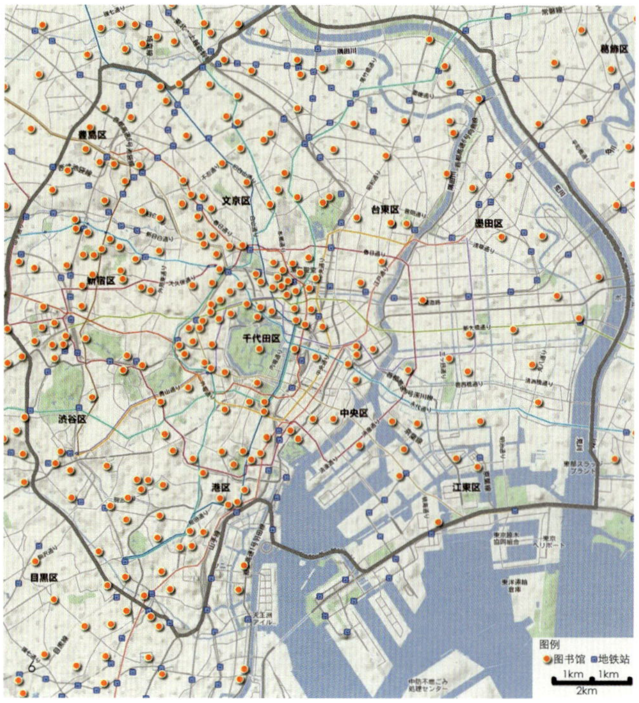

5.伦敦中心城区图书馆布局图
6.日本东京图书馆布局图
7.美国纽约图书馆布局图
8.法国巴黎图书馆布局图
9.香港图书馆布局图

完善上海市公共图书馆服务体系。

1. 标杆城市图书馆指标对比

图书馆是一个城市的名片，世界各国的中心城市都把图书馆建设作为城市形象和文明标志的核心来发展，比如纽约拥有美国一流的公共图书馆事业，有300多个有一定规模的图书馆；英国是历史上第一个以制度来保证公共图书馆事业发展的国家，因此，伦敦的公共图书馆规模在世界上也排名第一，共有400多个；东京虽然土地紧缺，但作为世界级大城市，仍建有公共图书馆160多个。在城市公共图书馆服务网络的网点布设和空间规划上，统筹规划、合理布局。无论伦敦、纽约还是东京，其公共图书馆网络在地域上结合城市人口密度呈现出相对均匀的分布态势。这种空间布局的合理性来自其制度建设的科学性，如英国90%以上的家庭距离最近的图书馆都不超过1英里。规划主要分析标杆城市的图书馆服务人口、辐射范围、空间布局、设置体系等，为上海市标准的制订提供依据。

通过从以上标杆城市的分析，中心城区图书馆的服务半径平均为0.7km，覆盖面积为1.65km^2，服务人口为3.1万人，而上海中心城区图书馆的服务半径为1.0km，覆盖面积为3.1km^2，服务人口为6.6万人。距离国际大城市的设置标准还有较大距离。

表3　标杆城市图书馆现状情况对比表

城市		伦敦	东京	纽约	巴黎	香港	上海
城市人口（万人）	全市	717.00	1 264.00	1 800.00	755.00	720.00	2 238.57
	中心城区	250.00	853.00	817.51	219.30	—	618.00
城市面积（km^2）	全市	1 580.00	2 187.00	1 214.40	755.00	1 104.00	6 603.83
	中心城区	303.00	621.00	828. 8	105.00	—	289
图书馆个数（个）	全市	385.00	395.00	209.00	—	68.00	240.00
	中心城区	210.00	220.00	—	150.00	—	93.00
服务半径（km）	全市	1.20	1.32	1.36	—		2.96
	中心城区	0.67	0.95	—	0.47	—	0.99
服务人口（万人/个）	全市	1.20	3.20	8.61	—	10.59	9.33
	中心城区	—	3.97	3.85	1.46	—	6.65
覆盖面积（平方公里/个）	全市	4.10	5.54	5.81	—	16.24	27.52
	中心城区	1.44	2.82	—	0.70	—	3.11

2. 《公共图书馆建设标准》（建标108—2008）解析

2008年我国通过批准《公共图书馆建设标准建标108—2008》并于2008年11月1日开始施行。该标准主要有以下两个方面的创新和要求。

（1）确立了以服务人口为主要依据确定公共图书馆建设规模的原则

服务人口被界定为服务范围内的常住人口。按照这一原则，今后公共图书馆的规模大小，不再完全取决于行政级别，而主要服从于服务人口。

（2）形成了系统的控制指标体系

以服务人口为主要依据确定公共图书馆的建设规模，需要通过一系列具体的控制指标来实现。该标准在广泛调研、国内外比较、海量数据分析概括的基础上，第一次明确提出了未来5至10年我国公共图书馆建设规模控制的主要指标，如人均拥有公共图书馆藏书0.6～1.5册，千人拥有公共图书馆坐席0.3～2个，千人拥有公共图书馆建筑面积6～23m^2，同时还提出了公共图书馆每平方米藏书量、单个阅览坐席占用面积、使用面积系数等基本测算指标。为了增强适用性，标准还引入了服务功能、文献资源的数量与品种、当地经济发展水平三个因素对公共图书馆的建设规模加以适当调整（表4、表5）。

表4 公共图书馆建设规模与服务人口数量对应指标

规 模	服务人口（万人）
大型	150以上
中型	20～150
小型	20及以下

（3）提出了体现现代图书馆理念与服务方式相适应的公共图书馆布局与建设要求

该标准将公共图书馆的用房项目分为8大类41项，提出了各类用房的面积比例，以及在不同规模的公共图书馆设置与否的指导意见，对公共图书馆的总体布局、外观造型、室内装修、环保节能、防灾防火、建筑设备等提出了原则要求。

（4）重视公共图书馆的环境建设

为改变以往公共图书馆建设重房屋建筑、轻环境建设的倾向，该标准提出了一系列有关环境建设的要求。如明确规定了公共图书馆的选址条件；明确规定公共图书馆的建设内容包括房屋建筑、场地、建筑设备和图书馆技术设备；明确规定公共图书馆的场地包括人员集散场地、道路、停车场、绿化用地等；明确规定公共图书馆的技术设备包括电子计算机、网络设备和相关外围设备等12类，并要求公共图书馆的室外道路、围栏、照明、绿化、消防设施、管线沟井等室外工程应统一规划建设。

3. 街道级公共图书馆指标制定

考虑上海市实际情况，结合市民步行时间，依托城市内环、中环、外环，规划上海市中心城区服务半径分别为500m，800m，1 000m，覆盖面积为2.0km^2，平均每个图书馆服务人口为4.2万人。考虑中心城区人口密度呈圈层递减态势明显，则外环，中环及内环应差别

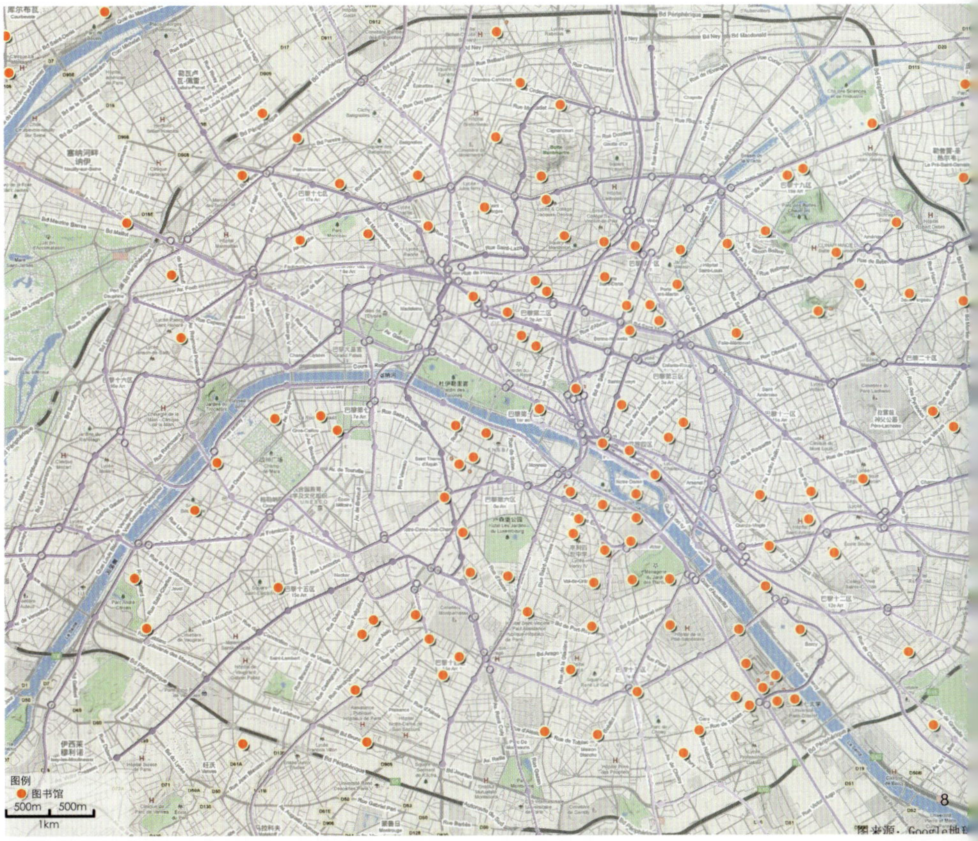

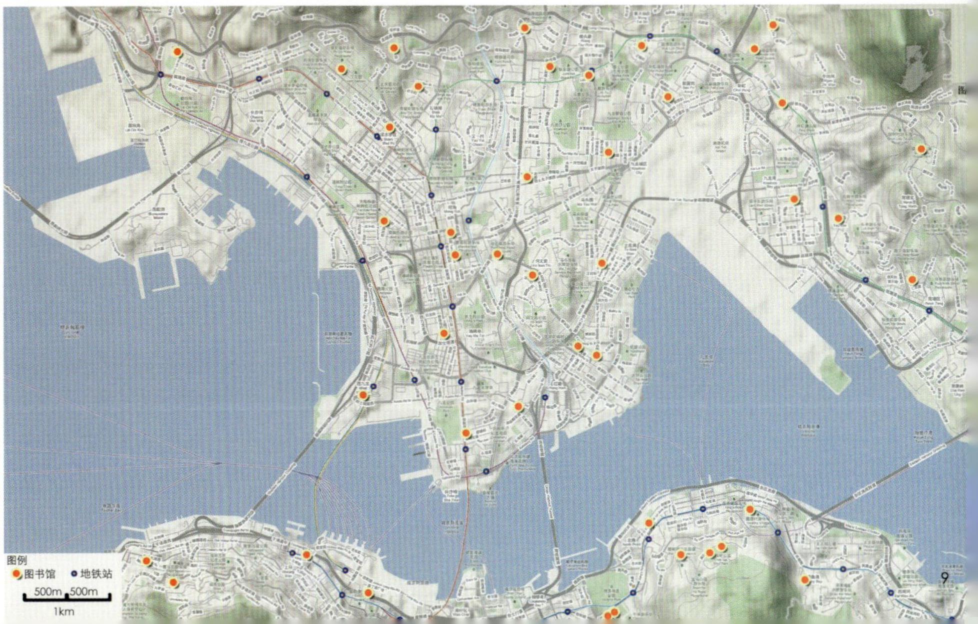

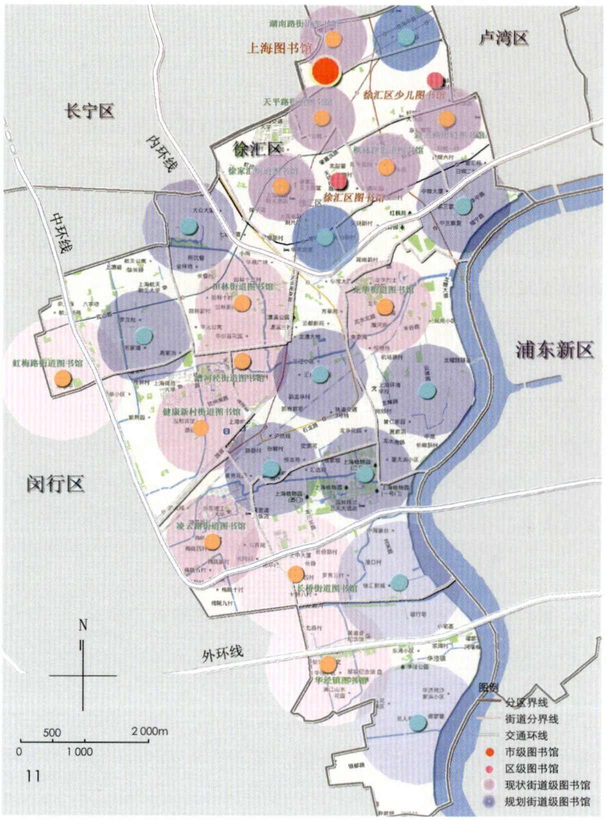

10.规划街道级图书馆服务半径示意图

11.汇区公共图书馆规划示意

表5 公共图书馆总建筑面积以及相应的总藏书量、总阅览座席数量控制指标

规模	服务人口（万人）	建筑面积		藏书量		阅览座席	
		千人面积指标（平方米/千人）	建筑面积控制指标（平方米）	人均藏书（册、件/人）	总藏量（万册、件）	千人阅览座席（座/千人）	总阅览座席（座）
大型	400～1 000	9.5～6	38 000～60 000	0.8～0.6	320～600	0.6～0.3	2 400～3 000
	150～400	13.3～9.5	20 000～38 000	0.9～0.8	135～320	0.8～0.6	1 200～2 400
中型	100～150	13.5～13.3	13 500～20 000	0.9	90～135	0.9～0.8	900～1 200
	50～100	15～13.5	7 500～13 500	0.9	45～90	0．9	450～900
	20～50	22.5～15	4 500～7 500	1.2～0.9	24～45	1.2～0.9	240～450
小型	10～20	23～22.5	2 300～4 500	1.2	12～24	1.3～1.2	130～240
	3～10	27～23	800～2 300	1.5～1.2	4.5～12	2.0～1.3	60～130

化建设，具体指标见表6。

表6 街道级公共图书馆规划指标表

	服务半径（m）	覆盖面积（km^2）	步行时间（min）
内环以内	500	1.0	6～7
中环以内	800	2.0	10
外环以内	1000	3.0	12～13

五、空间布局规划

大中型公共图书馆的布局往往结合城市文化设施的空间结构，与城市其他文化设施相结合，形成组团式的文化设施群；同时结合城市文化轴线空间、城市历史文化风貌区、江河岸线和公园广场等。小型图书馆布局较贴近市民生活，因此重点考虑分布的均衡性，市民使用的便利性，是构建完善的文化设施服务网络的基础设施。规划布局分级布置如下。

1. 市级公共图书馆规划布局

结合上海城市文化设施集聚区，创建一流的国际图书馆体系，提供国际化服务，成为国际化信息交流中心。

目前已形成的五个上海城市文化设施集聚区：人民广场历史文化设施群、陆家嘴创新文化设施群、花木休闲生态文化设施群、世博国际文化设施群、虹桥文化设施群等。结合这五个文化集聚区，根据现状图书馆建设情况，在现状基础上增强国际化服务，并新建一批与国际接轨的市级公共图书馆，无论从硬件和软件上都要为外国移民和国际友人提供便利服务，使上海公共图书馆成为一个重要的国际交流平台。

（1）结合世博国际文化设施群，建设上海国际图书馆、上海市少年儿童图书馆

①建设上海国际图书馆（上海图书馆二期）

主要服务对象：市民及各国移民；

主要服务内容：建立综合性公共图书馆，配备设施完善的阅览室、个人研究室、展览厅、学术活动室以及报告厅、多功能厅和音乐欣赏室等。

②建设上海市少年儿童图书馆

主要服务对象：少年儿童；

主要服务内容：建立丰富的馆藏文献和数字资源，为少年儿童读者提供文献借阅、阅读辅导、信息咨询、少儿兴趣培训等服务。同时举办内容丰富的讲座、咨询、辅导、展览等。

（2）结合陆家嘴创新文化设施群，建设上海创意与科技图书馆

主要服务对象：上海创意产业，前沿科技及各国移民；

主要服务内容：建立国际前沿科技产业及学术信息平台，为各国来沪专业人员的交流创造条件；围绕最新科技发展与创意产业，开展丰富多彩的国际交流活动，营造引领企业文化发展的新思路。

（3）结合花木休闲生态文化设施群，建设上海国际文化图书馆

主要服务对象：来沪各国移民；

主要服务内容：为来沪各国移民提供学习中国文化和国际交流服务的平台，帮助移民们，理解中国的文化、历史，参与上海发展的各种活动中来，创造宾至如归的交流环境。

（4）结合虹桥文化设施群，建设上海虹桥国际交通图书馆

主要服务对象：市民及外国移民；

主要服务内容：汇集世界各国航空、航天、航海、公路、铁路交通等一系列现代科技及未来发展趋势，打造国内最大的专业化图书馆。

2. 区级公共图书馆布局规划

结合中心城区其他多个文化核心，建设一批区级示范公共图书馆。与中心城区其他多个文化核心如：中山公园、鲁迅公园、老城厢、新天地、多伦路、长寿路及大宁地区等，结合现状区级图书馆，改扩建现状图书馆，以及加强软件建设，建设符合国际大城市标准的区级示范图书馆。

3. 街道级公共图书馆布局规划

结合街道文化中心，社区文化中心，增设55个街道级公共图书馆，构建完善基层文化设施服务。规划图书馆数量考虑服务半径的同时，结合服务人口密度进行设置。

表7　中心城各区街道级公共图书馆规划一览表

单位名称	人口（万人）	面积（km^2）	现状图书馆数量（个）	规划图书馆数量（个）	增加图书馆数量（个）
黄浦区	61	12	7	11	4
长宁区	61	38	12	17	5
卢湾区	31	8	5	6	1
静安区	31	8	6	6	0
徐汇区	90	55	14	24	10
虹口区	79	23	13	15	2
杨浦区	108	61	14	29	15
闸北区	70	29	11	16	5
普陀区	87	55	11	24	13
合计	618	289	93	148	55

六、小结

2008年《公共图书馆建设标准建标108—2008》制定的标准虽然具有一定的普适性，但我国城市经济文化发展水平差异较大，有各自的特殊性。上海作为我国的一线城市具有担负建设国际文化大都市的责任，其建设水准也必然应与国际大都市的建设标准相一致。所以本规划在兼顾我国标准和上海的经济建设水平的基础上，建设指标的制定也同时借鉴了国际大都市的建设水准。此外，建设一流的图书馆不仅要有好的硬件设施，更应该学习国外大都市图书馆先进的管理水平，如：跨越区际界限的管理模式、完善的资源配置及管理方式、均衡的网点布设和空间规划、满足各种需求的个性化服务等。

作者简介

王宝宇，同济大学建筑与城市规划学院，博士生；

黄　皓，上海经纬规划建筑设计研究院有限公司，项目主任，注册规划师；

潘慧斌，同济大学港澳台办主任，教授。

湖北省宜城市小城镇医疗生活圈特征及规划应对探讨[1]

Discussion of Characteristics and Strategies of Small Town Medical Living Area in Yicheng, Hubei

耿 虹 张 凯
Geng Hong Zhang Kai

[摘　要] 以湖北省宜城市镇级医疗设施为例，采用生活圈的研究视角，基于DEA模型及泰尔指数等方法测度医疗机构就诊量及居民就诊意愿，对比归纳小城镇基本医疗生活圈相关特征，并提出相应的规划应对建议。

[关键词] 小城镇；医疗设施；生活圈特征

[Abstract] The paper takes the township health facilities in Yicheng city of Hubei province for example, using research perspective of living area, measures the amount of medical institutions for treatment and wishes of the residents based on DEA and Theil index methods, compares and summarizes characteristics of basic medical living area in small towns, and proposes planning recommendations.

[Keywords] Small Towns; Medical Facilities; Living Area Features

[文章编号] 2015-67-P-056

1.湖北省宜城市市域土地利用现状图（2013）
2.基本医疗生活圈变化对比（2010年）
3.基本医疗生活圈变化对比（2012年）

一、规划背景及思路

宜城市为湖北省襄阳市下辖县级市，下辖8镇、2办事处。2010年宜城市进行医疗改革，将10所镇、街道中心卫生院收归国有，市级财政和医疗集团累计投入2 000多万元，派驻医疗专家坐诊376人次、14 530个门诊日，镇、街道中心卫生院医疗实力大幅增长，2012年其门诊量达到61.1万人次，较2010年激增42万人次，占全市门诊总量比重从11.68%增长至28.35%；三年间住院量增长近3倍，占比从6.15%增长至13.53%。另一方面2010年宜城市新农合门诊统筹基金执行“县级统筹管理、乡镇独立核算”的管理模式，门诊补偿标准虽然大幅提升，但门诊补偿医疗点由最初的全市自主选择改为限制选择本镇、街道内的定点医疗机构（表1）。在医改及“镇内门诊补偿”机制的双重影响下，宜城市各镇基本医疗生活圈相关特征发生较大变化。

本文对宜城市2010—2012年间，镇级定点医疗机构（包括9个镇、街道中心卫生院及6个社区卫生服务中心）就诊数据进行分析，在各镇基本医疗生活圈特征变化归纳总结的基础上，提出相应的规划应对建议，为相关小城镇医疗设施生活圈规划研究提供一种新的思路。

二、基本医疗生活圈特征

1. 区域协同特征：医疗设施区域协同受政策限制

为了研究“镇内门诊补贴”政策的制定对各镇基本医疗设施区域协同情况的影响，根据小城镇居民门诊跨镇就诊行为较为普遍的特征，引入泰尔指数对市域各镇镇级医疗机构的人均门诊量差异进行测算，公式为：

$$TI=w1[\ln(w1/n1)]+w2[\ln(w2/n2)]+\cdots+wi[\ln(wi/ni)]$$

其中，wi——第i镇镇级门诊量占全市镇级医疗点门诊总量的比重；

ni——第i镇人口数占镇域总人口数的比重。

TI为0时，可视为各镇间不存在跨镇门诊行为，数值越大说明居民跨镇医疗行为越普遍。

数据显示，2010年医改及镇内门诊补贴政策执行前，TI数值较大，表明各镇间跨镇医疗行为较为普遍，2011—2012年医改及镇内门诊补贴政策执行后，TI值下降明显，说明各镇居民跨镇就诊行为日益减少，居民逐渐回本镇就诊，各镇基本医疗生活圈总体上更趋向于本镇镇域范围，小城镇医疗区域协同共享行为受到抑制。通过调研发现宜城市各镇医疗共享圈由2010年的5个发展为2012年的6个，跨镇医疗共享程度及范围都进一步缩小。

2. 职能圈层特征：门诊形成三级生活圈层，住院第三圈层出现强化

在各镇医疗共享行为减弱的情况下，进一步研究各镇基本医疗生活圈空间层级及范围特征。以各镇距离中心城区平均耗时为横坐标，比较三年间各镇镇

表1　宜城市新农合门诊补偿阶段及标准

	年份	每人全年筹集标准（元）	门诊补偿年累计封顶线（慢性病）（元/每人每年）	门诊可选医疗机构
第一阶段，门诊补偿划入家庭账户模式	2008年	90	9	市境内自主选择
	2009年	100	18	先村卫生所就诊后方可转诊
第二阶段，门诊基金统筹管理模式	2010—2011年	150	150（300）	本镇内镇、村两级定点医疗机构
	2012—2013年	290	300（500）	

村两级医疗人均门诊量变化及镇级医疗门诊量与镇村两级医疗门诊量占比变化情况，发现门诊行为存在较为明显的三级等时医疗生活圈。

第一圈主要为雷河、小河、郑集、南营四镇（街）组成，四镇（街）距离中心城区平均距离在20km左右，车行耗时15～20min左右。三年间四镇镇村两级门诊量占比保持稳定，镇村两级人均门诊量较为同步同幅变化。可以判断第一圈层主要为市区医疗生活圈影响范围，圈内各镇镇村两级医疗配置相对稳定，医改及相关政策对第一圈层内的就诊影响较小，各镇基本医疗生活圈范围日益扩大，但总体上还是小于各镇镇域范围。

第二圈层包括孔湾镇、王集镇、板桥店镇，三镇距离中心城区在20～30km之间，车行耗时30～40min左右。2010—2012年间圈层内城镇的镇村两级门诊数据及镇级门诊占比变化最为显著，其中镇级医疗人均门诊量增幅远大于其他圈层各镇，达到457%，222%，689%；村级医疗人均门诊量出现下降，分别为下降59%，小幅增长2%和下降43%；镇级医疗门诊量占镇村两级医疗门诊总量比例总体上也远大于其他各镇，2012年达到66%，38%，57%。据此判断医改前第二圈层各镇基本医疗生活圈范围大大小于镇域范围，医改后基本医疗生活圈范围大于本镇镇域范围，扩大到临镇区域。根据调研了解，如孔湾镇基本医疗生活圈已覆盖到郑集镇南部，板桥店镇基本医疗生活圈覆盖到流水镇西北部地区。

第三圈层包括刘猴镇及流水镇，两镇距离中心城区及其他城镇较远，平均耗时在45min至1h。两镇与其他城镇医疗设施联系较弱，三年间两镇镇级门诊量占比小幅增长，镇村两级医疗人均门诊量也小幅增长，可以判断圈层内两镇基本医疗生活圈范围大致为本镇镇域范围。

在各医疗点住院职能方面，通过对比2011年各镇镇级医疗机构万人住院量及当年各镇非农人口比重，发展两组数据呈现较强相关性，一定程度上说明住院医疗行为与当地的城镇化水平及居民的可支付能力有较强相关性。

虽然各镇住院量并未体现出与门诊量类似的圈层特征，但通过数据比较发现第三圈层社区卫生服务中心的住院职能相对门诊职能得到增强。2010—2012年间，受限于资金及医疗资源的匮乏，宜城东西片区社区卫生服务中心平均门诊量分别小幅增长4%及下降18%，但同期住院量却分别增长52%及161%；其中第三圈层的刘猴社区卫生服务中心住院量占镇级住院总量比例上升6%，流水社区卫生服务中心占比则一直稳定在75%左右。据此认为，在市级医疗生活圈辐射最弱的第三圈层，镇村居民的住院需求难以通过市级医疗机构得到完全满足，往往更需要通过小城镇医疗机构得到补充，小城镇医疗机构的住院职能就显得特别重要。

3. 配置效率特征：随与中心城区距离呈圈层递增

为了进一步了解三圈层城镇医疗设施的运行效率，本文利用被广泛运用于经济管理学领域的公共服务效率测评DEA模型，对2012年15个镇级医疗机构的运行效率分三圈层进行评价，其中床位数、医护人员数、具有中级职称的医护人员数作为输入指标；各医疗机构门诊量及住院量作为输出指标。

结果显示，第一圈层内小河镇及南营街道中心卫生院纯技术效率

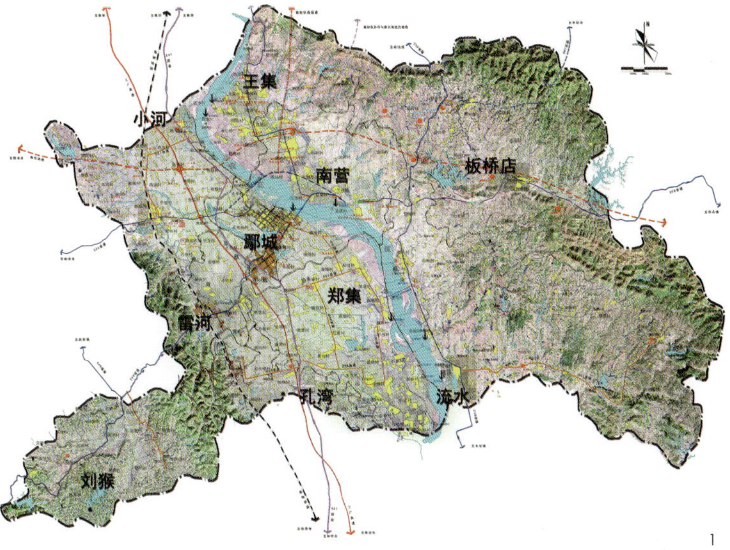

1

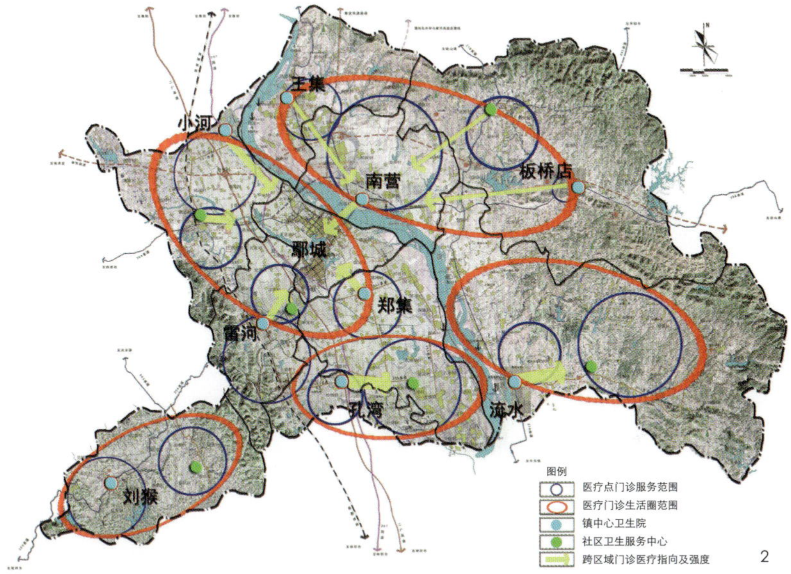

2

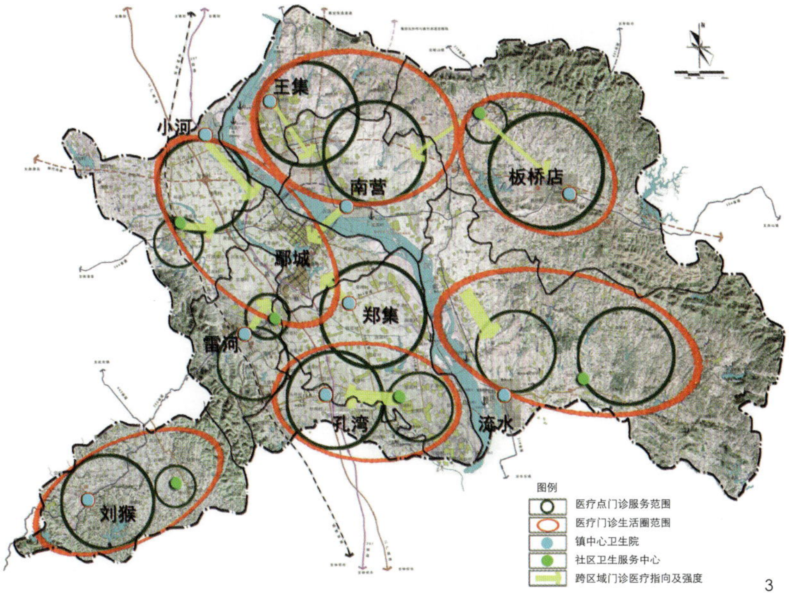

3

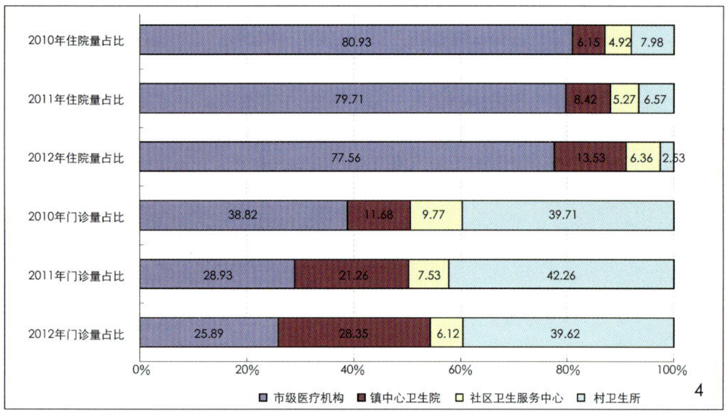

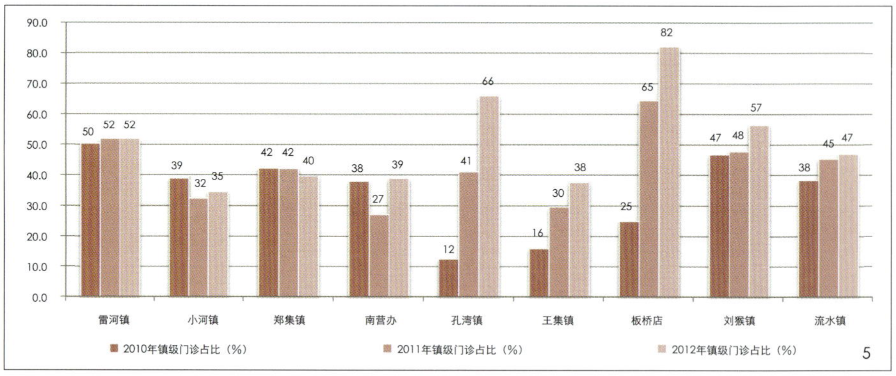

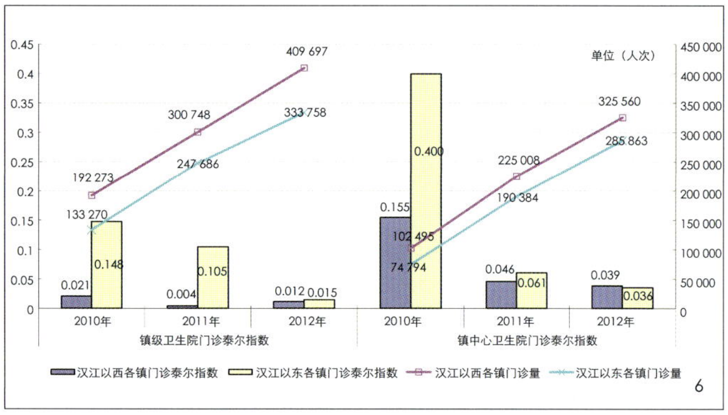

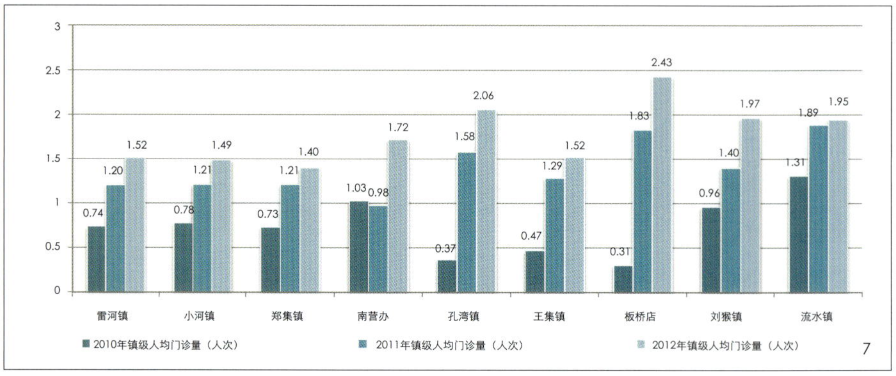

4.市、镇、社区、村医疗机构门诊住院量占比（2010-2012年）
5.镇级门诊量占镇村两级门诊总量比例变化（2010-2012年）
6.镇级卫生院、镇中心卫生院TI值（2010-2012年）
7.镇级医疗机构人均门诊量变化（2010-2012年）
8.各社区卫生服务中心门诊、住院量占镇级总量比例（2010-2012年）
9.各镇居民市、镇、社区三级医疗机构就诊意愿对比（2013年）
10.镇级医疗机构人均门诊量增量（2010-2012年）
11.村级医疗机构人均门诊量增量（2010-2012年）

表2　三圈层镇级医疗设施DEA模型评价

		输出指标		输入指标			效率测评		
		门诊量（人）	住院量（人）	病床数（床）	医生数（人）	中级（人）	纯技术效率PTE	规模效率SE	规模报酬
第一圈层	小河中心卫生院	74 575	1 250	60	39	14	0.845	0.995	drs
	雷河中心卫生院	46 271	1 292	40	32	5	1.000	1.000	—
	南营中心卫生院	79 503	525	54	38	9	0.883	0.999	irs
	郑集中心卫生院	80 115	1 071	42	51	13	1.000	0.910	drs
	小河镇益康卫生院	14 312	805	40	16	0	1.000	1.000	—
	雷河镇明学卫生院	18 250	580	20	16	0	1.000	0.913	irs
	郑集镇千济卫生院	38 790	953	30	24	0	1.000	1.000	—
第二圈层	孔湾中心卫生院	61 702	909	30	32	9	1.000	1.000	—
	王集中心卫生院	65 673	960	40	42	5	0.916	0.958	drs
	板桥中心卫生院	92 431	1 314	60	35	4	1.000	1.000	—
	板桥店镇景瑞卫生院	6 655	235	8	10	0	1.000	0.925	irs
第三圈层	流水中心卫生院	48 256	452	30	23	3	0.975	0.971	irs
	流水镇先天卫生院	41 240	1 301	68	40	0	1.000	0.751	drs
	刘猴中心卫生院	62 897	921	30	33	6	1.000	1.000	—
	刘猴镇李当博爱卫生院	12 785	213	8	10	0	1.000	1.000	—

值最低，分别为0.845及0.883；郑集镇中心卫生院及雷河镇明学卫生院也分别存在规模效率递减及递增的情况。第二圈层只有王集镇中心卫生院未达到纯技术效率有效，为0.916；板桥店镇景瑞卫生院存在规模效率递增的情况，具有扩建卫生院规模提高整体效率的可能。第三圈层流水镇中心卫生院纯技术效率值最低，为0.975；流水镇先天卫生院存在规模效率递减的情况，为了达到有效规模，应该进一步提高医疗资源的利用效率。

总的来说第一圈层内的医疗设施的DEA有效程度相对最低，第二、第三圈层医疗设施DEA有效程度总体上逐渐升高，这主要是由于第一圈层受市区医疗设施影响较大，较多的小城镇居民选择市区医疗就诊，造成镇级医疗资源的相对浪费，这一点也通过调研得到证实。另一方面圈层内各卫生机构同时存在规模效率递增及递减的情况，存在圈层内医疗资源协调互补，提升整体运行效率的可能。

4. 服务规模特征：建设规模总体满足人口规模需求

为了提高医疗设施的配置效率，更为准确地计

表3　　　国家、地方城市及城镇医疗设施规模的要求分析表

分类		人口规模与建设规模指标	可支撑人口规模（万人）
城市居住区配建比较	《城市居住区规划设计规范（GB50180—93）》及《武汉市新建地区公共设施配套标准指引（试行）》居住小区级	用地面积千人指标：38～98平方米/千人 建筑面积千人指标：78～228平方米/千人	1.5～4.2
新市镇配建比较	《上海市郊区新市镇与中心村规划编制技术标准（试行）》	镇级公共服务设施以镇域总人口为服务人口来确定设施规模，主要布局在镇区范围内，镇区3万以上；用地面积要求0.8万～1.0万m^2；建筑面积要求0.4万～0.5万m^2	1.1
	《南京市农村地区新市镇基本公共服务设施配建标准》	镇区要求2万人口以上；用地面积要求0.3万～0.5万m^2；建筑面积要求0.3万～0.4万m^2；床位数不少于50张	1.44
传统镇区配建比较	《常州市镇卫生院标准》	以镇区常驻人口测算 用地面积千人指标：30～80平方米/千人 建筑面积千人指标：80～100平方米/千人	3.3～4.1

算镇级医疗设施建设规模，需要对镇卫生院的使用人口规模进行纵向与横向分析。

在纵向分析上，通过2012年宜城调研问卷的统计，宜城市镇域人口对市、镇、社区三级医疗机构就诊比例为48:37:15，按此比例计算，全市选择镇中心卫生院就诊的人口总数为21.1万人（包括10个镇、街道卫生院），单个镇中心卫生院平均的有效服务人口为2.1万；2010—2012年三年间，宜城镇级医疗机构门诊量占镇村两级门诊总量平均比例分别为34.26%，42.51%，50.51%，按此比例计算各镇镇级医疗机构平均服务人口规模为1.59万、1.98万、2.42万人，其中镇中心卫生院服务人口为0.87万、1.46万、1.99万。综合得出，宜城2012年各镇中心卫生院服务人口规模大致平均为2万人左右，即平均服务镇域40%左右人口。

在横向对比上，将宜城各镇卫生院平均占地面积、建筑面积与国家及相关较发达地区医疗设施服务人口规模与配置规模相关标准进行反推计算，综合得出：按上海及南京新市镇标准，宜城各镇中心卫生院现状建设规模可平均支撑1万～1.5万人的就医需求，而按国家居住区及传统镇区配置要求，则可支撑3万～4万人（表3）。综合纵向、横向对比分析及地区间经济发展水平差异，宜城各镇医疗设施配置规模基本满足当前需求。

三、规划应对

结合以上对宜城小城镇基本医疗生活圈特征的分析，规划认为其主要存在医疗资源均等低配、空间分布效率较低，且优质医疗资源不突出的问题。规划试图通过独立核算各个医疗点的有效服务人口规模，通过重点提升和局部弱化的医疗资源配置方式，重新定位医疗点层级及配置标准，达到医疗资源生活圈配置优化的目的。

1. 政策区域放开

通过区域协同特征的分析，宜城“镇内门诊补贴”机制迫使城镇间医疗共享行为减弱，不利于小城镇医疗资源区域协同及效率优化。规划建议分区域分阶段的逐渐取消这一政策，根据门诊及住院的特征，建议先期将孔湾及板桥店镇中心卫生院建设成市域医疗副中心，居民在副中心就医可享受到门诊补贴，通过政策制定引导居民的就医行为，提高优质医疗资源的均等化及可达性，远期可全市整体取消该政策。

2. 规模独立测算

为了进一步协调配置各圈层内医疗资源，使各医疗点更为高效地进行医疗服务的扩展及辐射，结合各镇居民的平均就诊意愿（调研统计数据）及门诊量（实际就诊数

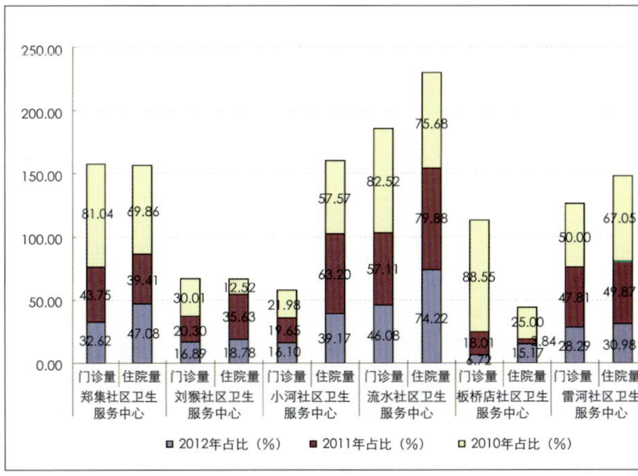

8

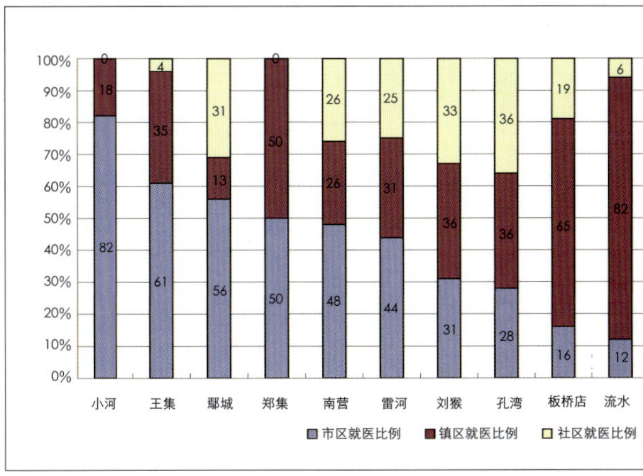

9

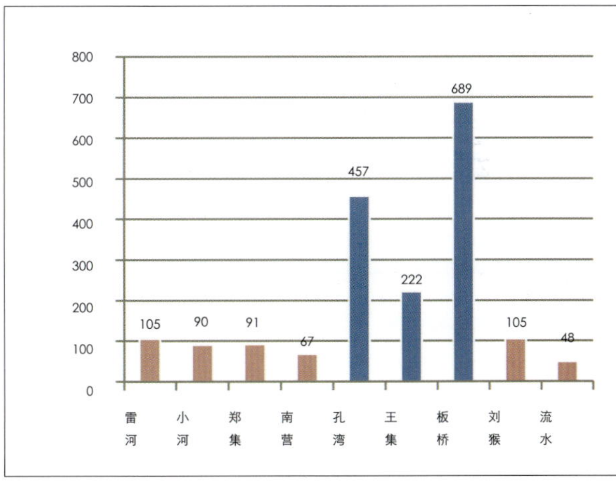

10

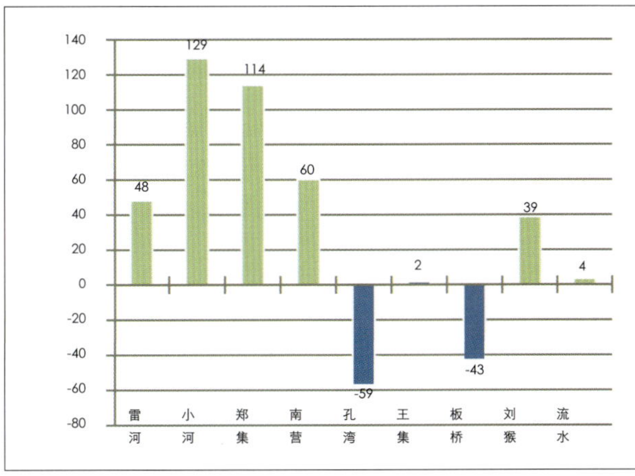

11

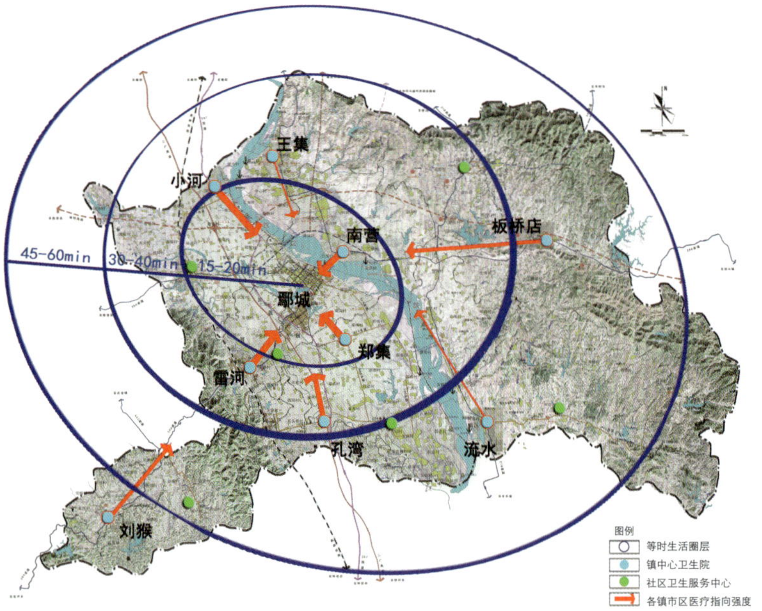

12

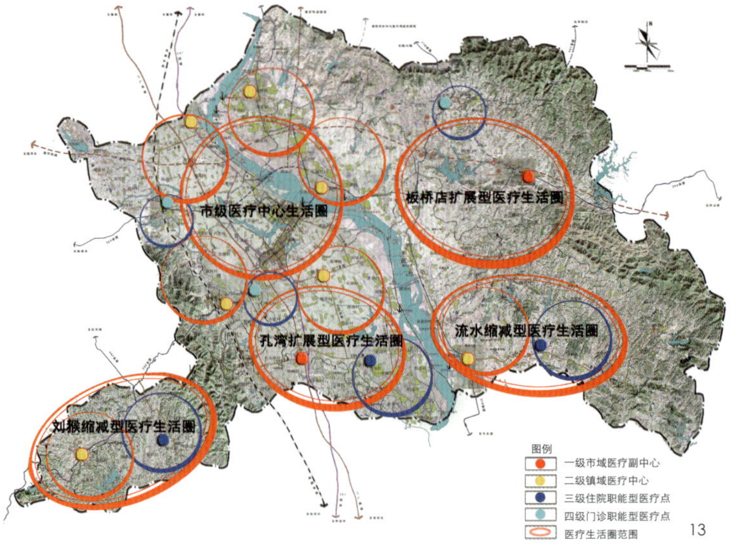

13

12.宜城市三级等时医疗生活圈层（2012）
13.规划医疗生活圈范围及医疗点层级示意图

据），单独测算各个医疗点有效服务人口规模，并根据各医疗辐射范围，圈层差别化的进行调整。

结合对生活圈特征的分析，对比发现各镇居民选择镇级医疗点就诊意愿比重及各镇镇级医疗门诊量占镇村两级门诊总量比重具有较强的相关性，可以作为各镇镇级医疗点服务人口规模占比镇域人口的有效指导（表4）。在占比区间选取方面，生活圈第一圈层城镇受市区医疗设施影响，其有效服务人口占比也相对较低，考虑到圈层医疗资源配置效率随与中心城区距离呈圈层递增的特征，建议第一圈层城镇占比取值下限进行测算；第二圈层孔湾镇、板桥店镇基本医疗生活圈大于本镇镇域范围，根据《乡镇卫生院建设标准》要求“具有辐射能力的乡镇卫生院人口规模测算需要增加其辐射乡镇人口的三分之一”，两镇需要分别增加相邻城镇的辐射人口进行规模测算，其服务人口占比也要高于其他各镇，并建议占比取值上限；第三圈层城镇基本生活圈大致为本镇镇域范围，各镇占比处于中间水平，建议占比取值适中进行测算。

考虑到近三年镇级门诊量与镇村两级门诊总量占比平均增长速度及相关圈层特点，各镇有效服务人口规模平均增长率控制在5%~8%，不同圈层城镇可适当调整。

3. 圈层分级协同

根据卫生部《医疗机构设置规划指导原则（2009版）》所提“按照医疗资源利用情况，对资源利用率低的医疗机构要适当缩小规模”要求。规划综合考虑公平及效率原则，在不增加医疗布点的基础上，按照门诊及住院行为的圈层特征及各医疗点有效服务人口规模，首先将市域范围划分为五个基本生活圈：分别为一个市级医疗中心生活圈和四个城镇医疗基本生活圈。市级生活圈范围包括市区周边医疗辐射较为明显城镇地区；城镇医疗生活圈分为“扩展型”与“缩减

表4　各医疗点有效服务人口规模测算（2012年）

		镇域人口（万人）	镇级人均门诊量（万人）	各镇镇级医疗服务人口规模意愿占比	镇级医疗门诊占镇村两级医疗门诊量比例	占比区间	建议取值	服务人口（万人）		
								总服务人口	中心卫生院	卫生服务中心
第一圈层	雷河镇	4.25	1.52	44.35 %	52.02 %	44%~52%	建议取值下限	1.87	1.37	0.53
	小河镇	5.98	1.49	43.41%	34.60 %	35%~43%		2.09	1.75	0.34
	郑集镇	8.49	1.40	40.90 %	39.66 %	40%~41%		3.40	2.29	1.11
	南营办	4.62	1.72	50.25 %	38.89 %	39%~50%		1.80	1.80	—
第二圈层	孔湾镇	2.99	2.06	60.18 %	66.10 %	60%~66%	建议取值上限	3.69	3.69	—
	王集镇	4.31	1.52	44.49 %	37.59 %	38%~45%		1.94	1.94	—
	板桥店	4.08	2.43	70.93 %	82.20 %	71%~82%		4.12	3.90	0.22
第三圈层	刘猴镇	3.85	1.97	57.40 %	56.51 %	57%	取值适中	2.19	1.82	0.37
	流水镇	4.60	1.95	56.82 %	47.02 %	47%~57%		2.30	1.24	1.06

表5　宜城市小城镇医疗点层级规模

层级	服务人口规模	职能定位	医疗点名称
一级（市域综合医疗副中心）	3万人以上	具备较强的医疗辐射能力	孔湾镇、板桥店镇中心卫生院
二级（镇域医疗中心）	2万人左右	具备一定的医疗辐射能力	刘猴镇、小河镇、郑集镇、雷河镇、南营街道、王集镇、流水镇中心卫生院
三级（住院职能型医疗点）	1万人以上或较偏远地区	偏重院职能	流水镇、郑集镇、刘猴镇社区卫生服务中心
四级（门诊职能型医疗点）	1万人以下	偏重门诊职能	小河镇、雷河镇、板桥店镇社区卫生服务中心

表6 医疗点建设规模标准层级划定

	中心及社区卫生院	现状服务人口（万人）	现状千人床位数（床）	建议千人床位数取值（床）	建筑面积	容积率
一级（市域综合医疗副中心）	板桥店镇中心卫生院	3.90	1.53	3.0	50m²/床	0.8～1.0
	孔湾镇中心卫生院	3.69	0.81			
二级（镇域医疗中心）	雷河镇中心卫生院	1.37	2.98	2.5～3.0（非农人口占比较高城镇取值上限）		
	小河镇中心卫生院	1.75	3.42			
	郑集镇中心卫生院	2.29	1.83			
	南营街道办中心卫生院	1.80	3.00			
	王集镇中心卫生院	1.94	2.06			
	刘猴镇中心卫生院	1.82	1.65			
	流水镇中心卫生院	1.24	2.42			
三级（住院职能型医疗点）	刘猴社区卫生服务中心	0.37	2.16	2.0～2.5（不低于20床）		
	流水社区卫生服务中心	1.06	6.42			
	郑集社区卫生服务中心	0.75	4.00			
四级（门诊职能型医疗点）	小河社区卫生服务中心	0.34	11.89	<2.0	500～1 000 m²	0.5～0.7
	板桥店社区卫生服务中心	0.22	3.56			
	雷河社区卫生服务中心	0.53	3.78			

型”，其中“扩展型”医疗生活圈是以孔湾及板桥店镇中心卫生院为综合职能中心，以其他城镇及社区卫生服务机构为职能补充的跨镇域范围的医疗生活圈；“缩减型”医疗生活圈是以刘猴及流水镇城镇及社区卫生机构互为职能补充的小于本镇镇域范围且医疗行为较为独立的医疗生活圈。

其次，根据基本生活圈的划分将15个镇级卫生机构分为四级：一级为市域医疗综合副中心，服务本镇及周边城镇居民；二级为一般城镇的中心卫生院，服务镇域内的大部分居民，具备了一定的门诊及住院职能；三级为局部医疗中心，选取镇域住院需求相对较大，且距离中心城区较远的医疗点，提高其床位数的配置比例，以缓解局地地区的住院需求；四级为其他城镇的社区卫生服务中心，主要定位为门诊型医疗点，可进一步弱化其住院职能，减少其床位配置。

4. 配置效率优化

由于南京及上海新市镇镇区规模要求与规划一、二级医疗点服务人口规模的相似性，在综合考虑各医疗点现状千人床位数的基础上，规划建议提高一级医疗点的规模配置标准，形成优质、辐射能力较强的市域医疗副中心；二级医疗点原则上保持现状规模配置，根据非农人口占比局部进行调整；三级医疗点设置床位标准下限，侧重边远地区的住院职能的建设及保障；四级医疗点位于优质医疗点辐射范围内，基于医疗资源的效率优化原则，侧重保留其一般门诊职能，设置指标上限，控制其规模建设。

四、结语

本文从医疗生活圈的角度，对宜城市小城镇基本医疗生活圈的相关特征进行初步研究并结合数据分析给规划应对，有助于重新认知小城镇基本医疗生活圈的配置研究方法，为小城镇医疗生活圈的基础研究方式及路径提供一种新的模式。需要指出的是，市域人口城镇化态势与各医疗点布局及规模因素的动态发展关系将是下一步研究的方向。

注释

[1] 本文医疗数据由宜城市卫生局、宜城市新农合办公室提供，其中包括2008—2013年《宜城新型农村合作医疗制度实施办法》，《宜城新型农村合作医疗门诊统筹实施办法》及各医疗机构就诊量，此外人口数据取至宜城市统计年鉴（2010—2012）。

参考文献

[1] 沈山，秦萧，孙德芳，等．城乡公共服务设施配置理论与实证研究[M]．南京：东南大学出版社，2013.

[2] 罗震东，张京祥，韦江绿．城乡统筹的空间路径—基本公共服务设施均等化发展研究[M]．南京：东南大学出版社，2012.

[3] 安应民，等．构建均衡发展机制—我国城乡基本公共服务均等化研究[M]．中国经济出版社，2011.

[4] 孙德芳，沈山，武廷海．生活圈理论视角下的县域公共服务设施配置研究—以江苏省邳州市为例[J]．规划师，2012（8）：68－72.

[5] 李阿萌，张京祥．城乡基本公共服务设施均等化研究评述及展望[J]．规划师，2011（11）：5－11.

[6] 杨璇，孟翔燕，周永康，等．武汉市新型农村合作医疗门诊统筹民意调查分析[J]．中国卫生事业管理，2010（04）：263－267.

[7] 郝潇，袁兆康．新型农村合作医疗门诊统筹补偿方案的现状比较[J]．湖湘论坛，2009（03）：68－70.

作者简介

耿　虹，华中科技大学建筑与城市规划学院，教授，博导；

张　凯，华中科技大学建筑与城市规划学院，博士研究生。

建构完善的医疗卫生服务体系
——以淳安县医疗卫生设施专项规划为例

Construction of Perfect Health Service System
—Special Planning for Health Facilities of Chun'an County

褚书顶 吴文鑫
Chu Shuding Wu Wenxin

[摘　要]　医疗卫生设施的建设是人们健康水平得以提高的有效保障，也是推进社会公平、构建和谐社会的重要途径。本文以淳安县医疗卫生设施为研究对象，通过对医疗卫生体系的分析与医疗卫生设施发展规模的预测，结合当前医疗需求的发展趋势及淳安县的优势资源，进行医疗卫生设施网点的规划布局，力求建构系统完善、布点合理、特色彰显的现代医疗卫生体系，以满足人们的就医需求。

[关键词]　医疗卫生体系；医疗需求；规划布局

[Abstract]　Construction of health facilities is the effective protection of improving people's health, but also an important way to promote social justice, build a harmonious society. This thesis using the health facilities of Chun'an County as the object of study, through the analysis of health system and health facilities scale forecast, with the current trends of medical needs and advantage resource of Chun'an county, for health facility layout outlets, and strive to build a perfect system, rational distribution, distinction of modern health system, to meet the medical needs of people.

[Keywords]　Health System; Medical Needs; Planning and Layout

[文章编号]　2015-67-P-062

引言

伴随着淳安县社会经济的快速发展，人们生活水平明显提高，医疗卫生设施的建设也取得了显著的进步，但仍不能很好地满足人们的就医需求。本次规划针对淳安县医疗卫生体系发展过程中存在的问题，坚持以满足需要为导向，以增进健康公平为出发点，结合城市功能特色，建构系统完善的医疗卫生体系，以实现医疗卫生服务的均好化发展，从而提升淳安县医疗服务能力和城市发展竞争力。

一、项目背景

1. 淳安县概况

淳安县位于浙江省西部，属杭州市管辖，距杭州市区约150km，是著名国家级风景区千岛湖所在地。县域总面积4 427.18km²，现辖23个乡镇，县城位于千岛湖镇。

2012年，淳安县户籍总人口45.55万人，全县实现生产总值159.23亿元，人均GDP达34 915元，城乡社会经济发展已进入一个较高的阶段。伴随着人们的健康水平不断提高，对医疗卫生服务的需求也日益增加，现行的医疗卫生体系，包括卫生资源配置、网点空间布局、管理体制、服务模式等，已不能适应当前医疗需求多层次、多元化、高标准的发展要求，急需通过此次规划进行调整，以建立符合社会发展需求的现代化医疗卫生体系（表1）。

2. 医疗设施现状

2012年，淳安县全县各类医疗卫生机构共计304家，其中，医院7家（包括3家民营医院），乡镇卫生院23家（含中心卫生院），社区卫生服务中心（站）48家。

2012年，全县实际开放病床1 448张，每千人床位数达3.2张，全县总住院44 198人次，各类医疗机构（含村卫生室）完成门诊2 337 730人次，年人均诊疗5次，全县卫技人员总数2 009人，其中医生1 026人，每千人执业医师数1.48。

3. 现状问题分析

淳安县现状医疗设施建设存在的问题可概括为以下三点。

（1）卫生资源配置不合理，老年性疾病、肿瘤等需求量大的床位显得不足，县级医院床位利用率过高，而其他医院设施资源得不到充分利用。

（2）医院用地不足，环境较差，现状医院大多存在用地局促、道路通达性差、绿化率低、停车困难、就医环境较差等问题，严重影响了医院开展业务工作和正常发展。

（3）医疗卫生体系不完善，部分医院存在设施不健全、床位不够的问题，乡镇卫生院基础设施较差，基层医疗卫生服务机构人才缺乏。

二、医疗卫生体系分析

1. 医疗卫生体系内涵

完善的医疗卫生体系是医疗卫生事业健康发展的重要保障，广义的医疗卫生体系包括医疗服务机构、公共卫生服务机构、卫生教育科研机构等，本次规划主要是针对各类医疗服务机构。

淳安县医疗卫生体系可分为“县级医院—乡镇卫生院（社区卫生服务中心）—社区卫生服务站、村卫生室”三级服务体系，其中，“县级医院”为县域医疗服务中心，综合服务能力强，可满足各类人群多元化、多层次的医疗服务需求；“乡镇卫生院（社区卫生服务中心）”主要负责基本医疗服务及危重急

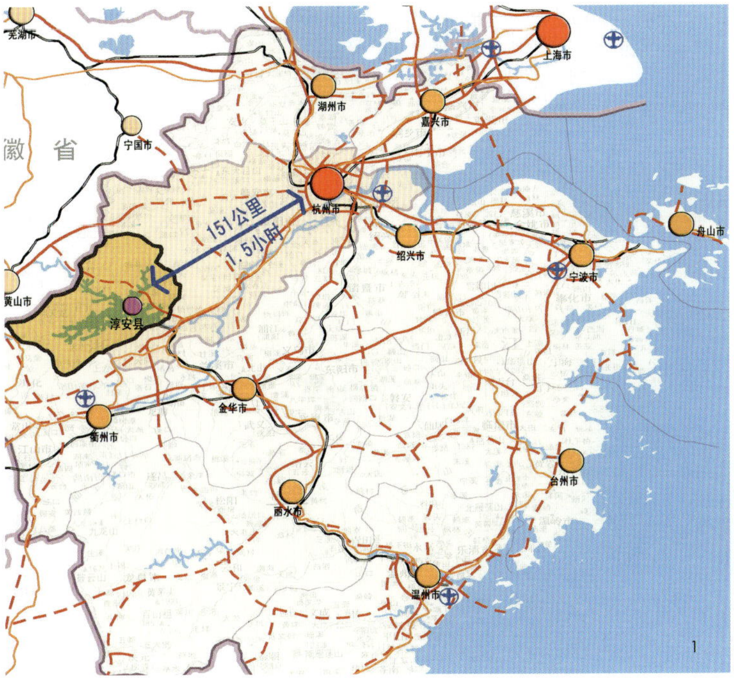

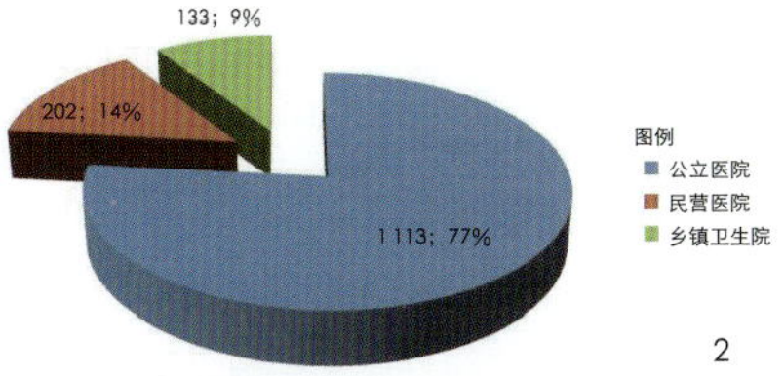

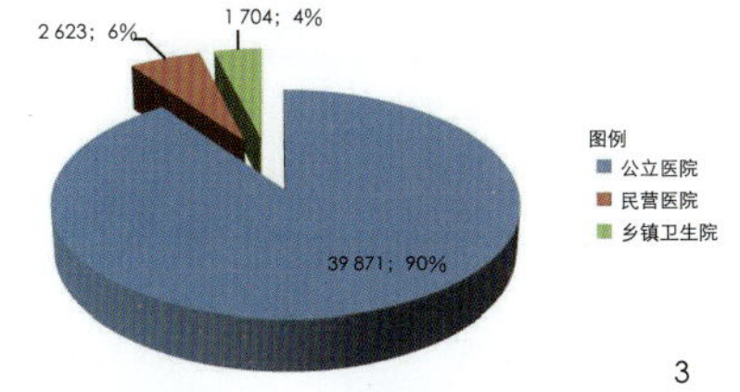

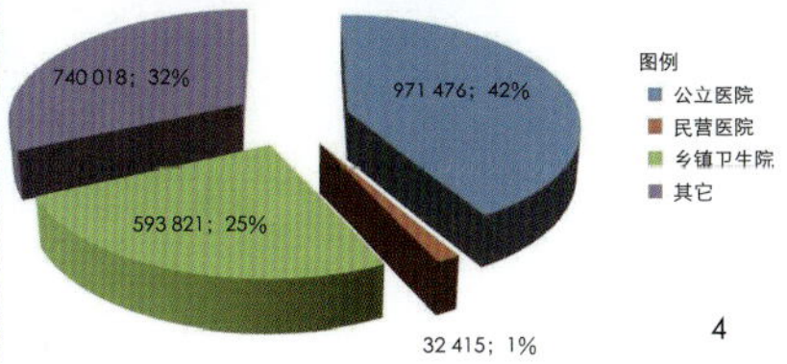

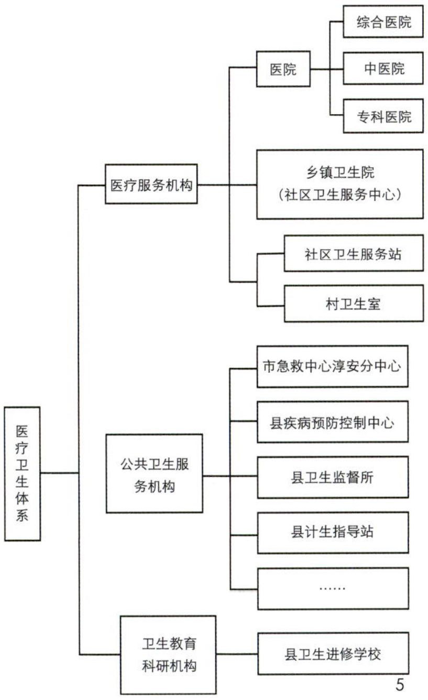

1.淳安县在浙江省的区位
2.各类医疗机构开放床位构成图
3.各类医疗机构住院人次构成图
4.各类医疗机构门诊人次构成图
5.淳安县医疗卫生体系构成图

表1 淳安县现状医疗设施分类统计表（2012年）

名称		机构数（个）	实有床位数（床）	卫技人员数（人）
医院		4	1 113	1 071
其中	综合医院	2	717	694
	中医院	1	320	266
	专科医院	1	76	111
乡镇卫生院（含中心卫生院）		23	133	408
社区卫生服务中心（站）		48	—	132
村卫生室		172	—	176
县疾病预防控制中心		1	—	31
卫生监督所		1	—	参公
卫校		1	—	1
结核病防治所		1	—	在疾控中心统计
急救分中心（站）		3	0	在挂靠医院统计
计生指导站		1	0	20
民营医院（含民营门诊部1个）		4	202	120
个体诊所、厂矿学校医务室		45	0	50
合 计		304	1 448	2 009

症病人的抢救，集预防、医疗、保健、康复、健康教育、计划生育等技术服务为一体；“社区卫生服务站、村卫生室”属于基层医疗服务设施，主要承担所服务社区或行政村的公共卫生服务及一般疾病的诊治工作。此外，上级医疗机构还承担对下级医疗机构的业务技术指导和卫生人员的进修培训。

2. 医疗卫生体系发展趋向

（1）多途径提升医院医疗服务能力

鼓励民营医院的建设，推动医院多元化、专业化融合发展；同时，通过与高等级医院托管合作，引入先进的管理模式与优质医疗资源，从而提升医院医疗服务能力。

（2）完善基层医疗服务设施网络

大力推进基层医疗服务设施的建设，完善基层医疗服务设施网络，有针对性的提高其医疗服务能力，从而建立起有效的健康教育、疾病预防、疾病监控、疾病诊疗体系。

（3）康体养生等新型医疗业态的产生

康体养生这种新型医疗业态具有极大的发展潜力，可结合淳安县优越的自然生态环境、良好的旅游产业基础等优势资源，建设康体养生特色专科医疗机构，以推动康体养生产业的发展。

3. 医疗卫生体系发展目标

构筑以县级医院为龙头，乡镇卫生院为枢纽，基层社区卫生服务站为基础，融医疗服务、康体养生、疾病控制、妇幼保健、卫生监督以及突发公共卫生事件应急处置于一体的新型城乡医疗卫生体系，以适应淳安县社会经济发展和人民群众多元化的健康需求。

三、医疗服务设施发展规模预测

1. 床位数预测

（1）根据医院日门诊量预测

考虑到淳安县人口老龄化程度的加剧及人们对健康状况的更高要求，城乡居民两周患病率和就诊率都将同步增长。根据淳安县近四年来医疗就诊人次发展趋势预测，至2020年，全县年就诊人次约260万，人均就诊次数为5.37次/年（规划县域总人口48.44万人）。其中，医院完成就诊人数按45%计算，则医院日门诊量为3 205人次，医院编制床位数宜为1 603张（医院的日门诊量与编制床位数的比值宜为2:1），

6

7

医院床位数占总床位数比值按91%计算，则规划期末总床位数为1 762张，每千人床位数3.6张。

（2）根据每千人床位数发展预测

淳安县现状每千人床位数为3.2张，根据《淳安县“十二五”卫生事业发展规划》，到2015年，每千人口床位控制在3.4张，由此推算，至2020年，淳安县每千人床位数达3.8张，总床位数为1 841张。

（3）根据规范标准预测

根据相关规范，小城市（人口20万以下）每千人床位数应达到4张，按小城市医疗机构床位数配置标准，淳安县应配置床位数共计1 940张。

综上分析，取均值，至2020年，淳安县每千人床位数为3.8张，总床位数约1 850张。

2. 医疗服务设施发展规模预测

（1）医院

根据诊疗内容、发展规模等因素，医院可分为综合医院、中医院、专科医院以及康体养生特色专科医院，考虑到现状医院床位利用率偏高的实际情况，规划适当提高医院床位数占总床位数的比例，规划医院总床位数达1 700张。

综合医院的建设应充分利用现有卫生资源，避免重复或过于集中建设。淳安县2020年规划总人口为48.44万人，根据相关设置标准，需设置2家综合医院，规划总床位数约800张；设置1家中医院，具体规模应综合考虑服务人口数量、当地经济发展水平、医疗服务需求等因素，可按每千人口床位数0.5张确定，则中医院规划床位数约250张。

专科医院规划建设应综合考虑医疗卫生事业的发展趋势和居民就医的实际需求，鼓励各类医疗机构合并，突出专科特色，提高辐射能力。根据现状情况及实际发展需要，规划设置妇幼保健院、中医骨伤医院、老年病专科医院、精神病医院、康复医院等5家专科医院，总床位数约550张。康体养生特色专科医院开发建设常与旅游开发、高档房产开发等相结合，共同构筑旅游休闲综合体，规划1家康体养生疗养院，总床位数约100张（表2）。

（2）乡镇卫生院（社区卫生服务中心）

乡镇卫生院（社区卫生服务中心）规划每个乡镇设置一处，中心卫生院的选择根据医疗分区、乡镇医疗水平等因素综合确定，其服务人口按本乡镇人口加辐射乡镇人口的1/3计算（表3）。

（3）村卫生室（社区卫生服务站）

在乡镇卫生院（社区卫生服务中心）的卫生服务就近不能覆盖的区域布局村卫生室（社区卫生服务站），服务半径按1.5km计算，达到城乡居民点全覆盖的目标，以建构全县20min就医圈。

表2　医院发展规模预测一览表

类型	设置标准	规划数量	规划床位数（床）	用地规模（hm²）
综合医院	按15万～20万服务人口设置一所400～800床综合性医院，单位用地面积按110～117m²/床计算	2家	800	8.8
中医院	20万～50万人设置一处，建设规模为200～500床/院，单位用地面积参考新建中医院指标，按65～85m²/床计算	1家	250	2.1
专科医院	宜配建各类特色专科医院，建立和发展老年病医院、老年康复中心等，单位用地面积据各专科要求确定	5家	550	
特色专科医院	对生态环境具有较高的要求，常作为旅游综合体的一个组成部分进行开发，具体用地规模根据发展研究、市场需求等因素综合确定	1家	100	

注：设置标准根据《杭州市城市规划公共服务设施基本配套规定》。

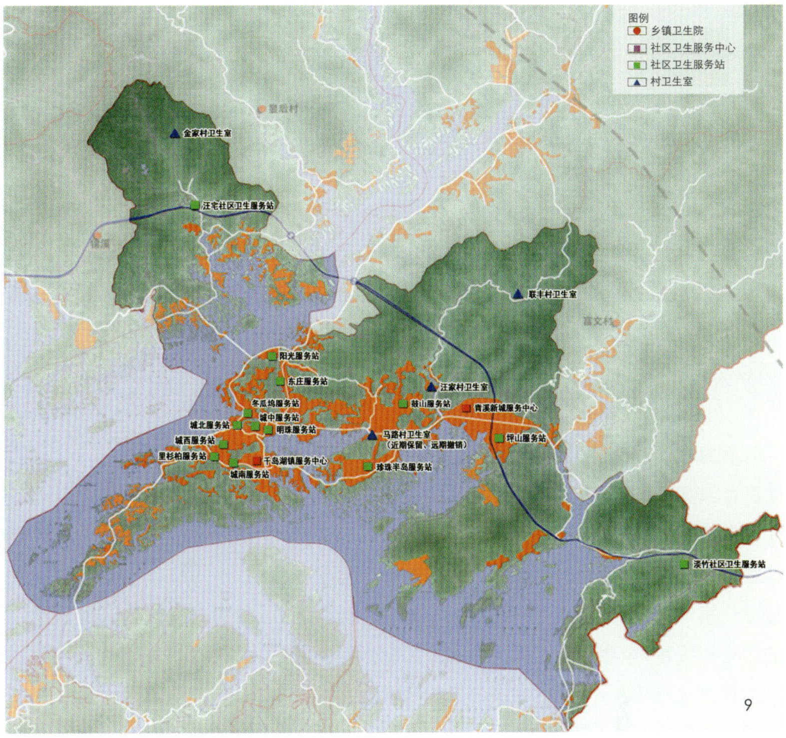

6.医疗分区图
7.淳安县医疗服务设施规划图
8.淳安县中心城区医疗服务设施规划图
9.千岛湖镇基层医疗设施规划布点图

四、医疗服务设施规划布局

1. 医院布局

（1）布局原则

①县级综合医院倾向于规模化、集中化的办医模式，主要布置在县城、大的中心镇或产业集聚区所在乡镇；

②中医院以中医或中西医结合为主要特色，还会设置其他综合科室，一般设置于县城，也可结合具有中医（中西医结合）优势的乡镇卫生院布置；

③专科医院类型较多，可设置于县城，也可结合具有某类专科优势的乡镇卫生院，在县域范围内分散布置；

④鼓励创办民营医疗服务机构，规划布局与社会发展水平、市场需求紧密结合；

⑤康体养生特色专科医疗机构具有专业化、园区化、休闲化的特点，一般结合休闲度假设施，选址于区位、景观、交通条件较优的地区。

（2）规划布局

至2020年，淳安县共规划医院9家，其中，综合医院2家，县第一人民医院位于县城千岛湖镇，为近年迁扩建，主要服务于县域东部，县第二人民医院位于县域西部的中心镇——汾口镇，主要服务于县域西

表3　乡镇卫生院（社区卫生服务中心）发展规模预测一览表

类型	设置标准	规划床位数（床）	用地规模（hm^2）
中心卫生院	每千人设置0.6～1.2个床位，留观床位3～5床，用地面积按50～65m²/床计算	25～50	0.3～0. 5
社区卫生服务中心	不设病床，中心城区社区卫生服务中心设置留观床位3～5床，其它服务中心设置留观床位2～3床	无	0.18～0.3
乡镇卫生院	不设病床，设置留观床位2～3床	无	0.12～0.2

注：设置标准根据《乡镇卫生院建设标准》（2008）。

表4　医院规划一览表

类别	名称	建设模式	床位数（床）	占地面积（m^2）	建筑面积（m^2）	位置
综合医院	县第一人民医院	保留	550	68 000	51 000	千岛湖镇
	县第二人民医院	扩建	250	35 900	20 000	汾口镇
中医院	县中医院	保留	250	18 000	13 300	千岛湖镇
专科医院	县妇幼保健院	迁建	150	14 802	18 000	千岛湖镇
	淳安新富中医骨伤医院	扩建	150	6 336	20 000	千岛湖镇
	千岛湖城区医院（老年病专科医院）	保留，增设床位	100	3 170	1 455	千岛湖镇
	淳安康复医院	保留，增设床位	50	800	1 500	千岛湖镇
	县精神病医院	新建住院大楼	60		3 000	威坪镇，结合威坪中心卫生院布置
特色专科医院	康体养生疗养院	新建	100	—	—	—

部，由于汾口—浪川产业集聚区的建设，服务人口增加，本次规划予以扩建；中医院1家，位于县城千岛湖镇，为近年迁扩建；专科医院5家，以保留和原址扩建为主，其中精神病医院结合威坪镇中心卫生院设置；特色专科医院1家，本次规划提出4个选址建议，分别位于千岛湖镇青溪新城、进贤湾旅游度假区、排岭半岛旅游度假区以及汾口镇临湖地区的千岛湖休闲养生园（表4）。

2. 乡镇卫生院（社区卫生服务中心）

（1）中心卫生院

根据区位及服务人口，将全县23个乡镇划分为6个医疗服务片区。除中心城区外，青溪片主要接受位于千岛湖镇的综合医院辐射服务，汾口片接受位于汾口镇的县二院辐射服务，其他4个片区距离千岛湖镇较远，每个片区各包含一个中心镇。规划在每个片区的中心镇设置1家中心卫生院，中心卫生院根据服务人口设置住院床位。由于4家中心卫生院均为近年改扩建，本次规划予以保留（表5）。

（2）乡镇卫生院

县域范围内不设医院及中心卫生院的17个乡镇设置乡镇卫生院，乡镇卫生院规划布局分为以下三类。

①最新的乡镇总体规划中另行选址建设城镇新区的，则根据总规要求将乡镇卫生院迁建至规划城镇新区；

②对于无需迁建的乡镇卫生院，若近两年内已完成改扩建工程，业务用房面积达到要求，本次规划予以保留，原则上不再扩大用地规模，若总体规划中乡镇卫生院规划占地面积超过规划要求的，则规划为远景预留用地；

③业务用房面积不满足要求的乡镇卫生院，则在乡镇总体规划框架下进行原址扩建，使业务用房面积达到1 200m^{2}以上。

（3）社区卫生服务中心

千岛湖镇与汾口镇按城市社区模式进行管理，设置社区卫生服务中心。社区卫生服务中心不设住院床位，仅设置留观床位，业务用房面积不少于1 800m^2（表6）。

3. 社区卫生服务站、村卫生室

（1）社区卫生服务站

千岛湖镇与汾口镇按照每1～2万服务人口设置1家社区卫生服务站，其他乡镇将镇区或集镇区以外的乡镇卫生院进行撤并转为社区卫生服务站，不需要独立用地，业务用房建筑面积不少于200m^2。至规划期末，淳安县共规划社区卫生服务站51家，其中10家

表5　　中心卫生院规划一览表

片区	乡镇卫生院名称	床位数（床）	占地面积（m^2）	业务用房面积（m^2）	建设模式
临岐片	临岐中心卫生院	35	4 000	5 600	保留
威坪片	威坪中心卫生院	50	13 067	7 250	保留
姜家片	姜家中心卫生院	25	5 000	4 400	保留
大墅片	大墅中心卫生院	25	3 300	3 155	保留

注：威坪中心卫生院与精神病医院合设。

表6　　社区卫生服务中心规划一览表

城镇	名称	留观床位（床）	占地面积（m^2）	业务用房面积（m^2）	建设模式
千岛湖镇	千岛湖镇社区卫生服务中心	3～5	3 300	2 000	新建（现为租赁）
	青溪新城社区卫生服务中心	2～3	3 300	3 000	新建
汾口镇	汾口镇社区卫生服务中心	2～3	5 000	3 000	新建（现为租赁）

位于千岛湖中心城区。

（2）村卫生室

全县规划村卫生室共计200家，不需要独立用地，业务用房建筑面积不少于60m²。村卫生室以行政村为单位进行布点规划，根据行政村人口规模、区位条件以及20min就医圈的目标，可分为以下三种类型。

①1 000人口以上的村单独设置村卫生室；

②少于1 000人口的村，由邻近几个村按1 000～1 500人口联合设置村卫生室；

③人口较少但又非常偏远的行政村也可单独设置村卫生室。

本次规划基于已确定进行开发建设的区域，未来可根据区块发展及人口集聚情况，调整社区卫生服务站或村卫生室的布点情况，满足弹性规划要求。

五、结语

本次规划主要特点可概况为以下三个方面：

（1）城乡统筹：构筑“县级医院—乡镇卫生院、社区卫生服务中心—社区卫生服务站、村卫生室”三级医疗服务体系，实现医疗卫生服务设施县域全覆盖；

（2）公平可及：加强基层医疗服务设施建设，在乡镇卫生院（社区卫生服务中心或站）就近不能覆盖的村设立村卫生室，形成20min就医圈；

（3）特色凸显：鼓励发展康体养生特色专科医疗机构，并依托该类医疗服务机构打造休闲养生产业园，促进康体养生产业的发展。

医疗卫生设施是城乡公共服务体系中的重要组成部分，构建系统完善、多元融合的医疗卫生体系，是提高居民健康水平、推进社会公平、构建和谐社会的重要途径。面对医疗需求的多样化、高标准发展趋势，如何打造与城乡社会经济发展相适应的新型医疗卫生体系，有待于我们进一步研究。

作者简介

褚书顶，浙江省城乡规划设计研究院，注册城市规划师；

吴文鑫，浙江省城乡规划设计研究院，注册城市规划师。

城市综合防灾中防灾公共设施空间布局研究
——以克拉玛依市独山子城区综合防灾规划为例

The Spatial Layout Research for Disaster Prevention and Public Facilities Based on City's ComPrehensive Disaster Prevention and Mitigation
—The Case of Comprehensive Disaster Planning in Dushanzi District of Karamay

张小勇 戴慎志
Zhang Xiaoyong Dai Shenzhi

[摘　要]　文章通过以克拉玛依市独山子城区综合防灾规划为例，选取安全性、可靠性、应急能力三个因子，对独山子城区现状防灾公共设施的防灾能力进行分析和评价，总结现状公共设施在空间布局上的问题和不足。针对防灾公共设施系统提出综合防灾规划的目标和要求，对应急指挥、应急医疗、救灾物资储备和应急治安系统提出具体的空间布局规划和防灾对策。

[关键词]　综合防灾；防灾公共设施；空间布局；独山子城区

[Abstract]　In the case of comprehensive disaster planning in Dushanzi district of Karamay, select the security, reliability, emergency response capacity as three factors. Analyse and evaluate disaster prevention ability of disaster prevention and public facilities. Summarize the problems and deficiencies in the space of disaster prevention and public facilities. According to the disaster prevention system of public facilities, put forward comprehensive disaster prevention planning objectives and requirements. Propose spatial layout planning and Disaster Prevention Countermeasures in emergency command, emergency medical, disaster relief materials reserve and emergency security system.

[Keywords]　Comprehensive Disaster Prevention; Disaster Prevention and Public Facilities; Spatial Layout; Dushanzi District

[文章编号]　2015-67-P-067

一、引言

城市综合防灾是指针对地震、洪涝、火灾及风灾、滑坡、泥石流等其他灾害的综合防御，在城市规划阶段进行的防灾资源整合、防灾空间体系优化构建和防灾设施协调安排。防灾公共设施是那些满足应急指挥、应急救援、应急医疗和抢险避难及灾后生活所必需的医疗卫生、物资储备及维持治安的场所和设施。它主要包括应急指挥设施、应急医疗设施、救灾物资储备设施和应急治安设施。本文以克拉玛依市独山子城区综合防灾规划为例，在对现状防灾公共设施防灾能力的分析和评价的基础上，提出综合防灾规划中防灾公共设施的空间布局和防灾对策。

二、背景

独山子区位于新疆维吾尔自治区北疆中部偏南，准噶尔盆地南缘的西部，属克拉玛依市的市辖区，得名于南部的独山，旧名“玛依塔柯”，意为“油山”。独山子城区位于山前断裂带、北天山断裂带附近。根据2012年国家地震局400万分之一《中国地震动峰值加速度区划图》，确定本工程区地震动峰值加速度0.20g，地震基本烈度为Ⅷ度，基本设防烈度为Ⅷ度。地震是城区防御的主要灾种之一。流经独子山区的河流主要有奎屯河和依什克塔乌帕纳河。奎屯河在独山子区境流长约31km，由南流向北，是典型的干旱区内流河。依什克塔乌帕纳河是一条季节性河流，在境内流长约10km，呈西—北东走向，春季和暴雨后有洪水，夏秋季一般为溪流，冬季无水。因此，洪水和季节性的山洪、雪洪也是城区防御的主要灾种之一。独山子区是在石油资源基础发展起来的嵌入式城市，城区属于国家级别的战略石油生产和储存基地，火灾和爆炸是城区防御的主要灾种之一。除此之外，城区还必须考虑大风、暴雪、沙尘暴等灾害对城区的影响。

三、现状防灾公共设施防灾能力评价

1. 评价思路

（1）评价对象

评价对象是防灾公共设施的现状建设情况。

防灾公共设施具有空间与时间两个维度的特征，这些特征是评价时需要考虑的主要方面。

①空间特征。不同的防灾公共设施在空间布局有所不同。有的公共设施服务范围覆盖整个城区，有的公共设施服务范围集中在某一地区；有的公共设施布局均衡性较好，有的设施均衡性较差。这需要对防灾公共设施的防灾能力进行分别评价。

②时间特征。防灾公共设施在日常运营和应急救灾过程中所承担的作用有所不同，有的设施平灾兼备不论是在日常还是应急中都必须担负重要的职责，有的设施只有在应急时才能发挥其功能。

（2）评价角度

从平、灾时期的建设布局、维护运营、应急反应等方面进行评价。其目的是：①评价平时的建设情况、运营水平、设施配置水平，以判断其防灾能力；②评价灾时的应急设备的配置、应急预案的编制情况、应急反应时间的长短以判断其救灾能力。

（3）评价步骤

第一步：单系统评价。

由于各防灾公共设施在空间上相互分离，设施本身的安全性，日常运营的可靠性和灾时的应急能力均各不相同，因此，需要对各系统进行分别评价。

第二步：系统整合评价。

在分系统评价基础上进行系统整合评价。防灾公共设施分为应急指挥设施，应急医疗设施，救灾物资储备设施和应急治安设施四大类，在系统整合评价时，将对这四类公共设施之间的重要性进行评价。

2. 评价因子的选取

防灾公共设施防灾能力评价主要包括三个评价因子。

（1）安全性，主要是评价应急设施所处的场地和设施本身的安全性。通过这个因子评价设施自身的承载能力。它主要包括基地地质安全性、基地防洪能力、设施抗震设防级别、设施耐火能力四个指标。

其中基地地质安全性主要考察的是设施所处的基地地质的稳定程度，有无地质隐患点；基地防洪能力主要是指设施所在地的高程是否有利于设施避免洪水的威胁，基地内部有无专门的防洪设施等；抗震设防级别主要通过设施建筑的抗震设防等级来衡量其抵御地震灾害的能力；耐火能力主要通过设施建筑的结构形式来衡量其抵御火灾的能力。

（2）可靠性，主要是评价应急设施在日常运营过程中的稳定性。它主要包括设施的配置水平、均衡性、可达性，以及设施人员和设备的千人指标等。

其中设施的配置水平主要是指设施内部用于防灾减灾设施设备的配置的完善程度；均衡性主要根据设施的空间区位对设施的空间布局进行评价；可达性主要是通过对设施周边的交通区位和道路状况对设施的交通便捷程度进行评价；人员的千人指标主要是指设施人员和救灾设备的千人指标数。

（3）应急能力，主要评价应急设施在灾害发生时和发生后在应急救援中的应急反应能力。它主要包括应急设施的完备程度、应急预案的编制情况和防灾公共设施的反应时间等。

其中应急设施的完备程度主要是指各类防灾公共设施内部用于应急设施的配备的完善程度；应急预案的编制情况是指各类机构是否针对特定的灾害制订防灾应急预案及预案编制的深度；防灾公共实施的反应时间主要是指在灾害发生之后防灾公共设施在接到灾害信息到发出指挥和组织救援之间的反应时间。

3. 防灾公共设施综合防灾能力评价

将以上四大类防灾公共设施的评价进行综合，再加上每类防灾公共设施的权重，可以得出现状防灾公共设施的总体评分（表1）。

表1　防灾指挥设施综合评分表

设施名称	单项总分（共10分）	分项得分			权重	应急服务设施评分
		安全性/总分	可靠性/总分	应急能力/总分		
应急指挥	5.68	6.02	5.81	5.22	27.00	1.53
应急医疗	6.68	6.78	6.91	6.26	28.50	1.85
救灾物资储备	4.80	4.78	5.77	3.80	25.50	1.22
应急治安	7.40	7.16	7.67	7.32	19.00	1.41
防灾公共设施总体评分（共10分）					100.00	6.07

注：评分采用十分制，其中10—8.5为好，8.4—7为较好，6.9—5.5为一般，5.4—3为较差，2.9—0为差。

（1）防灾设施综合防灾能力排序

根据各项防灾设施的单项总分，可将防灾公共设施的综合防灾能力分为三个层级，按照评价由高到低排序：

第一层级为应急治安设施（7分以上）；

第二层级为应急指挥设施和应急医疗设施（5.5—6.9分）；

第三层级为救灾物资储备设施（5.4分以下）。

其中应急治安设施现状防灾能力“较好”，应急指挥设施和应急医疗设施现状防灾能力“一般”，救灾物资储备设施现状防灾能力较差。

（2）综合系统评价

防灾公共设施总体评分为6.02分，分值所反映的总体水平为“一般”。有以下四方面原因。

①应急指挥设施重建设轻配套，缺乏综合的应急指挥中心

从应急指挥设施的现状防灾能力评价表中可以看出，指挥设施的安全性、均衡性和可达性都达到了一般和较好的水平。这说明独山子非常重视应急指挥设施的建设，出于增强设施自身抵御灾害的能力，设施均按照相关的规划标准建设。相对于设施自身的建设，各类指挥设施中各种专业设备的配套就显得重视不足。其中指挥设施中一般设施的配置水平较差，仅得5分。而其中应急设施的配备更显得不足，仅得2.5分。

独山子针对可能发生的各种灾害编制了各类应急预案，预案中设置了专业的救灾指挥中心，并详细规定了指挥中心的组织机构、专业救援组、资金和技术保障等细节。出于减少应急反应时间和资源共享等因素的考虑，各指挥设施分别设置在与之相关的政府机构内。这就造成了各类指挥设施在空间上布置较为分散，缺乏必要的联系和协作。为了应对独山子可能发生的城市灾害，以及由这些灾害引起的次生和衍生灾害，提高城市的综合防灾能力，必须在独山子设立综合的防灾指挥中心，统筹安排和配置独山子所有的防灾资源，以更高的效率和更快的速度抵御和减少灾害的损失。

②应急医疗设施空间布局不均衡，服务范围有限

独山子医疗设施一个最主要的问题就是空间布局上不均衡，由于整个独山子城区仅有一所医院，因此其布局的均衡性就至关重要；而现状独山子石化公司职工医院位于城市的西南角，位置过偏，医院应急服务的范围有限。

③救灾物资储备设施整体防灾能力较差，设施配置严重不足，自身存在严重的安全隐患

从救灾物资储备设施的防灾能力评价表中可以看出，3个评价因子，安全性和应急能力得分都处于较差的水平。这表明救灾物资储备设施存在严重的安全隐患。设施抗震水平远未达到抗震设防的级别，一旦独山子地区发生地震，这些储备设施将遭受毁灭性的破坏，这将严重削弱独山子救灾的能力。储备设施自身的防火能力较差，而且储备的救灾物资大部分属于易燃物，一旦发生火灾，储备的救灾物质将会遭受巨大地损失。现状救灾物资储备设施基本上是在20世纪八九十年代建设的，由于年久失修和缺乏定期的维护和管理，设施已经逐渐残破，迫切需要重新整修或者新建一批新的救灾物资储备设施。

④应急治安设施整体防灾能力较好，设施的配置水平有待完善

应急治安设施安全性较好，防洪抗震的能力都较好，基地地质良好，周边不存在重大的危险源，设施的耐火能力也达到的一般的水平，因此，其安全性的评分达到了7.16。设施运营的可靠性也较好，空间布局较为均衡，可达性较好，服务范围可以覆盖全城，千人警察数和警车数都达到了较高的水平。有所不足的就是设施的配置水平只达到了一般，后期有待完善和加强。

四、防灾公共设施综合防灾规划

1. 规划思路

通过对现状防灾公共设施及其相关规划的分析评价，了解当前独山子城区在防灾公共设施规划和建设中的问题和不足，以及规划扩展区中相关规划的缺失，针对防灾公共设施系统提出综合防灾规划的目标和要求。对指挥设施、医疗设施、储备设施和治安设施提出具体的设施空间布局规划、场地和设施的防灾标准、设施的建设和配建水平、应急设施的完备程度等防灾的对策和措施。

2. 规划目标

以人为本，平灾结合，构建城市综合防灾公共设施体系。以现有的防灾公共设施为基础，完善以“指挥、医疗、储备和治安设施”系统组成的城市防

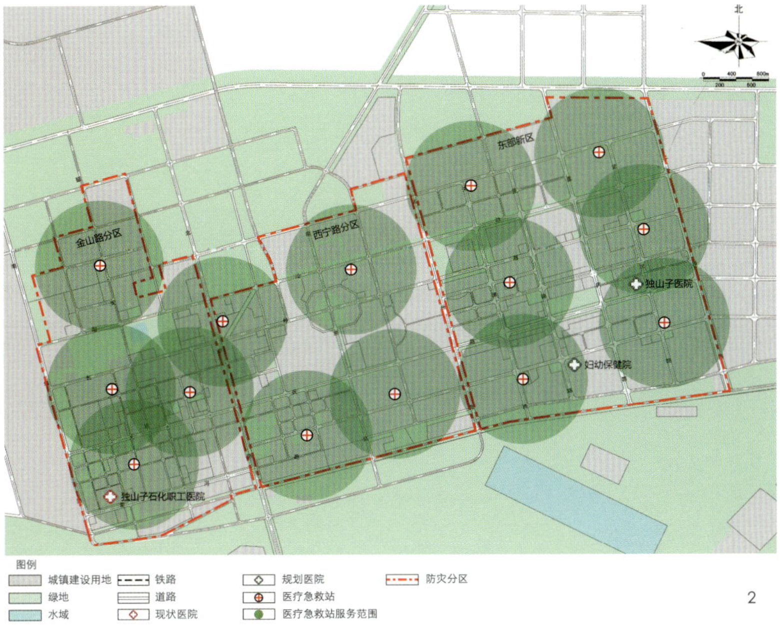

1.应急指挥设施规划图

2.应急医疗设施规划图

灾公共设施体系。

统一指挥，分工协作，储备充足，沉着应对，救援迅速，以城市的自救，互救为主，以区域外的它救为辅，增加城市综合防灾应急能力。

防灾公共设施安全性高，配置齐全，在发生灾害时能尽可能减轻自身的灾害损失，并迅速组织全社会的力量参与灾害救援，给与受灾居民及时的医疗救助和后续基本的生活保障，维护社会稳定，有序地进行灾害的救援和灾后重建工作。

3. 应急指挥设施规划

城市应急指挥设施，是政府应对紧急突发情况的特殊机构。城市应急指挥设施是将公安、消防、交警、急救、市政等应急处置机构提供通信与信息保障，通过对各部门的信息网络和通信系统加以集成，将各种应急服务资源统一在一套完整的智能化信息处理与通讯方案之中。城市综合防灾指挥系统打破现有的多个指挥中心共存的现状，集中投资、集中管理，既避免了重复投资、重复建设，同时提高了技术维护和管理水平，节约了资源，并且使离散的数据库和信息资源得以互相联动和共享，发挥更大的作用。

指挥系统职能主要包括：①向上级汇报最新灾情，同时组织疏散、救援和安置情况；②向各职能单位发布行动指令，协调统一各职能部门，使资源发挥最大功效；③向公众进行信息发布，避免发生恐慌，指引群众采用正确方式，向指定目的地有序疏散。

（1）规划布局

依据独山子防灾分区的划分，将应急指挥设施分为两个级别：I级防灾综合指挥中心，II级防灾综合指挥中心。规划结合三警合一系统，建设独山子区级的综合防灾指挥中心。在3个二级防灾分区内部结合现状原有的专业性的应急指挥设施建设3个分区一级的综合防灾指挥中心。具体分布为：在大庆路和延安路交叉口的东南角设置金山路分区的II级综合防灾指挥中心；结合独山子公安分局建设西宁路分区的II级综合防灾指挥中心；在大庆东路和杭州路的交叉口的东南角设置东部新区的II级综合防灾指挥中心。

（2）防灾对策

①设施的安全性和设防标准

应急指挥设施在灾害的救援和灾后重建恢复中起着极其重要的作用。因此设施自身的安全性尤其重要，设施能够在灾害中少受或者不受损失是设施后续发挥指挥功能的基础。因此在应急指挥设施的规划和建设中应注重提高设施自身的安全性及其设防标准。

独山子城区的抗震设防等级为8度设防，应急指挥设施属于重点设防建筑，在规划中应提高一度设防。对于规划新建的应急指挥设施应严格规划其抗震设防等级提高一度设防。对于依托现状建筑的指挥设施，如果现状建筑没有达到提高一度设防的标准，应对现状建筑进行局部抗震加固，提高其整体抗震能力，减轻地震对指挥设施的破坏。

为了提高指挥设施的耐火能力，降低指挥设施遭受火灾的损失。指挥设施的建筑结构和建筑材料应不利于火灾的燃起和蔓延。设施内部应按建筑防火规范配备室内消防栓和喷淋系统等措施，将火灾控制在一定的区域，减少过火面，降低损失。

②设施的空间布局

应急指挥设施应选取地质条件良好的地块，避开地质灾害隐患点一定的距离，远离重大危险源，与其他设施之间留有足够的防护隔离带。

应急指挥设施尽量选取地势较高的地块，如果地块达不到要求应通过一定的工程措施提高设施的防洪能力。独山子城市洪水威胁主要为瞬时降雨带来的山洪和城市内涝，因此一定的工程措施和高标准的建筑设计可以显著的提高防灾设施的防洪能力。

规划中I级防灾综合指挥中心位于杭州路北段，区位相对比较均衡。3个II级防灾综合指挥中心通过对现状专业指挥设施进行改造升级，形成每个分区的指挥中心。每一个分区的指挥中心基本结合各自分区的固定避难场所布置，且位于防灾主轴线的附近。均衡性相对较好，服务范围基本可以覆盖每一个二级分区。

各级指挥设施均直接面临城市干道，与城市干道之间有较好的交通联系，满足各种类型车辆的进出。其中I级防灾综合指挥中心紧邻杭州路，交通可达性良好。应急指挥设施尽量靠近其他防灾公共设施布置，充分发挥各类防灾公共设施的联动效应。在突发紧急状况下也可以保证指挥设施信息的传达。

4. 应急医疗设施规划

（1）规划布局

现状独山子区只有一所医院，位于城区的西南角，奎河路以北。由于医院过于偏僻，其服务范围

3

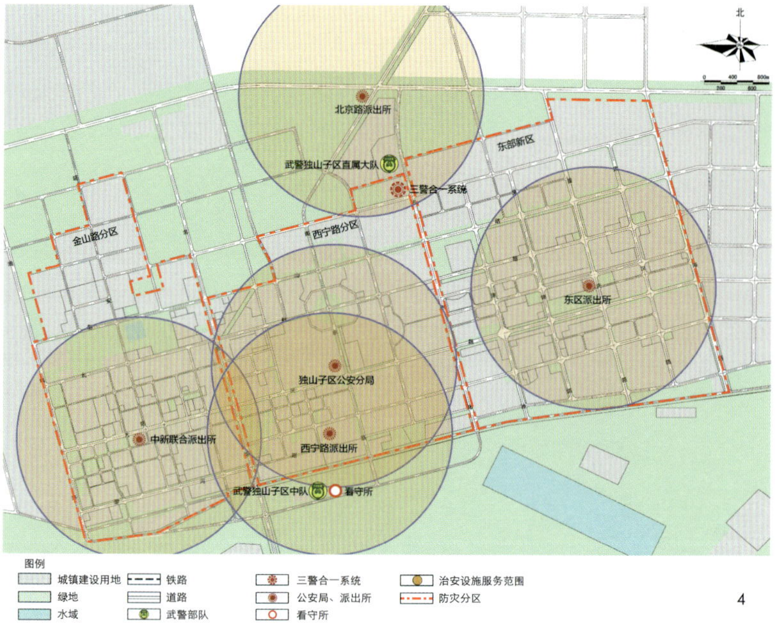

4

3.救灾物资储备设施规划图
4.应急治安设施规划图

有限。因此，针对现状应急医疗设施分布不均衡的问题，在独山子城区新规划两所医院。新建医院均位于东部城区，为大庆路和武汉路交叉口西北角的独山子医院和西宁路和盘锦路交叉口东南角的妇幼保健院。

在城区内部依托街道，社区卫生服务中心设置紧急的应急医疗急救站，服务范围1 000m，步行时间约15～20min。

（2）防灾对策

①设施的安全性和设防标准

应急医疗设施在灾害的救援中起着极其重要的作用，其设施自身的安全性尤其重要。因此，在应急医疗设施的规划和建设中应注重提高设施自身的安全性及其设防标准，保证这类设施抵御灾害的能力，并在灾害发生之后能够迅速的恢复正常运转，发挥应急医疗的功能。

独山子城区的抗震设防等级为8度设防，应急医疗设施属于重点设防建筑，在规划中应提高一度设防。对于规划新建的应急医疗设施应严格规划，其抗震设防等级应提高一度设防，而现状的应急医疗设施不满足抗震设防标准的应对现状建筑进行局部抗震加固，提高其整体抗震能力，减轻地震对指挥设施的破坏。

为了提高应急医疗设施的耐火能力，降低应急医疗设施遭受火灾的损失。应急医疗设施的建筑结构和建筑材料应不利于火灾的燃起和蔓延。设施内部应按建筑防火规范配备室内消防栓和喷淋系统等措施，将火灾控制在一定的区域，减少过火面，降低损失。

②设施的空间布局

应急医疗设施应选取地质条件良好的地块，避开地质灾害隐患点一定的距离。设施尽量选取地势较高的地块，如果地块达不到要求应通过一定的工程措施提高设施的防洪能力。独山子城市洪水威胁主要为瞬时降雨带来的山洪和城市内涝，因此一定的工程措施和高标准的建筑设计可以显著的提高防灾设施的防洪能力。

独山子现有的职工医院由于临近石化炼油厂，存在一定的安全隐患。规划中因限制职工医院的发展，在职工医院与石化厂区之间留出足够的防护隔离带。独山子城区新的医疗需求应选择新建医院来解决。规划在东部新区新建两所医院，即独山子医院和妇幼保健院。既使得应急医疗设施的服务范围可以覆盖全城，解决了现状独山子医院布局不均衡的问题。

独山子区现状人口将近8万人，规划新增加的人口基本居住在东部新城，随着新区的建设，老城区部分人口也逐渐疏解到新区内部。东部新区的人口密度明显高于现状城区。因此，新增的医疗设施集中设置在东部新区内部，而现状的职工医院主要服务于独山子现状的城区。从人口密度来看，独山子医院的服务范围基本可以覆盖整个规划城区，其均衡性也相对较好。

独山子石化医院紧邻奎河路，独山子医院紧邻大庆路，妇幼保健院紧邻西宁路。这些道路均为救灾干道，在灾害发生之后道路宽度可以满足各种急救车辆的通行，使得急救车可以在第一时间迅速的到达求救地点。应对应急治疗设施的内部道路环境进行整治，考虑到各种灾害的情景，避免在灾害中救援通道被堵塞的情况。

5. 救灾物资储备设施规划

救灾物资储备是指为应对严重自然灾害、突发性公共卫生事件、公共安全事件等突发公共事件储备应急处置过程中所必需的保障性物质。从广义上概括，就是对在突发公共事件应对的过程中所用的物资进行储备。应急物资在突发事件应对中占有极其重要的位置，应急物资储备的多寡能直接影响突发事件应急处置工作的成败。所以做好应急物资储备，是保障突发事件物资供应、提高突发事件应对效率、减小人员伤亡和经济损失的前提条件和重要保障。

（1）规划布局

对现状的面粉厂救灾物资储备设施进行适当的改造和完善形成独山子区综合物资储备中心，储备各类用于应对自然灾害和突发性公共事件的应急救灾物质。在西宁路分区大庆路和南京路交叉口的西南角，结合现状大型的商业新建一个专业的救灾物资储备站。此处储备设施主要以储备应急救援类物资和灾民安置类物资为主，储备方式主要为实物储备和合同储备。在东部新区结合大庆路和盘锦路交叉口的西北角的大型商业购物中心规划建设另一个专业的救灾物资储备设施。此处主要是以储备食品药品类应急物资，储备方式主要为合同储备。

而各类基础保障类物资的储备主要结合独山子区固定的避难场所设置，根据避难场所的规模配备必要的应急基础设施和相应的配套设施。而各类大型的救灾类设备如挖掘机，铲车等以灾时临时征用民间设备为主，适当储备少量大型设备用于紧急的时候使用。

（2）防灾对策

①设施的安全性和设防标准

救灾物资储备设施在灾害的救援中起着极其重要的作用，其设施自身的安全性尤其重要。因此，在救灾物资储备设施的规划和建设中应注重提高设施自身的安全性及其设防标准，提高这类设施抵御灾害的能力。

独山子城区的抗震设防等级为8度设防，救灾物资储备设施属于一般设防建筑，对规划中救灾物资储备设施提出抗震设防等级8度的设防标准。对于现状抗震设防级别达不到要求的储备设施，某些建筑质量较差的，及时通过改造仍然达不到设防标准的设施应采取拆除重建的策略。某些建筑质量较好的设施，近期通过对其建筑结构和部件的局部改造，提高其抗震设防标准，满足8度设防的要求。在远期考虑逐步拆除新建一批符合抗震设防标准的储备设施。

由于救灾物资储备设施储备的大多数为食品药品、帐篷、棉衣等易燃的物品，其所受火灾的威胁较大，发生火灾的损失程度也较大，后果严重。因此为了提高救灾物资储备设施的耐火能力，降低火灾隐患。救灾物资储备设施的建筑结构和建筑材料应不利于火灾的燃起和蔓延。设施内部应按建筑防火规范配备室内消防栓和喷淋系统等措施，将火灾控制在一定的区域，减少过火面，降低损失。必要的情况下应把救灾物资储备设施为消防重点单位，重点监测，及时发现，迅速扑灭，将火灾的损失限制在一定的范围内。

②设施的空间布局

救灾物资储备设施应选取地质条件良好的地块，避开地质灾害隐患点一定的距离，与其他设施之间留有足够的防护隔离带。现状和新建的救灾物资储备设施应注重设施周边的安全性，在空间上避开城区中的灾害隐患点。对于现状存在的灾害隐患，在近期不能或者难以搬迁的情况下，要与存在危险的设施和地块之间留有足够的防护距离。

设施应选取地势较高的地块，如果场地达不到要求应通过一定的工程措施提高设施的防洪能力。独山子城市洪水威胁主要为瞬时降雨带来的山洪和城市内涝，因此一定的工程措施和高标准的建筑设计可以显著的提高防灾设施的防洪能力。

独山子现状的救灾物资储备设施仅有一处，且储存的救灾物资极为单一主要为粮食、食用油等食品，其他类型的物资基本没有储备。且现状救灾物资储备设施位于城区的西北角，均衡性较差。因此，在城区结合大型的商业设施规划新建两处专业的救灾物资储备站，增加物资储备的种类。且这两处储备站位于西宁路分区和东部新区的中部，其中西宁路分区的专业储备站位于独山子中心避难场所的附近，东部新区的专业储备站紧邻防灾主轴线，可以很好地服务城区内部各个中心和固定避难场所，在空间上的均衡性较好。

综合物资储备中心紧邻湛江路，在规划中将这条道路拓宽为20m，提高综合物资储备中心的可达性，满足各种运输和救灾车辆的进出。两处专业物资储备站紧邻大庆路，与城市干道之间有较好的交通联系，道路具有一定的宽度，满足各种运输、救灾车辆和各类大型救援设备的进出。

6. 应急治安设施规划

（1）规划布局

在独山子城区现状设置有1个公安分局、4个派出所，根据警车5～10min，2km的服务范围，金山路分区和西宁路分区基本处于现状公安局和派出所的服务范围内。在东部新区规划新建一所东部新区派出所，位于徐州路和重庆路交叉口的东北角，其服务范围基本可以覆盖整个东部新区。

（2）平灾对策

①设施的安全性和设防标准

应急治安设施在灾害的救援中和灾后恢复重建中起着极其重要的作用，它是灾后维持社会治安，保障社会各种功能正常运行和幸存的居民生命，财产安全的基础。因此，在应急治安设施的规划和建设中应注重提高设施自身的安全性及其设防标准，保证这类设施抵御灾害的能力，并在灾害发生之后能够迅速的恢复正常运转，发挥维持社会治安稳定的功能。

独山子城区的抗震设防等级为8度设防，应急治安设施属于重点设防建筑，在规划中应提高一度设防。对于规划新建的应急治安设施应严格规划，其抗震设防等级应提高一度设防，而现状的应急治安设施没有达到设防标准的，应对现状建筑进行局部抗震加固，提高其整体抗震能力，减轻地震对应急治安设施的破坏。

为了提高应急治安设施的耐火能力，降低其火灾隐患。应急治安设施的建筑结构和建筑材料应不利于火灾的燃起和蔓延。设施内部应按建筑防火规范配备室内消防栓和喷淋系统等措施，将火灾控制在一定的区域，减少过火面，降低损失。

②设施的空间布局

应急治安设施应选取地质条件良好的地块，避开地质灾害隐患点一定的距离，与其他设施之间留有足够的防护隔离带。现状和新建的应急治安设施应注重设施周边的安全性，在空间上避开城区中的灾害隐患点。对于现状存在的灾害隐患，在近期不能或者难以搬迁的情况下，要与存在危险的设施和地块之间留有足够的防护距离。

设施尽量选取地势较高的地块，如果地块达不到要求应通过一定的工程措施提高设施的防洪能力。独山子城市洪水威胁主要为瞬时降雨带来的山洪和城市内涝，因此一定的工程措施和高标准的建筑设计可以显著的提高防灾设施的防洪能力。

现状的应急治安设施在空间布局上较为均衡，服务范围基本可以覆盖现状建成城区。因此，在规划新建的东部新区徐州路和重庆路交叉口的东北角规划新建一个派出所，在空间上考虑一定的均衡性，使其服务范围尽量覆盖整个规划新建地区。

应急治安设施拥有良好的可达性，其中中新联合派出所、独山子区公安分局紧邻大庆路，北京路派出所紧邻南京路，西宁路派出所紧邻西宁路，东区派出所紧邻重庆路设施。这些道路均为救灾干道，在灾害发生之后道路宽度可以满足各种车辆的通行，使得警车可以在第一时间迅速到达求救地点。应对应急治安设施的内部道路环境进行整治，考虑到各种灾害的情景，避免在灾害中救援通道被堵塞的情况。

作者简介

张小勇，同济大学建筑与城市规划学院博士生；

戴慎志，同济大学建筑与城市规划学院教授，博导。

优化医疗资源配置，促进健康事业发展

——金乡县医疗卫生设施专项规划（2009—2020）

Optimizing the Allocation of Medical Resources, Promoting the Development of Health Career —Special Planning of Health Facilities in Jinxiang County (2009—2020)

冷方兴 何广美 靳连亮
Leng Fangxing He Guangmei Jin Lianliang

[摘　要] 通过分析金乡县医疗卫生设施建设中存在的问题，重点对金乡县医疗卫生设施专项规划中的床位预测与分配、各类设施规划建设标准及布点规划等内容作了介绍与分析，并进一步阐述了对本次规划的若干思考。

[关键词] 医疗卫生设施；专项规划

[Abstract] By analyzing problems on health facilities construction in Jinxiang county, this article focused on introducing and analyzing bed forecasting and allocation, standards of all kinds of facilities planning and construction, and stationing planning in special planning of health facilities in Jinxiang county, and further expounded some thoughts on this planning.

[Keywords] Health Facilities; Special Planning

[文章编号] 2015-67-P-072

1.县城区综合医院现状分布图
2.县城区中医院及专科医院现状分布图
3.县城区公共卫生服务设施现状分布图
4.县城区社区卫生服务中心现状分布图
5.县域乡镇医疗卫生设施现状分布图

一、规划背景

金乡县隶属于济宁市，地处鲁苏豫皖四省交汇处，为鲁西南重要的门户之一。随着经济社会的发展，金乡县主要健康指标进一步改善，和谐卫生体系已初步建立，金乡“大卫生”品牌也已经初步形成。同时，金乡县城空间扩展迅速，各项公共服务设施包括医疗卫生设施在内，均面临扩大规模、提高服务水平等发展中的问题。为此，需要从多角度出发，综合协调金乡县城、县域医疗卫生设施布局，优化医疗卫生资源配置，提高医疗质量和效益，促进金乡县城乡医疗卫生事业协调发展。从而将本次金乡县医疗卫生设施专项规划的编制工作提上了议事日程。

二、规划要解决的主要问题

1. 缓解群众“看病难、看病贵”的问题

金乡县全县人口分别居住在医疗条件差异较大的县城、乡镇驻地和农村。近年来，随着城市化进程的不断加快和城市人口的快速增长，金乡县原有的医疗卫生设施远远不能适应发展的需要，群众“看病难、看病贵”的问题较为突出。这对全县医疗卫生事业的健康发展造成不良影响。为此，需要科学合理地规划调整金乡县域和城区医疗卫生设施布局和规模，整合医疗卫生资源，满足广大人民群众不断提升的医疗卫生需求，促进金乡县医疗卫生事业持续健康发展。

2. 解决城乡医疗卫生资源分布极不均衡的问题

集中在金乡县城的包括县医院在内的7家医疗卫生机构，其拥有的床位数约占县城全部医院床位数的70%，而县域医院则规模较小，质量也不高，医疗卫生设施相对较为缺乏。存在因空间分布不均衡造成的医疗资源利用不足的现象，使得医疗资源无法发挥出最大综合效益，也使很多中小型医院在竞争中失去发展优势，面临生存危机。从金乡县的各个医疗卫生设施来看，病人就诊数量参差不齐，有的人满为患，有的严重不足，总体上供不应求，局部又存在资源浪费的现象。具体情况如下。

（1）综合医院存在的问题。现状县城综合医院为金乡县人民医院，为鲁西南地区首家二级甲等医院，现已发展为具有三级医院规模和技术水平的综合性医院。

综合医院现状问题，一方面，规模偏小，不能满足当前就医需要。现状业务用地实际约为48亩（合31 968m^2），远远低于国家标准。按照《综合医院建设标准》建标[2008]164号，500张以上床位规模的床均建设用地指标为113平方米/床，800张床位的综合性医院业务占地面积至少应为90 400m^2。另一方面，门诊就医拥挤，就医环境差，住院难。目前县人民医院门、急诊建设面积仅为7 000m^2，承担全年60万人次的诊疗任务。现有编制床位760张，实际平均日住院病人1 000人以上，每年收治住院病人近4万人次，常年处于加床状态。此外，难以满足医疗服务需求的不断增长。随着金乡大蒜产业的发展，流动人口日益增多。同时，随着县人民医院不断加强内涵建设，提高服务水平，也吸引了周边3省9县区的患者来金乡县人民医院就诊，服务人群已经达到160余万人。医院门诊和住院患者不断增长，医院现有条件无法满足人民群众的医疗需求。

（2）中医院存在的问题。金乡县中医院是一所集医疗、预防、保健、康复、教学、科研为一体的中西医结合的综合性二级医院。

中医院现状问题，一方面，规模不足。目前金乡县域人口621 363人，按照卫生部等《关于印发县医院、县中医院、中心乡镇卫生院、村卫生室和社区卫生服务中心等5个基层医疗卫生机构建设指导意见的通知》（卫办规财发〔2009〕98号）计算，县中医院床位数应为168张。如果按照实际服务人口160万人，则其床位数应为352张，但实有床位仅为120张。另一方面，根据现场调查发现，金乡县中医院的床位及各种设备的利用率较低，存在就医人数不足及资源闲置情况。

（3）专科疾病防治医院存在的问题。金乡县的专科医院为金乡县结核病防治所和金乡县精神病防治院（即鱼山镇卫生院）。随着目前结核病人逐年减少，结防所收治病人人数也呈下降趋势。医院设备、病床有闲置情况，设备利用率不足。同时，随着社会的发展，社会竞争增强，精神疾病患者数量逐年增加，县精神病防治院现有规模越来越不能满足人民健康需要。

（4）社区卫生服务设施存在的问题。金乡县城的社区卫生服务设施包括西城社区卫生服务中心和东城社区卫生服务中心。社区卫生服务设施现状面临四方面问题：其一是数量不足，仅有两处，“大病进医院，小病进社区”的社区卫生服务模式尚未真正形成。其二是发展受到限制，西城社区卫生服务中心位于城市绿化带规划范围，需要搬迁。东城社区卫生服务中心用地更显局促，需与县疾控中心、县卫生局卫生监督所一起办公，办公场所狭窄、拥挤，科室设置难以合理规划。其三，现状医疗设备配置、建设规模等也不能满足工作需要。其四，社区卫生服务设施基础薄弱、用地不足、整体环境有待改善、应急体系不够健全等问题也较突出。

（5）公共卫生服务机构存在的问题。金乡现状公共卫生服务机构包括金乡县妇幼保健院、金乡县疾病预防控制中心、金乡县卫生监督所和金乡县卫生学校。公共卫生服务机构现状问题包括：用地局促，规模不足，缺少发展空间。现有床位数、医疗卫生技术人员均无法满足日益增长的医疗、保健需求。

（6）乡镇医疗卫生设施存在的问题。现状金乡县域共有12个乡镇（中心）卫生院，现状问题包括：首先，多数乡镇（中心）卫生院现状规模较小，床位数量不足，建筑规模和用地规模不能满足需求；其次，部分乡镇（中心）卫生院建筑陈旧，仪器设备落后，无法在促进经济发展、构建社会主义新农村、创建和谐社会的过程中发挥更大作用；第三，部分乡镇（中心）卫生院由于乡镇经济落后，卫生基础条件薄弱，加之建设年代较久，部分业务用房成为危房，存在很大的安全隐患。

3. 医疗卫生设施未来发展的问题

作为总体规划层面的专项规划，需要探讨本阶段城乡医疗卫生设施在整体发展方面存在的问题，提出与未来城乡发展目标及空间支撑条件相适应的医疗卫生设施整体发展目标及策略，对未来医疗卫生设施进行布局，同时结合近期主要的人口及空间增长计划提出近期适宜的建设项目计划及实施操作建议。

三、规划技术路线

将规划内容分为四个方面：一是分析研究各项医疗卫生设施需求总量；二是对已编制或正在编制的相关规划中的医疗卫生用地进行衔接和完善；三是确定各项医疗卫生设施的建设标

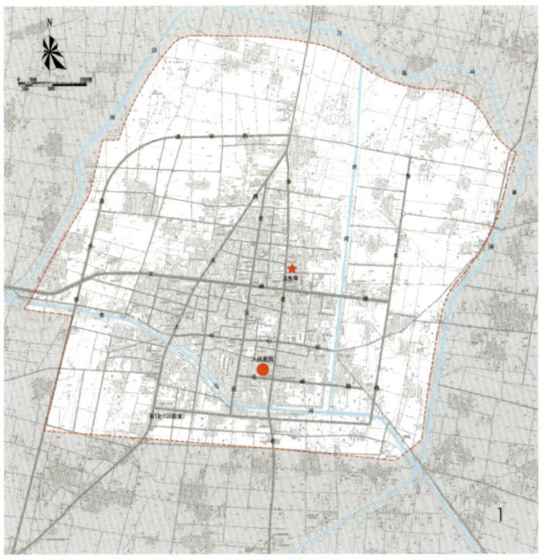

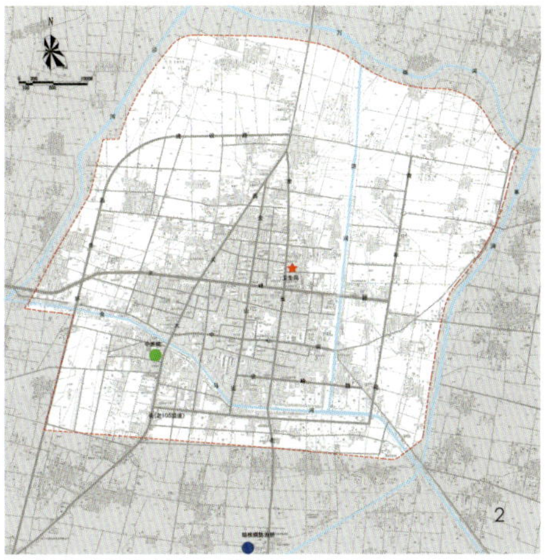

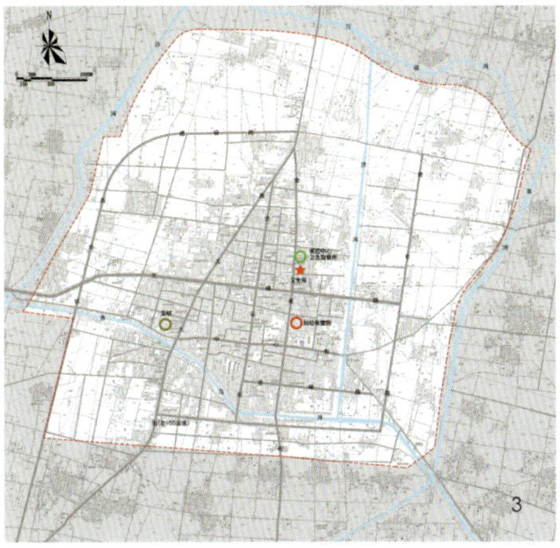

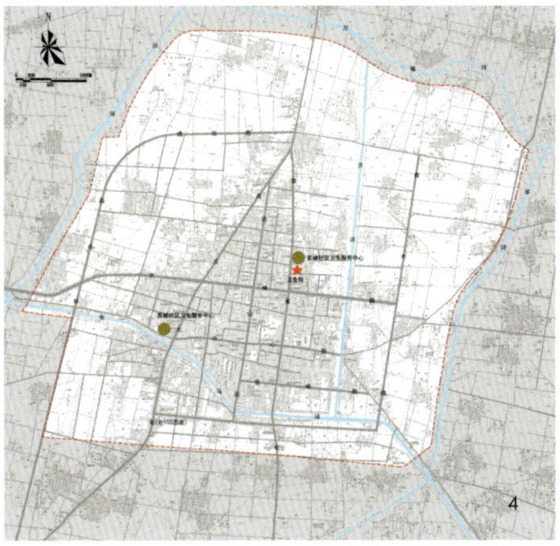

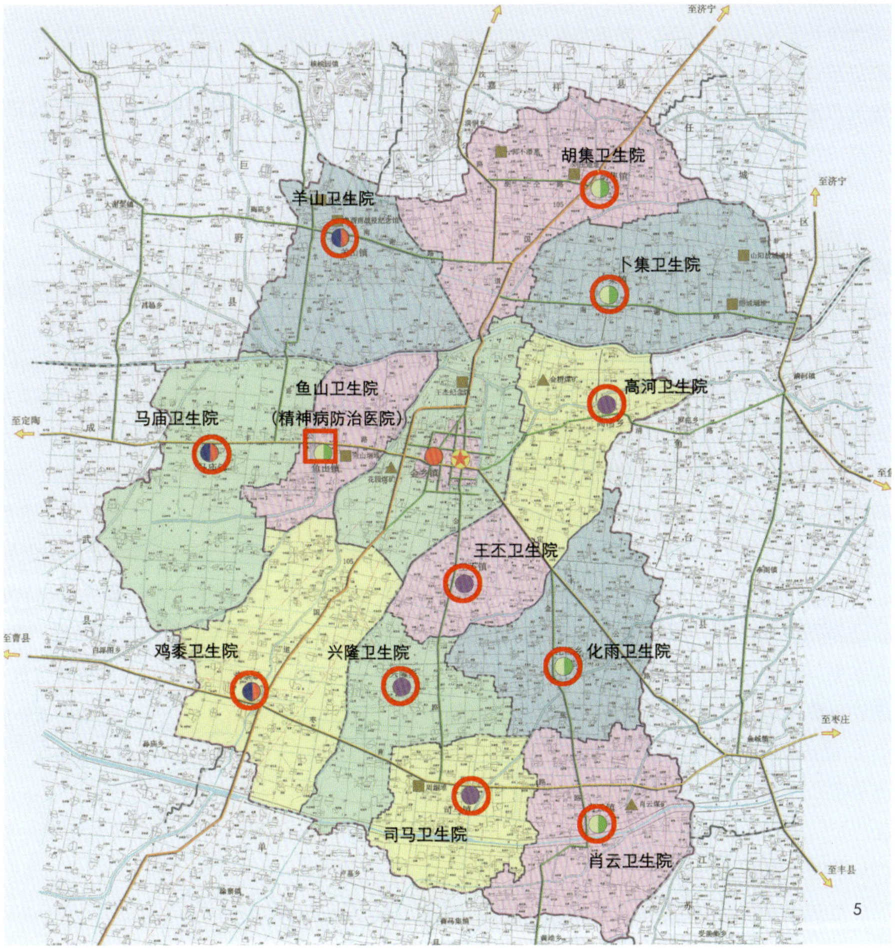

准；四是深化金乡县城市总体规划，优化完善各类医疗卫生设施布点。为此需要控制好布点医疗卫生设施的发展预留用地范围，以便在条件成熟时，改善用地状况，使其既能满足当前医疗卫生的要求，又能适应未来发展的需要。

为此，规划将金乡县医疗卫生设施划分为县城和县域两部分，根据各医疗卫生设施的不同特点，设置不同标准，分别进行规模预测和布局。通过对现状就医条件和未来就医人口的分析，根据轻重缓急的原则，提出县域和县城医疗卫生设施布局规划和实施措施，促进县城和县域医疗卫生设施的均衡发展。

四、布点规划

1. 规模预测及建设标准

（1）金乡县人口规模预测

①对于县域人口

由于本次规划近期年限为2010—2015年，与《金乡县城市总体规划（2005—2020）》近期规划年限不同，所以近期规划县域及城区人口将借鉴总规的人口预测方法重新预测。远期人口依旧取总规预测人口，至2020年县域规划人口为66万。

近期2015年县域人口借鉴总体规划中人口预测综合增长法及其参数取值，根据总规中的分析，县域人口迁出与迁入的人口基本持平，机械增长为零，县域人口增长主要为自然增长，经计算，2015年县域近期规划人口为63.6万人。

②对于县城区人口

按照《金乡县城市总体规划（2005—2020）》，远期2020年规划人口取总规的预测人口25万人；近期2015年规划人口借鉴总体规划中人口预测综合增长法及其参数取值，进行预测。 综合增长法是根据多年城区人口平均增长速度，判断今后发展趋势，确定其平均增长率预测城区人口，适用于平稳发展的城市，比较符合金乡县的实际情况。根据金乡县历年人口资料，县城近期综合增长率约为4‰。经计算可得2015年城区人口为19.2万人。

（2）金乡县医疗卫生事业发展规模——床位预测

本规划采用千人指标法、公式法、趋势外推法和发展计划累加法等多种方法对规划床位数进行预测，以期互相校核，尽量得到相对合理的预测值。

金乡全县现有医疗床位数1 422张，每千人拥有床位数2.29张。现状金乡县床位数量分布情况如表1所示。

①千人指标法

a.城市居住区规划设计规范

根据《城市居住区规划设计规范》（2002年版）（GB5018—93）的规定，居住区中的医院用地为160～170平方米/千人，合1.3～1.5床/千人；结合上海、天津等城市的社区配置指标（表2），本规划县城社区床位数指标可取1～2床/千人，农村卫生院床位数可按1～1.5床/千人考虑。

表1　金乡县床位数量分布表

	医疗机构	床位数（千人拥有床位数）
城区医院	县人民医院	783床
	县中医院	100床
	县结核病防治所	40床
	县精神病防治院	70床
	县妇幼保健院	46床
合计	—	993床（1.6床/千人）
县域	乡镇卫生院（11所）	383床（0.63床/千人）

表2 上海、天津社区级医疗卫生设施配置标准

城市	社区规模（万人）	社区设施名称	设施规模	社区病床指标
上海	5～10	综合医院	约100床	1～2床/千人
天津	5	卫生服务中心	50床	1床/千人

注：资料来源于林伟鹏，闫整．医疗卫生体系改革与城市医疗卫生设施规划．城市规划，2006（4）．

b.相关城市指标

根据城市规模设置医院床位数，规划建议值见表3。

表3　不同规模城市的医院床位指标规划建议值

城市规模	小城市	中等城市	大城市	特大城市	超特大城市
人口（万人）	＜20	20～50	50～100	100～200	＞200
千人指标（床/千人）	3～5	4～5	5～7	6～7	7～8

注：资料来源于林伟鹏，闫整．医疗卫生体系改革与城市医疗卫生设施规划．城市规划，2006（4）．

c.总量预测

按照“合理规模，适度超前”的原则，规划近期2015年金乡县域每千人医疗床位数取4.7张，2020年金乡县域每千人医疗床位数近期取5.6张。 根据千人指标和人口测算，2015年全县约需医院床位3 006张，2020年约需医院床位3 696张（表4）。

表4　根据千人指标测算床位数一览表

分期	规划人口	床位数千人指标（床/千人）	合计床位数
2015年	县域63.9万人，县城19.2万人	4.7	3 006
2020年	县域66万人	5.6	3 696
	县城25万人		

②公式法

主要针对医院卫生院床位数进行预测，指县域范围内各类医院拥有的正规编制床位的数量，包括综合医院、专科医院、妇幼保健院的病床数，也包括社区卫生院、农村卫生院及其他医院的病床数。公式为：

医院卫生院床位总量=（人口数×居民住院率×平均住院天数＋潜在需求量）/每床年平均工作日

2020年金乡人口数为县域66万，县城25万。实际服务人口为160万人。

居民年住院率取2008年我国居民住院率全国平均值为6.8%。

平均住院天数，取国内各级医院的平均住院日为10.5天。

其中，潜在需求量为来自金乡以外地区的床位需求量，取当前床位数的50%，即711张。

每床年平均工作日，取365天的85%计算。

则医院卫生院床位总量为1 472 张。按照实际服务人口160万人，则为3 684张。

③趋势外推法

金乡县2009年每千人口病床数为2.29张，预计2020年人口数为66万，那么2020年需病床：

2.29床／千人口×66万=1 512床。

取实际服务人口为160万人，则：

2.29床／千人口×160万=3 664床

该方法较为简便，但在预测过程中未考虑经济、文化、人口老化等因素的影响，因此其结果可能比较粗糙。

④各医院发展计划累加法

按照各医院自身发展计划，将其计划床位数累加得到全县总的床位数（表5）。

⑤床位规模确定

综合以上计算分析，各医院发展计划累计以后与各种预测方法得到的床位数相差不大，因此2015年，全县医院、卫生院床位数确定为3 006张，至2020年，全县医院、卫生院床位数确定为3 665张。

（3）医疗床位数分配

至2020年，综合医院、中医院、专科医院、妇幼保健院、社区卫生服务中心、镇卫生院的规划床位分配比例如下表6所示。

最后得到全县各类卫生医疗设施床位分配情况。

2. 金乡县医疗卫生设施规划建设标准

根据卫生部等发《中央预算内专项资金项目县医院建设指导意见》，当规定的指标确实不能满足需要时，可按不超过11平方米/床增加用地面积，用于预防保健、单列项目用房的建设和医院发展用地。

6.县城区综合医院布点规划
7.县城区中医院、专科医院布点规划图
8.县城区社区卫生服务中心布点规划图

表5　　金乡各医疗卫生机构计划床位数一览表

医疗机构种类	医疗机构名称	现状床位数（床）	计划床位数（床）
综合医院	县医院	783	1 600
中医院	中医院	100	200
妇幼保健院	县妇幼保健院	46	100
城市社区卫生服务中心	东城社区卫生服务中心	—	25
	西城社区卫生服务中心	—	20
	北 城社区卫生服务中心	—	30
民营医院	宏大医院	—	90
专科医院	结防所	40	60
中心乡镇卫生院	鸡黍卫生院	40	100
	羊山卫生院	38	100
	司马卫生院	36	100
	胡集卫生院	40	200
	肖云卫生院	40	100
	马庙卫生院	42	120
县域社区卫生服务中心	化雨社区卫生服务中心	29	200
	高河社区卫生服务中心	25	100
	王丕社区卫生服务中心	43	80
	鱼山社区卫生服务中心	70	200
	卜集社区卫生服务中心	20	100
	兴隆社区卫生服务中心	30	100
	大义社区卫生服务中心	—	40
合计		1 422	3 665

表6　各类卫生医疗设施床位分配一览表（单位：张）

	综合医院	中医院	民营医院	专科医院	妇幼保健院	社区卫生服务中心	乡镇中心卫生院	合计
2015年	1 600	100	90	60	100	574	482	3 006
2020年	1 600	200	90	60	100	895	720	3 665

因此，新建县医院东城区医院为800床位，其建设用地指标应为（113+11）平方米/床位，考虑公共停车场及远景发展需要，单位建筑面积可取86平方米/床位。中医院规划床位数为200张，其建设用地指标应为117平方米/床位，单位建筑面积指标为75～78平方米/床位。

社区卫生服务中心规划按1的容积率、乡镇中心卫生院规划按0.8的容积率，结合各自发展计划确定用地与建筑面积标准。其中鱼山社区卫生服务中心是一所精神病专科医院，按照精神病专科医院的建设标准，结核病防治所参考精神病专科医院确定其用地与建筑面积标准。妇幼保健院按照《妇幼保健院、所建设标准》确定其用地与建筑面积标准。

综合以上方法，得出金乡县医疗卫生机构用地与建筑面积标准（表7）。

表7　　规划金乡县医疗卫生机构用地与建筑面积标准一览表

医疗机构种类	医疗机构名称	现状床位（床）	近期2015年床位	远期2020年床位	建筑面积（m^2）	占地面积（m^2）
综合医院	县医院	783	1 600	1 600	180 923	187 120
中医院	中医院	100	100	200	15 600	24 500
妇幼保健院	县妇幼保健院	46	100	100	7 500	11 700
城市社区卫生服务中心	奎星社区卫生服务中心	—	25	25	2 500	4 000
	西城社区卫生服务中心	—	20	20	2 325	1 700
	新城社区卫生服务中心	—	30	30	2 500	2 500
民营医院	宏大医院	—	90	90	30 000	23 300
专科医院	结防所	40	60	60	3 480	6 480
中心乡镇卫生院	鸡黍卫生院	40	100	100	5 500	21 780
	羊山卫生院	38	100	100	5 500	16 500
	司马卫生院	36	100	100	5 500	26 400
	胡集卫生院	40	40	200	11 000	13 750
	肖云卫生院	40	100	100	6 000	15 000
	马庙卫生院	42	42	120	6 600	16 500
县域社区卫生服务中心	化雨社区卫生服务中心	29	29	200	7 000	23 611
	高河社区卫生服务中心	25	100	100	4 800	23 100
	王丕社区卫生服务中心	43	80	80	4 000	9 300
	鱼山社区卫生服务中心	70	200	200	11 600	33 000
	卜集社区卫生服务中心	20	20	100	10 000	26 400
	兴隆社区卫生服务中心	30	30	100	4 500	12 000
县域综合医院	化工园区医疗中心	—	40	40	按综合医院标准	按综合医院标准
合计	—	1 422	3 006	3 665	—	—

3. 医疗卫生设施布点规划

（1）综合医院、中医院及专科医院布点规划

鉴于县人民医院在金乡县医疗卫生体系中的龙头地位，综合医院的布点更多体现为县人民医院自身的发展意愿，同时兼顾社会需要。中心城区规划综合医院3所，保留原金乡县人民医院，规划新建民营综合医院（宏大医院）1所，同时县人民医院建设东城区分院，规划800张床位。这样县人民医院总体床位数达到1 600张。县域按照综合医院标准设置化工园区医疗中心一处。

考虑到中医发展的现实，金乡县中医院不能盲目扩大规模和床位，以防止出现资源闲置和关停并转迁的结局。但考虑到中医自身发展的需要，以及相当多的老百姓对中医的特殊需求和偏好，中医院仍有存在和继续发展的必要。规划将金乡县中医院保留扩建，适当增加床位至200张。在中医院日益萎缩的今天，金乡县中医院必须尽快走出去，深入社区开展服务，开发群众中蕴藏的对中医医疗保健的有效需求，开辟新的市场。

考虑到专科医院的特点，将现状专科医院即结核病防治院于原址扩建，增加职业病防治功能，床位增加至60张，未来成长为档次高、市场竞争力强的特色专科医疗机构，发挥对县人民医院的重要补充功能。另一所精神病防治院结合鱼山镇卫生院的转型，建设成为县域特色社区卫生服务中心。

（2）社区卫生服务中心及公共卫生服务机构布点规划

社区卫生服务中心分为县城和县域两个层面来布点。

县城层面主要针对现状数量不足的问题，中心城区设置3个社区卫生服务中心。其布点主要考虑服务范围，尽量满足东城、西城和北城各有1个。3个社区卫生服务中心分别服务5万～7万人，可以满足县城需要。

县域层面的布点按照村镇体系规划，将原有的王丕镇、鱼山镇、兴隆乡、化雨乡、高河乡和卜集乡的卫生院均重新定位并转型为农村社区卫生服务中心。另外新设一处大义社区卫生服务中心。分别服务5万～7万人，可以满足县城以外的需要。

公共卫生服务机构的布点主要考虑到现状基本齐备、只是发展受到限制的特点，分别采取不同措施。具备发展余地的，如现状妇幼保健院予以保留，并在原址扩建，床位增加至100张。不具备发展余地的，如疾病预防控制中心及卫生监督所，考虑搬迁至新址重新建设。

（3）县域中心乡镇卫生院布点规划

县域的12个乡镇卫生院，按照金乡县村镇体系规划，由于所属乡镇被合并为6个镇，因此相应建设成为6个中心乡镇卫生院。分别为：胡集、羊山、肖云、鸡黍、司马和马庙中心卫生院。

五、若干思考

医疗卫生设施专项规划中最关键的是对未来各设施床位数的预测是否合理，在本次规划中对此作了充分考虑。

首先，对于床位规模预测的基础是从人口的预测着手，依据的还是上位的总体规划，而这种方式已经远远不能适应城乡居民对医疗卫生设施真实需要的发展要求。比如，金乡县人民医院的服务人口并非仅

仅局限于金乡县域，而是已经辐射到金乡县周边的区域。因为金乡本身处于四省交界处，能够吸引到九个县区域内的患者前来就医。按照2008年县医院提供的数据，服务的人群达到了160万人，如果按照当前最新的数据，服务人群达到了200万人。这种情况在县级医院中是不多见的。当然金乡县其他医院还是主要服务于本县居民。所以在规划中也尊重了这样的现实，充分考虑了优质医院的溢出效应，在规模预测中把这一部分对于床位的需求给以充分的估计。

其次，对于千人指标的应用。其实是依赖于计划经济时期的住区模式而产生的，现在已经难以真实反映实际的居民对于公共设施的需求，越来越难以适应发展的需要。未来还需要更多地使用最新科技手段与统计方法进行合理的预测，比如与大数据方法的结合等。当然这与所在城市或区域的经济社会整体发展状况密切相关，以金乡的发展现状，不一定马上能够实现，但应朝这个方向努力。

第三，对于各医院发展计划的累加法的运用。不可避免，各医院出于自身发展的需要，所提出的计划床位数，有可能是超出自身当前发展的需要的。但考虑到未来发展的可能性，“合理规模、适度超前”的原则还是有必要遵循的，也就是对未来的医疗卫生设施规模的预测要留出发展的余地和空间。从长远来看，随着老龄化时代的来临，健康已经成为新时期城乡居民追求的重要目标。医疗卫生事业与人民群众切身利益关系密切。另外，金乡县名义上是贫困县、落后县，但由于大蒜产业的发展，老百姓相对比较富裕，居民收入水平相对比较高。从这一点来看，金乡县人民对于优质的、高效的医疗卫生服务的需求将会有大幅增加，要求也会越来越高。

第四，医疗卫生设施专项规划需要考虑对民营医院预留发展空间。民营医院与公立医院相比，在整体实力和竞争环境等方面处于劣势，但民营医院往往具备更高的运营效率和灵活性。在与公立医院寻求差异化发展的过程中，民营医院应更多转向发展特色专科与高端医疗，作为对公立医院的一种必要补充。

（本文相关内容主要来自中国城市建设研究院有限公司上海分院的规划成果，在此表示感谢！）

作者简介

冷方兴，同济大学建筑与城市规划学院，博士研究生；

何广美，中国城市建设研究院有限公司，规划师；

靳连亮，金乡县规划局规划监察大队，大队长。

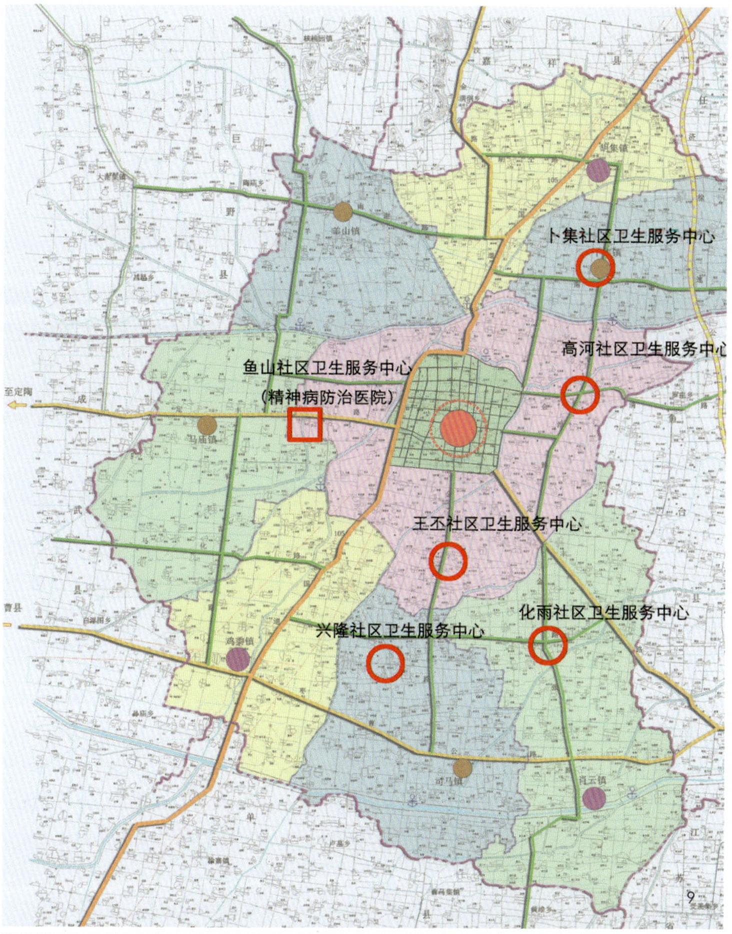

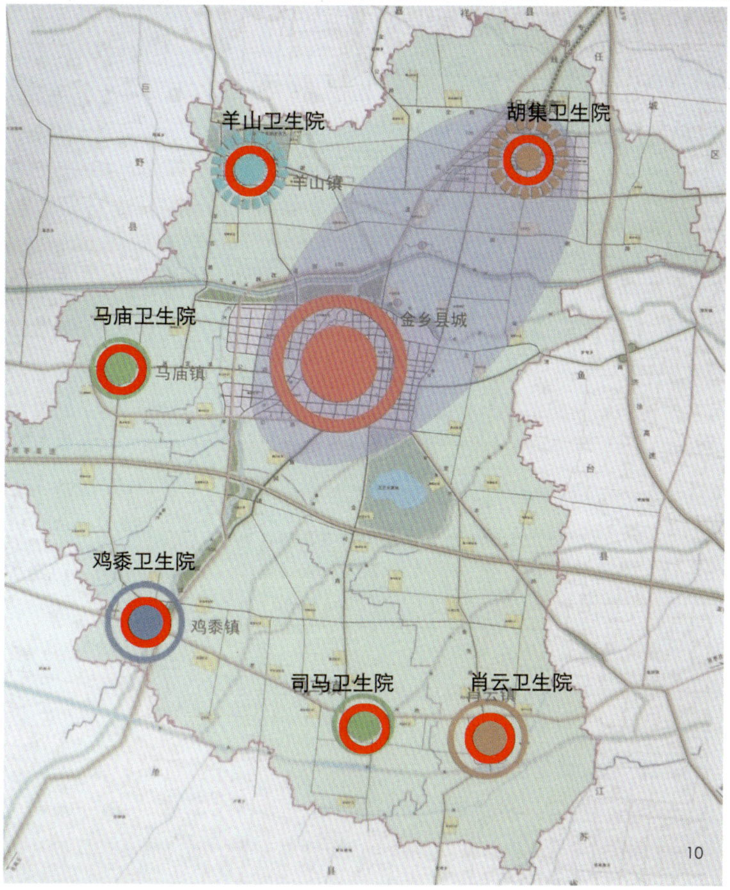

9.县域社区卫生服务中心布点规划图

10.县域中心乡镇卫生院布点规划图

略论新城公共服务设施的规划设计原则
——以安哥拉罗安达新城规划设计为例

Planning and Design Principles for Public Service Facilities of the New Town
—A Case Study of Kilamba Town Planning in Luanda Angola

蒋朝晖 魏 钢 董 超
Jiang Zhaohui Wei Gang Dong Chao

[摘　要] 本文主要以安哥拉罗安达新城规划设计为例，总结了城镇公共服务设施体系的规划设计原则。在规划层面应当遵循三大原则层级性——不同级别的服务中心服务不同规模的人口及具有不同的服务内容；复合性——服务中心体系最好与公交设施、开放空间、慢行体系等复合设置；社会性——以社会弱势群体为优先。在设计层面借鉴城市空间设计的三种理论，遵循场所原则——注重空间界面的塑造，营造各级服务中心空间的场所感；图底原则——注重虚实空间肌理的同构，形成和谐互补的服务中心空间感受；连接原则——注重各级服务节点的彼此连接形成网络。

[关键词] 公共服务设施；规划；原则

[Abstract] This paper aims to summarize the planning and design principles for public service facilities in city planning, through the case study of Kilamba Town Planning in Luanda Angola. Three planning principles include: 1) hierarchical classification–different levels of service centers serving different population sizes with different services; 2) synthesis–service centers possessing public transportation facilities, open space, friendly walking tracks, etc.; and 3) sociality–priorities for vulnerable groups. Three design principles are: space–shaping spatial interfaces and creating space in all levels of service centers; figure-ground–focusing on space texture to create a harmonious service center space; connection–connecting all levels of service centers to form a network.

[Keywords] Public Service Facilities; Planning; Principles

[文章编号] 2015-67-P-078

一、背景概况

安哥拉罗安达新城位于安哥拉首都罗安达市（Kiaxi-Belas Kilamba）南部（以下简称KB市）。新城总用地面积约73km^2，根据总体规划，新城约可容纳80万～85万人。新城地形相对平坦，局部微地形较为丰富。

从定位与功能来看，罗安达新城主要承载三个层面的职能。一是首都职能，罗安达是安哥拉的首都，罗安达新城在战略和总体规划中被定位为未来城市的中心，与老城中心一起组成罗安达的“双心”结构。作为双心之一的罗安达新城必然需要承载体现国家职能、彰显国家形象的国家级功能，具体内容包括：首都政务文化功能（国家级行政办公设施、国家级文化设施）、首都商务办公功能（国际、国内公司，企业总部及办公设施）、首都体育会展功能、大学园功能及使馆功能等。

二是省市职能，作为未来数百万人口的大城市，新城需要承载罗安达省以及KB市的各类服务职能。包括省市级的行政、文化、医疗（省市级综合医院及专科医院）、商务、商业（大型购物中心、专业市场等）、教育（职业培训、专科学校、省立市立大学等）等功能。

三是新区职能，罗安达新城作为各层次居民生活所在，应当满足不同收入人群的居住需求，既要有条件优越的低密度住宅，也要有设施完备的经济适用房，同时应当提供公平的教育、医疗、文体等公共服务配套设施，包括中小学、幼儿园等基础教育设施，社区居民的体育运动设施，社区图书馆、青少年之家等文化娱乐设施，社区卫生服务中心、诊所等医疗设施，超市、市场、餐饮、便利店等商业设施，教堂、墓地、邮局、妇女与儿童救助中心等其他设施。

二、公共服务设施布局的规划原则

总体上，上述三类职能在空间安排上各有侧重。首都职能安排在新城北部区域交通联系最为便利的快速路南侧一带，同时与已建及正建的新城北侧的国家级设施呼应（如国家体育馆、大学城等），同时也有更好的展示界面；省市职能安排在地区交通联系方便、服务便利的新城地理中心地带；其他地区则以安排新区职能为主。

在公共服务设施的规划布局上，遵循层级性、复合性和社会性三大原则。

1. 层级性

由德国城市地理学家克里斯塔勒（W.Christaller）和德国经济学家廖士（A.Lsch）在20世纪30年代提出的中心地理论（Central Place Theory），通过对生产与消费的市场分布研究，发现了公共中心的多级分布特点，并给与了理论量化研究。高级中心地具有数量少、分布集中、但服务范围广、提供的商品和服务种类多的特点。而低级中心地则数量多，分布广，服务范围有限，提供商品和服务的种类少。两者之间的市场范围与目标人群有差异，因而低级中心能够大量分布而不受到高级中心的冲击。例如居民的日常生活用品可以到低级中心地，但要购买高级商品或服务则必须到高级中心地。因此，不同等级的公共服务中心的结合，能够有效地满足不同群体的需求，使城市公共职能有效开展，公共资源合理利用。

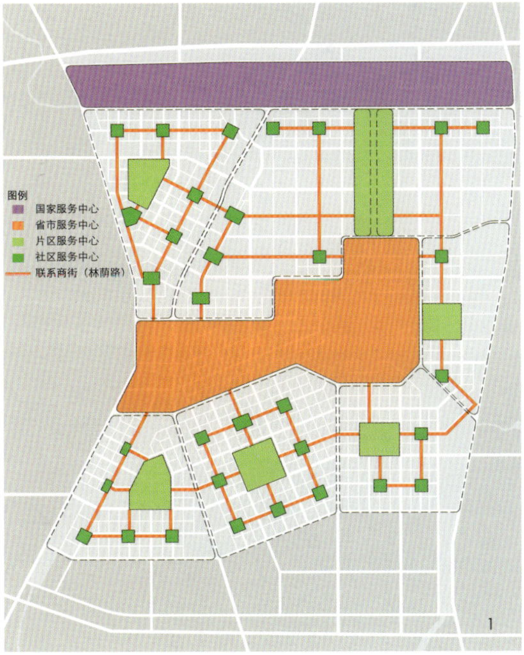

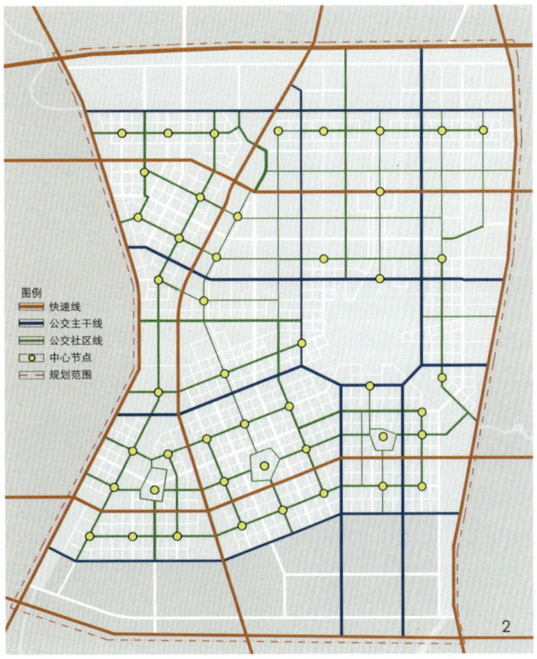

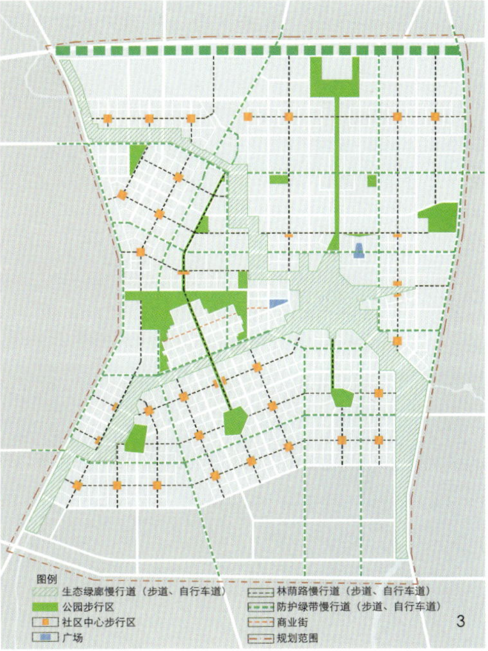

1.中心体系
2.公共交通规划
3.慢行系统

安哥拉新城的公共服务设施体系借鉴了中心地的层级思路，不同级别的公共服务中心服务不同规模的人群，内容也有不同的侧重。前文提到的三类职能中，国家级和省市级公共服务设施各自相对集中形成中心区，新区公共服务设施则根据服务人口规模的不同分为片区级服务中心和社区级服务中心。这样在新城内形成了国家级、省市级、片区级、社区级四级服务中心体系，各级中心之间以林荫道、商业街相连。

国家服务中心主要是安哥拉的首都职能；省市服务中心主要是罗安达省及KB市的各类服务职能，集中布局在新城中部地带；片区服务中心是以服务10万左右居住人口的公共服务设施，根据方案布局在居住区的中心（内容主要包括：教育类的高中，社会服务类的医院、邮政局、警察局、消防站、银行等，文娱类的图书馆、青少年活动中心、老年活动中心、影剧院、教堂等，商业类的综合超市、专卖店、商场、餐饮酒吧等，体育类的体育活动中心等）；社区服务中心是以服务1.5万左右居住人口的公共服务设施，服务半径大致为适合步行范围的400m（社区服务中心的公共服务设施主要包括：教育类的幼儿园、小学、中学，社会服务类的诊所、邮政所、治安所、储蓄所等，文娱类的图书室、儿童之家、妇女之家、礼拜堂等，商业类的超市、餐厅、咖啡馆、百货店、市场等）。

关于教育设施的数量和规模，是根据安哥拉人口年龄金字塔来估算的。安哥拉适龄入托儿童（3—6岁）比例为总人口的15%，适龄入学学生（7—14岁）比例为总人口的20%。据此，在1.5万人的社区中，幼儿园学生数量约为2 500人，约需4所30班幼儿园；小学和中学生数量为3 000人，约需2所24班小学，1所24班中学。

2. 复合性

安哥拉各级公共服务中心借鉴了TOD与TND的一些布局原则，形成了复合性的公共服务体系，包括了公交站点、开放空间（公园、广场）等内容。

TOD即“以公共交通为导向”的开发模式，关注土地利用与公共交通之间的关系，使土地利用更高效、居民生活更便利。安哥拉新城的片区服务中心和社区服务中心结合了公交站点的安排，使服务设施所在地有更高的可达性并能提高服务设施的使用效率。

TND是“传统邻里开发”模式，除了强调步行范围的邻里规模之外，优先考虑公共空间和公共建筑部分，并把公共空间、绿地、广场作为邻里中心。安哥拉新城的公共服务设施中心体系不仅在社区服务中心层面遵循了这一理论，包括片区级、省市级中心也借鉴了这一思路。

另外，新城的公共服务设施体系还复合了新城的慢行体系，特别是林荫商业街同时也是非常舒适宜人的步行和自行车线路。服务设施与公交站点、开放空间及慢行系统的复合进一步加强了服务中心的吸引力，提高了使用效率，并使之充满活力。

3. 社会性

安哥拉公共服务设施的配置亦遵循弱势人群优先的原则。社区中心、片区中心都会把学校、医疗设施等置于较为便利、环境较好的地段。安哥拉儿童较多，每户平均有6个孩子，服务中心的学校靠近开放空间，提供了课余的活动场所；同时，服务中心公共性最高，开放空间更易被社会“监管”，能够有效降低对儿童伤害事件的发生。

另外，在住宅类型的考虑上，片区服务中心的周边安排容积率较高的低收入住宅或者经济适用房，在更好发挥‘TOD’效率的同时，也使低收入人群生活、就业更便利、成本也更低。

三、公共服务中心的形态设计原则

罗杰•特兰西克（Roger Trancik）在《寻找失落空间》（Finding Lost Space）一书中，提到城市空间设计的三种理论：图—底理论（Figure-Ground Theory）、连接理论（Linkage Theory）和场所理论（Place Theory）。这三种理论所倡导的的核心观念同样适用于新城公共服务设施体系的各级服务中

4.CBD地区平面布置示意图
5.用地规划图
6.总平面图

心的设计当中。

1. 场所—空间界面的塑造

自挪威城市建筑学家诺伯舒兹（Norberg-Schulz）提出场所理论以来，对城市中虚体空间的重要性有了全新的认识，如果说场所是被赋予抽象的内涵和文脉的“虚体”，界面则是界定和强化其精神的“实体”，二者相互依存、不可或缺。城市中各级公共服务中心是居民活动的重要空间，其归属感、认同感的形成很大程度上有赖于空间界面的塑造，它是决定空间质量的重要内容之一。

空间界面的塑造有三大原则。第一是活力原则，活力是场所的生命力，而空间界面的功能性、可达性、停留度则为活力和人气的聚集提供保障。活力的产生依托于人的活动，这又与场所提供的使用功能密切相关。在新城公共服务中心的规划设计中，其复合性丰富了空间界面的行为构成，提升了公共服务中心的活力，并维系其使用强度和时间跨度。关于可达性，美国LEED绿色住区开发评估体系中，强调了面向街道广场建筑主入口数量的重要性。规划中将建筑立面主入口面向公共服务中心设置，来提高街道广场的趣味性、多样性和安全性。良好的空间界面会吸引人群驻足停留并引导活动。规划中根据公共服务中心及其用地功能，划分动静流线，并提供城市生活游憩设施，创造积极、开放、动静相宜的公共空间。

第二是连续性原则。城市的公共服务设施及其所界定的街道及广场空间是城市中最重要的公共活动空间，城市中许多主要活动都在街道及广场空间中进行。要形成良好的街道及广场空间，包括许多因素，其中最关键的因素就是需要保持一定连续度的建筑界面，当然地面和天空面的处理也非常重要。如果界定不清晰，就会削弱空间感，进而影响街道及广场的功能。这一点通过现状已建地区的空间肌理与规划意向空间肌理的比较便会有所体现。

第三是尺度适宜原则。尺度适宜表现在场地尺度、建筑尺度及其相对关系方面。分级的场地尺度可满足不同层级的街区、社区、片区、城市尺度需求，如街区内部庭院空间营造相对私密的交往场所；社区服务中心强调公共性尺度，围绕2hm^{2}左右的社区公园；片区服务中心设置有10hm^{2}的市民公园，公共服务界面环境宜人；而CBD公园及长约2 600m的中央公园是城市级中心区的开放空间，体现了城市级尺度。各层级公共服务中心遵循合理的建筑尺度，如社区中多层公共服务建筑与小尺度绿地和广场结合，亲切宜人；CBD地区高密的建筑群与广阔的中央公园相映，形象鲜明。

2. 图底—虚和实的组合

公共服务设施和开放空间的组合涉及实体与虚体的关系，因此虚体空间的设计同样关键。观察虚体空间的形态是否到位，可以观察图底关系是否和谐。需要避免那种“正片”看上去似乎不错，而一旦反转，“负片”就很凌乱、无序、空洞的现象。这种情况很可能会带来比较糟糕的空间效果。对于公共服务中心而言，好的实、空效果对于加强其吸引力、进一步塑造空间特色、延长顾客的逗留时间等大有裨益。

从安哥拉新城一个典型居住片区的图底关系中能够清晰地看出1处片区级服务中心和8处社区级服务中心，无论图或底，几个开放空间、围合界面都非常突出。另外，在新城CBD街区设计中，提出了几种布局模式，亦遵循了实体建筑与虚体空间互为图底的设计原则。

3. 连接—空间相连的网络

各级公共服务中心彼此连接的重要性在于，这是形成一个网络化的整体以提高城市运行效率、方便居民生活的需要。在这个整体性的网络中，各级服务中心的节点固然重要，而连接这些节点的路径同样很关键，这些连接路径不应作为普通街道来处理，而应当赋予其特别的内容。这些特别的内容，包含以下三点：第一，这些连接路径不宜是交通性的干路，应当是车速受限最好30km/h的“稳静”道路；第二，这些道路最好是具有连续界面的商业性街道，在沿街一定高度以下贴线率、窗墙比、遮荫方面应有较高要求；第三，在景观方面，应当有合适的比例和尺度，有适宜步行的环境。

在安哥拉罗安达新城规划中，对这类连结性的道路的断面设计也作了特别设计，其断面设计的重点一是强调慢行特色，二是注重景观形象，三是街道两侧安排商业功能。其断面特点是形成宽大的中央绿带，设两排乔木，可步行，绿带内可设座椅、雕塑等设施；道路两侧允许临时停车；道路两侧设自行车道；道路两侧建筑后退区是绿化步行带，以适应两侧商店。

四、小结

对于大尺度的新城规划而言，公共服务设施体系是这个城市的骨架和经络，把握好这个网络，就基本把握了城市的整体。通过公共服务设施的层级性来准确把握城市尺度是一个有效途径，当然，不同人口构成对每一服务层级的规模要求及服务内容会有差异；公共服务设施的复合性则会对服务设施的使用效率、空间效果及氛围产生积极影响；而公共服务设施的社会性则是体现一个公平正义社会的基本诉求。在设计层面，强调对公共服务设施空间的重视，场所性强调了物质空间塑造和人文活动营造的同等重要；图底关系则强调虚的空间与实的建筑同等重要；连接性强调节点本身与之间的联系同等重要。

（感谢中国城市规划设计研究院王力对本文的大力帮助。）

参考文献

[1] 罗杰•特兰西克．寻找失落空间：城市设计的理论[M]．朱子瑜，译．北京：中国建筑工业出版社，2008．

[2] 凯文•林奇．城市意向[M]．方益萍，译．北京：华夏出版社，2001．

[3] 诺伯舒兹．场所精神：迈向建筑现象学[M]．施植明，译．武汉：华中科技大学出版社，2010．

作者简介

蒋朝晖，中国城市规划设计研究院，教授级高级城市规划师；

魏　钢，中国城市规划设计研究院，城市规划师；

董　超，中国城市规划设计研究院，哥伦比亚大学硕士，助理城市规划师。

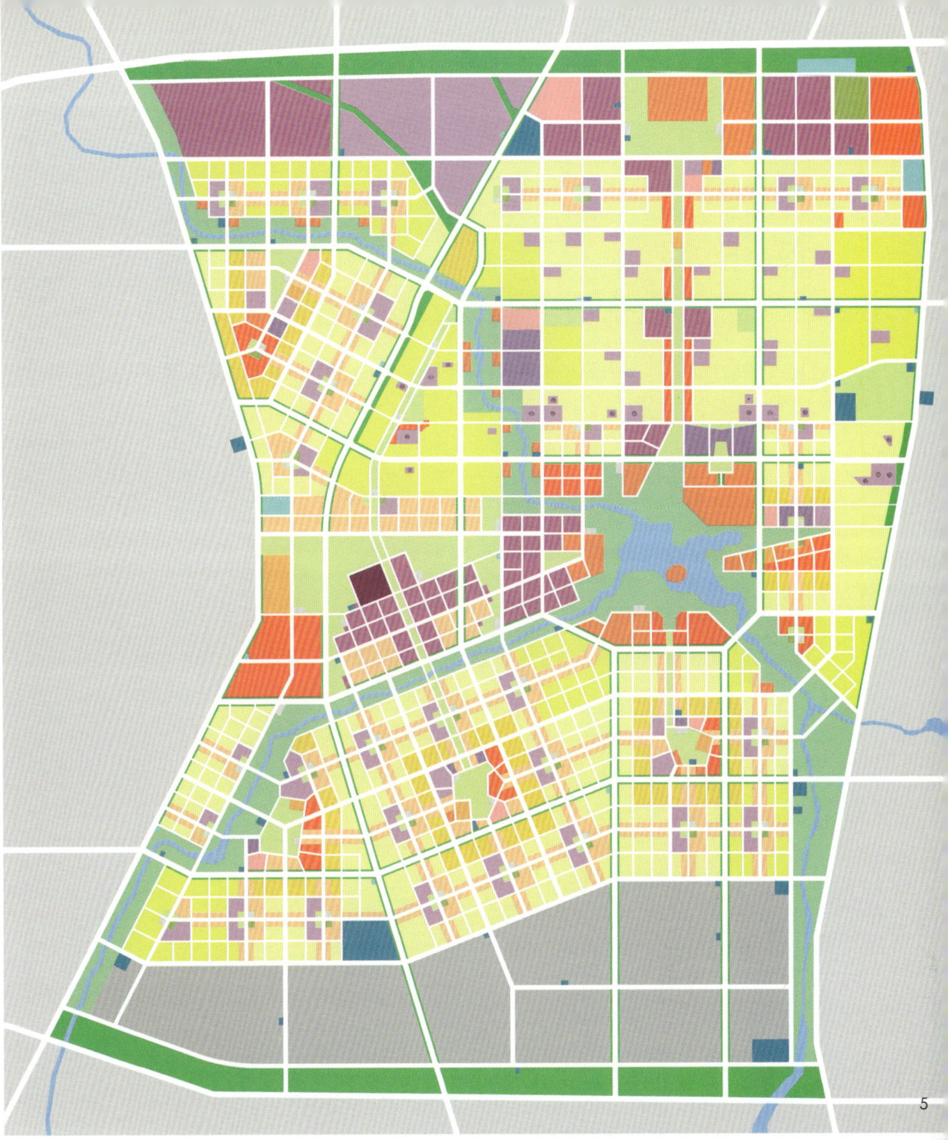

5

6

基于单元控制模式的公共服务设施配置实践思考
——以成都市天府新区规划为例

The Public Service Facilities Practice Based on Unit Control Mode —Tianfu District Planning of Chengdu as an Example

孟 莹
Meng Ying

[摘　要]　公共服务设施配置直接关系到居民生活质量和城市空间结构，同时也与经济社会发展息息相关。通过梳理当前理论与方法下公共服务设施配置带来的实践问题，结合天府新区规划中提出"单元控制"模式下的公共设施配置，探讨公共设施配置优化的路径。

[关键词]　单元控制；产城一体；产城单元；设施配置

[Abstract]　The public service facilities are directly related to the quality of life and the city spatial structure of residents, and also closely linked to the economic and social development. Based upon analysis of practical problems caused by configuration of public service facilities guided by current theory and method, combining with "control unit" mode of configuration of public facilities during the Tianfu district planning, recommendations are made for optimization of public facility allocation.

[Keywords]　Control Unit; A City With Industry; City Production Unit; Facilities Configure

[文章编号]　2015-67-P-082

一、引言

城乡规划法赋予了城乡建设的一切活动都必须依照法定规划进行，控制性详细规划是规划管理的直接法律依据，公共服务设施配置成为控制性详细规划中最为重要的内容。控规规划编制需依照总体规划确定的目标、空间结构、有关法律法规和技术标准进行，由于法律法规仅规定了普遍性，在特色性和针对性面不够深入，造成规划编制过程中尤其是控规编制过程中公共服务设施配置存在诸多问题，虽然有关研究较多，但大多集中在配置模式、规划布局、空间优化、配置标准和配置评价等内容上，配置理论单一、研究单元不均衡和研究方法待完善等方面不足，对于配置路径和视角涉及较少。由于市场投资主体、建设目标和市场运营的不同，导致一张图纸很难满足多目标的需求，因此，从规划编制角度探讨公共服务设施的位置选择、开发指标的制订对于规划的建设管理和实施具有重大的影响。

二、公共服务设施配置实践问题

长期以来，如何应对控制性详细规划中刚性控制与弹性要求，一直是规划编制中的突出问题，虽然许多学者进行了多方面的探索，但由于各地生活方式的差异导致用地结构的不同，很难找到统一的办法解决。成都市实现控制性详细规划全覆盖，并创新了大纲图则和详细图则管理模式，对成都市开发强度采取分区控制的方式，在规划管理实施中取得了一定的规划效果。旧城改造中的公共服务设施可以通过表现出来的具体问题（服务半径不够、服务规模过大等）和人居建设目标，在相应的服务距离空间进行科学合理地补充完善，控制性规划中的弹性和刚性内容矛盾不突出，实践效果较为明显。

因此对于成都市新区建设而言，从控制性详细规划全覆盖及大纲图则和详细图则的管理实践来看，主要有以下四个方面的问题。

1. 市场选址与规划选址的冲突

城市规划编制中通常在总体或者分区规划确定的城市功能基础上，按照《城市居住区规划设计规范》规定，以设施的服务半径和千人指标作为布局的决定性因素，但随着社会的发展和建设用地的控制，城市的人口密度在不断地变化，而城市建设中固化下来的公共服务设施很难在段时间内应对，会造成基本公共服务设施分布不均的情况，同时也存在市场选址与规划选址冲突，规划管理中的程序性规定很难在短时间内协调。

2. 技术规范指标与实际的脱离

公共服务设施配置主要是在居住区、居住小区和居住组团的层级上进行，而当前规划编制中所依据的"设计规范"等相关法规（突出表现为新的城乡规划法实施后一些规范标准没有相应调整），相关指标已与社会实际发展不相适应，尤其不能适应近年来人口老龄化、社区服务市场化、住宅市场多样化及社会隔离带来的居住分区等多方面变化需要。

结合当前土地开发的集约利用度要求较高和新区开发建设的弹性较大，会导致城市建设中的矛盾更加突出，建成环境的不确定性风险加大，而城市管理中的制度性约束所表现的标准化和规范化要求、城市建成环境中居住与生产之间的有机关系、现行规划编制中公共服务配置方式存在诸如指标体系不完整、指标数值上下限值跨度过大、配套设施类型严重滞后，具体的配置指标不适应强制性和细致化的要求、不利于规划管理等。

3. 实际人口管理与规划人口不一致

目前城市居委会的管理模式无力进行严谨地流动人口统计，造成在公共服务设施规划中，存在规划

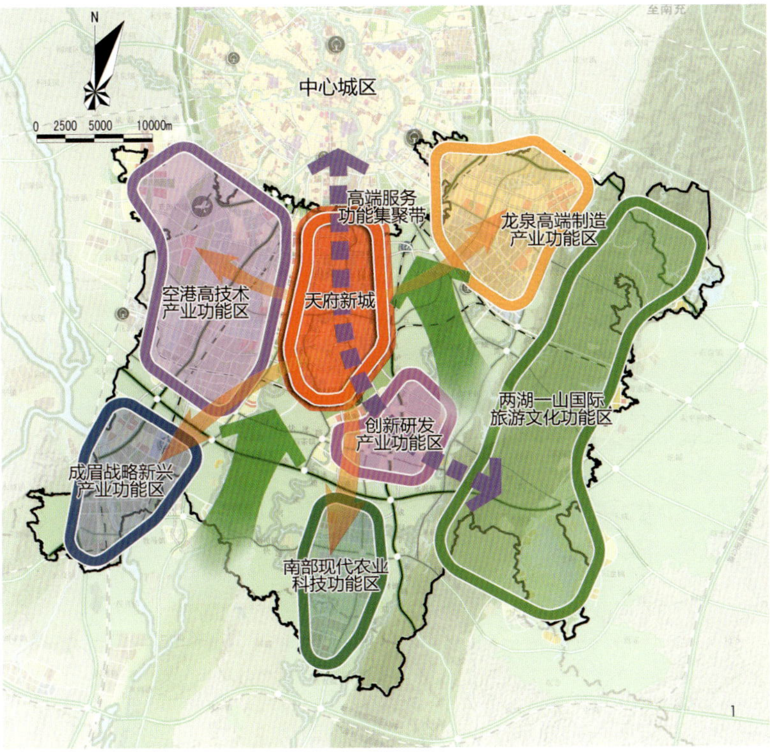

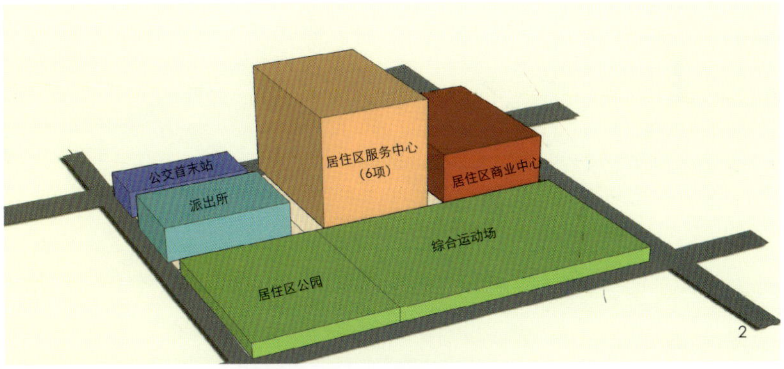

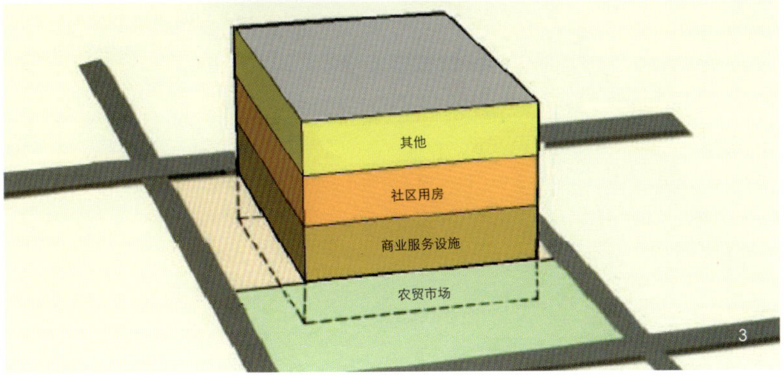

1.天府新区空间结构及产业功能
2.功能单元级配套
3.社区级配套

人口和实际管理的人口规模不一致的情况，无论旧城更新还是新区建设，人口计算与现实严重不符，导致实施效果较差，实施难度较大的局面。

4. 社会资金投入和建设主体的不确定性

而对于新区开发，规划过程中的不确定性充分凸显，例如规划建设主体的不确定性、建设项目时间的不确定性、建设资金的不确定性，存在按照国家有关法规和技术标准进行配置与市场行为建设规模矛盾的问题，如何解决这些问题，如何面对新城规划过程实施过程的弹性要求，成为规划管理部门急需解决的问题。尤其对于赢利性公共服务设施，需要一定程度的人口集聚规模，才能实现整个经营状况的运转，虽然一些学者对公共服务设施均等性、公平性等内涵进行了深入的探讨，但在空间落实层面涉及较少，尤其是控制性详细规划的刚性规定与市场运行脱节、社会资金投入的不确定性成为规划实施的主要难题。

三、单元控制模式的提出背景

2011年启动的天府新区规划，作为西部重要战略要地、区域经济中心，天府新区规划从一开始就被附上了多层次、多任务的重要目标，因此打造产城融合的新兴战略规划突出天府新区的重要地位，实现经济、社会、环境和民生良好发展的愿景成为天府新区的重要功能。而把产业打造与生活宜居结合起来，利用资源环境和区位优势再造四川一个新城，带动西部经济全盘发展也是国家战略布局之一。因此天府新区提出"再造一个产业成都"的目标，确定了"以现代制造业为主、高端服务业集聚、宜业宜商宜居的国际化现代新城区"的总体定位。

产业如何打造，功能如何划分，产业与居住之间如何合理安排，如何合理分解功能分区与行政区划之间的关系，成为总体规划下一个层次编制的重要内容，因此成都市提出的"产城单元"编制理念应运而生。

1. 产城融合发展的选择

城市的繁荣离不开产业的发展，产业的发展需要城市配套作为基本保障，二者相互依存荣辱共生，尤其在当下产业升级、转型及战略转移的背景下，突出产业地位与实现城市发展密切相关，根据现状产业和未来规划产业在空间上的分布，保证产业与居住功能有机统一，需要根据不同的服务半径和人口规模，依据交通导向的出行距离和提升公共服务品质作为重要评价指标，确定产城一体单元的空间规模，明确产城单元的功能层级，合理配套公共服务设施。

产城融合的发展思路促使重新思考传统控制性规划中的公共服务设施配置。成都市天府新区规划已经在总体规划阶段所确定的用地选择、发展方向、功能性质基础上，进一步明确各类城市建设用地性质，用地规模大小，指标开发强度等要求，又在不同的功能单元的基础上，配置公共服务设施的空间位置选择和合理指标。

产城单元具体的划分原则："产城一体单元的划分遵从功能完整、空间连续、与行政区划保持一致的原则。即在产城一体单元范围内，以特定产业为主导，有相应的生产服务配套，并集居住和生活配套功能为一体。在空间上是连续的整体，不产生空间隔离，便于组织功能和交通。同时，尽量与行政界线结合，单元内部功能组织和社区管理与实施建设协调性更强。"使每个产城一体单元具有主导产业特征，单元空间功能体现产业与居住等功能特征，在此基础上对天府新区总体规划确定的主导产业进行产业细分布局，并对城市空间进行产城一体单元分类划分。

2. 单元管理的理论基础

1933年召开的雅典宪章明确了城市用地功能分区带来的交通出行安全问题后，再到西萨•佩里提出"邻里单位"解决此问题；规划鼻祖霍华德提出"田

4.公兴南产城单元用地布局
5.公兴南产城单元结构关系

4

5

园城市”，到二战后城市中心区衰退，简•雅各布在《美国大城市的生与死》系统论述城市中心发展繁荣的理论，无不是针对居住与生产、生活如何有机统一，减少交通出行、产业布局对城市生活空间的负面影响，同时促进人居环境质量的提高目标所进行的努力。胡滨、邱建等在《产城一体单元规划方法及其应用》（城市规划2013.8）中也进一步说明了产城一体的理论基础及实际意义。

城市规划理论基础奠定了“产城一体”天府新区规划中的可行性，但传统规划编制中公共服务设施配置遵循居住区、居住小区、居住组团的层级配置，依据人均建设用地指标测算服务的人口规模，并根据与居民日常生活的紧密程度，进行相应层级的设施配置是在计划体制下的开发建设模式，市场建设主体与政府建设主体，政策建设与社会进步对公共服务设施的要求也在提高，老龄化社会的加剧，城市开发建设政策的不确定性都会导致公共服务设施配置的改变。因此需要梳理新的城乡规划法实施后，新旧技术标准并存中公共服务设施配置具体规定，导致的规划编制、实施过程中的不统一，以及社会发展过程中新的社会活动和生产方式的出现，有助于理解产城单元配置模式的内涵。

四、单元控制模式的规划编制

1. 单元控制模式的内涵

“产城一体单元是实现城市产城一体发展的基本空间引导单元，是在一定的地域范围内，把城市的生产及生产配套、生活及生活配套等功能，按照一定协调的比例，通过有机、低碳、高效的方式组织起来，并能够相对独立承担城市各项职能的地域功能综合体，需要在保障效率、提高活力、完善结构等多方面对城市空间进行优化，主要从职住平衡和通勤效率两方面来确定空间尺度。”[1]

单元控制模式的核心内涵是对通过产业进行分类，形成完整的产业链和产业单元，考虑出行和土地集约利用及就近上班原则，一个完整的产业单元要具备一定的生活用地，因此需要按照生活用地配置完善的公共服务设施，在产城单元实现“职住平衡、功能复合、配套完善、绿色交通、布局融合”。要素控制在现有的用地分类基础上，按照市场需要、社会需要和技术规范要求三个方面，产业与居住、生活与配套的演进方式建立新的配置指标体系，同时又要满足国家规范、地方建设标准及已有的规划要求，创新公共服务设施配置理论、完善公共服务设施配置方法。

2. 自上而下，分层解析

正是由于公共服务设施在规划编制层级的不明确性，天府新区规划提出城市中心—功能片区—产城单元—功能单元—社区中心的组织模式，在不同的阶段配置相应的公共服务设施，从数量到类型保证下一个层级的完整性。

其中产城一体单元中心按20万～30万人口规模进行配置；功能单元级中心按3万～5万人口进行配置，提供生活配套；社区中心按1.5万～2万人口进行均衡配置。单元级主要提供完善的生产生活服务设施，在TOD导向下关注效率；功能单元级提供较为大型和集中的生活配套，突出社会不同层级的需要；社区级满足基本的日常生活，体现便捷和服务均等。注重不同公共服务设施相互之间关系，相对于土地而言，集中体现服务的集约性，相对于服务对象而言是以人为本的便捷性和公平性及多元化需求。

表1　单元配置模式

配置依据	配置方式	具体要求	存在主要问题	其他说明
2012年版《城市用地分类与规划建设用地标准》（GB501137—2011）	通过城市用地结构中的公共设施比例，进而确定公共服务设施规模	以经营性和非经营性划分用地分类应对不同社会需要	不能体现不同城市特色、性质	城乡规划法颁布后的技术标准调整（国标）
2002 年版《城市居住区规划设计规范》（GB50180—93）	以设施的服务半径作为布局的决定性因素，服务人数作为参照因素	通过层级和千人指标确定不同层级用地规模和建筑规模	不能充分应对规划中不同群体文化多元要求	城乡规划法实施后，没有进行相应的调整（国标）
《城市公共设施规划规范》（GB50442—2008）	以设施的服务半径和服务人数作为参照因素，按照城市等级人均用地和占建设用地比例确定配置依据	通过服务等级和服务半径、前人指标确定用地	市场化与规划存在冲突，面对市场风险和不确定性因素	城乡规划法颁布后的技术标准调整（国标）
成都市规划管理技术规定《天府新区产城单元公共服务设施配套标准》、《天府新区成都部分控制性详细规划编制技术规定》（2012）	通过产业划分，按照不同层级的控制单元进行用地规模控制，把配置内容分为不同层级，以服务半径和人口规模作为配置依据	按照功能单元进行配置，强调用地功能混合和占地规模大小	市场选址与规划布局的不一致，规划区内行政管理与新的规定边界不一致	针对天府新区规划出台的规定（地方标）

3. 垂直管理，单元编制

由于天府新区用地涉及多个行政单元，为保证相互之间的有效衔接，所有的初步规划管理均在成都市规划管理局的行政层面，各县级规划管理部门服从市规划局的技术制定和管理要求，一个管理单元涉及不同的行政单元的由市局协调，避免为了各自的利益造成土地的浪费和造成功能之间衔接的矛盾。

由于各编制单位对技术管理规定的解读不同，各编制单元之间由相应层级的规划行政主管部门进行衔接，不同行政单位之间统一到市局协调，可以避免在产城单元－功能单元－编制单元划分过程中规划理念不同造成空间布局上的设施距离过大、过小的现象。垂直管理可以避免不同单元在不同行政区划之间各自为政的局面，同时单元编制又保证了生产、生活的完整性。

4. 模块配置，弹性优化

即使是每个模块有严格的规定性标准，但由于不同单元的城市功能不同，因此在进行公共服务设施配置的时候还保留一定预留地的弹性空间，尽最大限度地满足市场和社会之间的有效衔接，突出不同用地之间的功能复合。同时面对规划中已有建设用地与规划建设用地之间的多样诉求，发挥单元模块配置的弹性，充分彰显规划中文化多样性，不同社会群体多元化的需要进行配置。

针对规划中公共绿地等一些刚性要素明确绿地面积大小，服务半径范围，通过完善湖泊水系，提升天府新区生态环境质量；为避免连片发展带来的“城市病”，严格规定了不同产城单元之间的绿化隔离带。

五、单元控制模式实践总结（华阳公兴南产城单元）

1. 注重了不同规划编制层级的衔接

天府规划中的功能层级决定了公共服务设施配置的层级，不但保证了战略规划和整体规划编制的城市空间结构和形态，保证了城市发展中的有序性、空间形态多样性、社会群体需要的公平性，也保证了不同产业与居住群体关系，同时在测算人口的过程中，注重了不同产业对人口职业、收入状况、社会分层、居住隔离的影响，并在实际的规划编制过程中，通过强调不同用地功能的复合，加强用地的集约型利用。

2. 突出了编制中的市场选址地位

增加了市场选址对规划编制内容的影响，首先按照部门管理要求组织编制专项规划，并作为公共

6

7

8

服务设施配置的依据，减少了市场选址与规划空间落实之间的矛盾，减少了规划管理过程中的不确定性和调整风险，减少了规划管理过程中的权利寻租，有利于规划管理的严肃性、社会公平性及可操作性。

3. 预留了控制性规划的弹性空间

规划编制的刚性与市场选址的不确定性始终是存在规划过程的矛盾，单元控制预留了一些城市发展过程的新生功能用地作为发展预留地，并保证在城市建设过程中与已有建设用地和公共服务设施用地之间的衔接，即从总体用地层级到社区级配套综合体建设，从空间容量到设施定位结合未来发展趋势进行预留，保证了控制性详细规划中的弹性需要。

4. 拓展了公共服务设施配置的新视角

无论是《城市规划法》、《城乡规划法》中法律的具体规定，还是规范标准和各地规划管理技术规定，公共服务设施配置一直沿用居住区规划设计规范基础上的“层级”和“千人指标”的配置模式，在天府新区规划中应用的单元控制模式无疑提供了一个新的配置视角，从宏观层面较多关注了产业与居住之间社会公平、居住隔离等社会问题，也从技术角度强调了出行效率和产业整合，无疑都是公共服务设施配置的新探索。

注释

[1] 胡滨，邱建，曾九利，等．产城一体单元规划方法及其应用——以四川省成都天府新区为例[J]．城市规划，2013（8）：79－83．

参考文献

[1] 陈茜，杨潇．成都市基本公共服务圈规划探索[J]．城市规划，2013（8）：89－92．

[2] 李阿萌，张京祥．城乡基本公共服务设施均等化研究评述及展望[J]．规划师，2011（11）：5－11．

[3] 天府新区产城单元公共服务设施配套标准（成都市规划管理技术规定2012）．

[4] 天府新区成都部分控制性详细规划编制技术规定（成都市规划管理技术规定2012）．

[5] 天府新区成都部分分区规划（2012）．

[6] 吴志强，李德华．城市规划原理[M]．（第4版）北京：中国建筑工业出版社，2010．

作者简介

孟　莹，同济大学建筑城规学院博士研究生，西南民族大学城市规划与建筑学院副教授，注册规划师。

6-8.公兴南公共服务设施配置层级

广州市公共中心及公共服务设施体系控制性规划

Controlled Planning for Guangzhou Public Center and Public Service Facilities

孙华伟 杨 嘉 汤燕良
Sun Huawei Yang Jia Tang Yanliang

[摘　要]　公共中心及公共服务设施规划是城市规划的重要组成部分。本文结合国外城市发展的案例，明确城市公共中心为公共设施、公共交通、公共空间三位一体构成的综合体，并对公共中心的分类和等级划分进行详细阐述。在此基础上，结合广州公共服务设施现状调查和分析，结合GIS空间分析，对公共中心和公共服务设施体系进行控制性规划，为其他城市提供借鉴。

[关键词]　公共中心；公共服务设施；等级；选址规划

[Abstract]　Public center and public service facilities planning is an important part of urban planning. Combining with the urban development of foreign cases, this paper defines urban public center for public facilities, public transportation, public space combination in the composition of the trinity, and expounds in detail the classification of the public center and rank. On this basis, combining with the present situation investigation and analysis of Guangzhou public service facilities and combined with GIS spatial analysis, this paper proposes public center system and public service facilities planning, provides reference for other cities.

[Keywords]　Public Center; Public Service Facilities; Level; Site Planning

[文章编号]　2015-67-P-087

一、公共中心的定义与模式

顾名思义，公共中心是城市开展政治、经济、文化等公共活动的中心，是城市居民公共活动最频繁、社会生活最集中的场所。

就主导功能而言，公共中心是城市结构的核心地区和城市功能的重要组成部分，是城市生活服务和现代服务业的集中地，集中体现城市的经济社会发展水平，承担经济运作和管理职能。

就支撑体系而言，公共中心作为城市人流最为聚集的地区，需要便捷的公共交通支撑。因此，公共中心同时也是公共交通枢纽或节点，尤其在低等级的公共中心，应尽量减少私人汽车的通行，而应以公交和步行为主。

就空间形象而言，公共中心是城市形象精华所在和区域性标志。一般通过各类公共建筑与广场、街道、绿地等要素有机结合，充分反映历史与时代的要求，形成富有独特风格的城市空间环境，以满足居民的使用和观赏的要求。

综上所述，公共中心是由公共服务功能、公共交通接驳及公共空间环境所共同组成的城市综合体。

公共中心的概念，还可以从广义和狭义两个角度进行理解。广义公共中心即城市中心，是城市开展政治、经济、文化等公共活动的中心；是城市居民公共活动最频繁、社会生活最集中的场所；是城市结构的核心地区和城市功能的重要组成部分；是城市公共建筑和第三产业的集中地，集中体现城市的经济社会发展水平，承担经济运作和管理职能。狭义公共中心是在城市中心中，人群活动最为集中、承担主要的公共服务职能，并与公共交通枢纽和公共开敞空间相整合的综合性地块，是城市中心的核心区域。

二、公共中心的分类

根据公共活动集中的不同性质分类，广义的城市公共中心分为专业职能性公共中心和综合职能性公共中心。

专业职能性公共中心具体包括传统服务中心（即行政中心、文化中心、商业中心、体育中心）与现代服务中心（即商务中心、会展博览中心、旅游服务和教育科研等）。

综合职能性公共中心则是城市中三种及三种以上的公共活动内容相对集中的公共中心，往往是城市主要的公共活动中心。

三、公共中心的等级划分

根据地域空间和城市发展情况，以及公共中心在广州地理空间中组合分布形成的等级和布局特征，广义公共中心一般分为“市级中心、片区中心、组团中心”三级，狭义公共中心则分为“市级公共中心、片区级公共中心、组团级公共中心、社区级公共中心”四级。

1. 广义公共中心分级

（1）市级中心

城市一级中心，主要为整个城市乃至更大的珠三角、华南等区域范围服务的综合职能型和专业职能型公共中心。其中城市核心CBD为市级主中心，在中心城区外围逐步生长集聚特色职能、承接城市核心CBD以外的高效集聚区，为市级次中心。

（2）片区中心

城市二级中心，主要为政策分区相对独立完整

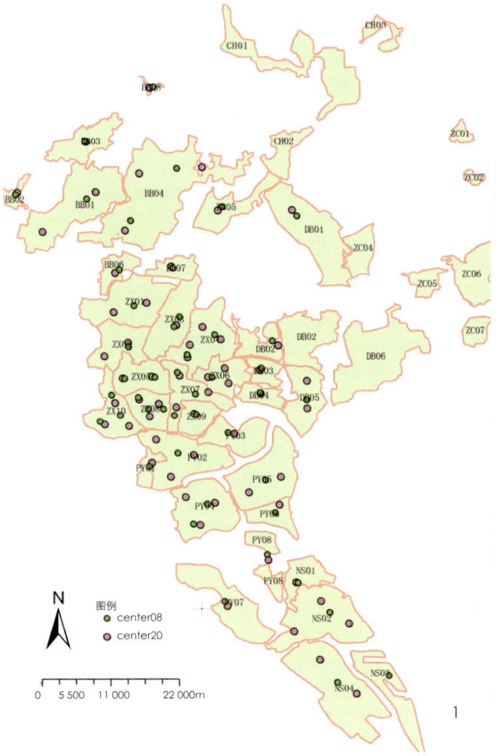

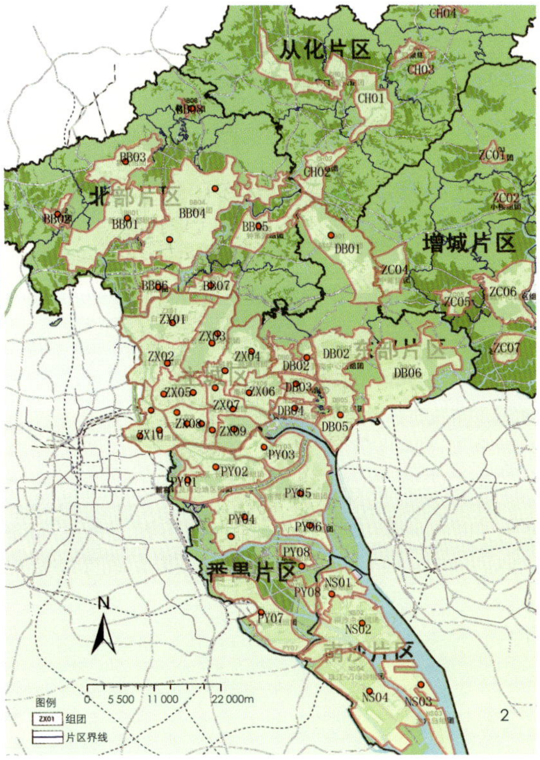

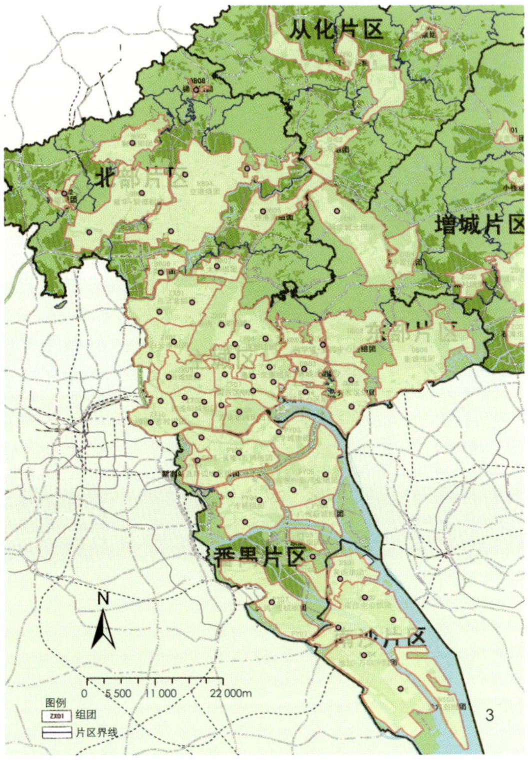

的地区或行政区范围提供服务的公共中心。它是片区内部服务功能的载体，作为城市片区的功能体的政治、经济、文化等活动的聚集核，承担相应经济运作和公共管理职能。

（3）组团中心

城市三级中心。与生活居住、产业功能等组团发展布局相协调，主要为人口规模在12万～30万左右的大型居住片区、大型产业功能区或重点镇范围提供综合配套服务的公共中心。

2. 狭义公共中心分级

（1）市级公共中心

在市级中心中，位于交通主枢纽、现代服务业、高端商业和公共服务最为集中、公共广场开放度最高的区域。

（2）片区级公共中心

片区中心中，位于交通枢纽附近、商业和公共服务最为集中、公共广场开放度最高的区域。主要供片区居民购物、休闲等。

（3）组团级公共中心

组团中心中，位于轨道站点周边、商业与公共服务设施混合、公共活动空间开放度较高、居民日常交往较为频密的区域。主要供组团居民购物娱乐、运动休闲、开展文化活动等。

（4）社区级公共中心

城市四级公共中心，社区中位于主要公交站场周边、商业和公共服务较为集中、公共活动场所集中的区域。主要供社区居民购置生活日用品、运动休闲、办理日常手续事务等。

四、广州公共服务调查与分析

本次规划选定的三个样本——嘉禾望岗、五羊新城及大沙地片区，委托专业公司从购物、休闲娱乐、交通出行、公共配套、环境绿化等五个方面进行了规划前民意征集。除三个片区的独立报告外，还对三个片区进行了横向对比。

1. 调查人群的共性

三地的受访人群中，年龄结构都以18—35岁年龄段为主，过半多数是广州常住人口，且居住在调查片区。在职业构成中，“服务业从业人员”比例较高，而教育水平则以高中学历为主，且月收入水平过六成集中于1 001—3 000元段。

（1）前三点特征可基本保证本次调查贴合本地民众意愿，且代表社会发展的趋势。

（2）服务业从业人员的比例较高，更多受惠于广州及珠三角地区较高的社会经济发展水平，尤其当前进行的“双转移”。

（3）月收入集中于1 001—3 000元段，且1 001—2 000元的约占四成。2009年广州城市居民月人均可支配收入2 300元。可见，调查所得的收入水平明显偏低。或与“藏富”、“避税”心态有关，也或者与选项被认为仅与月工资有关。

2. 购物习惯方面

在居住点附近及临近周边购物是人群的首选。但各地人群在广州市内其他地区购物呈现出较大的波动。现有商业中心认知方面，五羊新城地区，对于万佳超市认同度较高，达65.3%；处于郊区的嘉禾与大

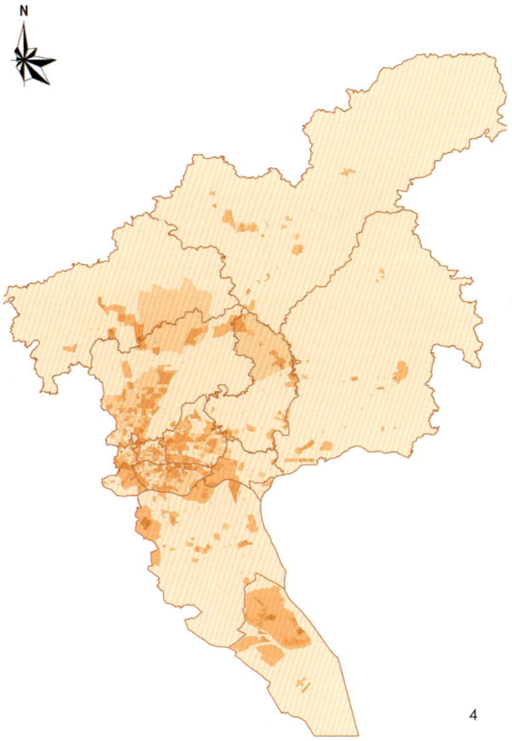

4

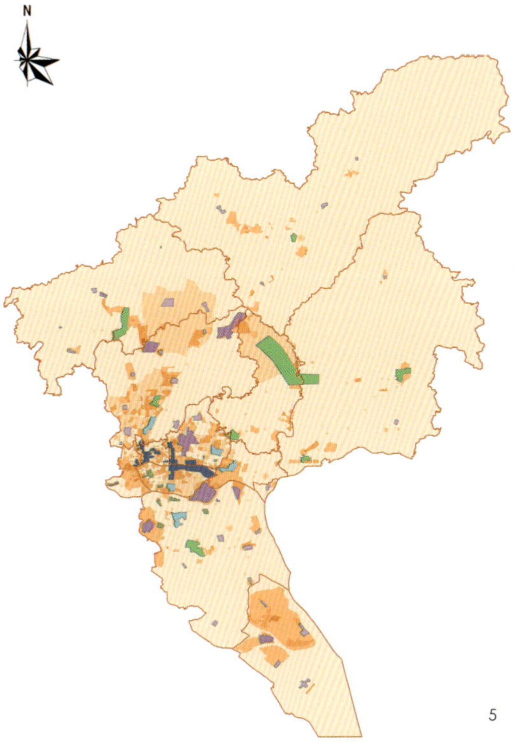

5

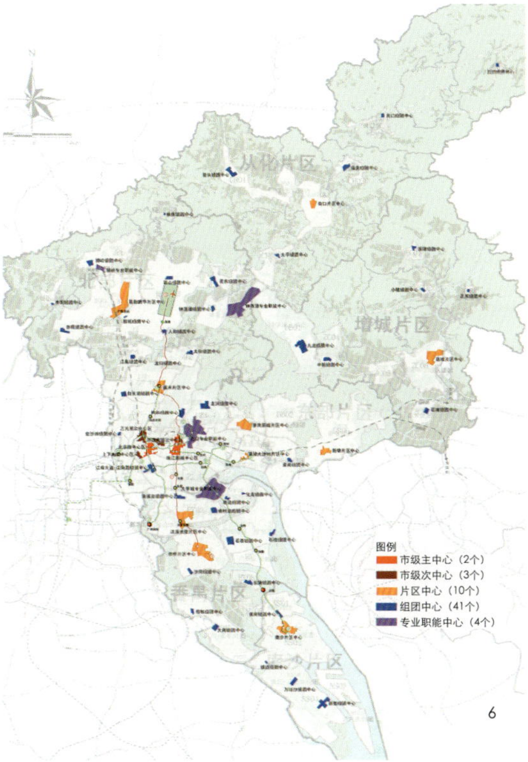

6

1.2008-2020年人口重心对比图
2.2008年人口重心图
3.2020年人口重心图
4.公共中心GIS分析图
5.公共中心GIS分析与选址对比图
6.公共中心现状图（轨道）

沙地地区则呈现出不明晰态势。特别是嘉禾地区，居然有27.6%的受访者将望岗地铁口当作嘉禾片区商业中心，反映出受访者的观望心态。需要完善的购物环境要素方面，美化环境、增加步行街、改善交通、增加大型购物设施成为三个地区首选居民的普遍心愿。对于增加高端或者低端商业网点则存在较大分歧。商业业态的评价方面，普遍认为区内缺少百货店、超级市场及购物中心，而肉菜市场基本满足需求。

3. 休闲娱乐方面

对于休闲娱乐活动习惯的问题，逛街购物、朋友聚餐、在家看电视、运动和唱k/打桌球/网吧成为三个地区受访者平常娱乐活动优先选择的前五名，体现出一致性，只是排名顺序略有不同，看演唱会/电影、桑拿/美容则成为靠后的选项。另一方面，也有极少部分人选择了其他的娱乐方式。

对于休闲场所的选择的问题，五羊新城与嘉禾地区排在前三位的依次为（1）小区中心绿地；（2）商场；（3）城市公园。大沙地则呈现出一定变化，排在前三位的依次为（1）城市公园；（2）商场；（3）小区中心绿地。究其原因。按照受欢迎程度，排在第四与第五位的是社区广场与街边休闲场所，基本超过20%比例；而健身场所、动/植物园、山体公园与影剧院则属于大众休闲场所的地三个层次选择，总体比率较低，但相互间比较平均。该项问题测试反映出商业空间、公共绿地与公共空间对于大众休闲的重要性，规划中应予以重视。

对于目前存在的问题，各地居民对于公共活动空间均反映出不满意的倾向性：“数量少，人员拥挤”、“各项配套设施不健全”、“分布不均、建筑质量不高”及“舒适度不够”等问题的选择量均占有较大比重，其中数量少且配套不齐全是首要的两项通病（选择率都超过40%），其中，排在首位的是“数量少，人员拥挤”，反映出广州公共活动空间匮乏的现状。

4. 交通出行方面

上下班交通方式，三地交通出行方式前三位分别是步行、搭乘公交与自行车，但是各地之间略有不同，五羊新城与嘉禾地区居前两位的方式分别为步行、搭乘公交；而大沙地则为步行与骑自行车。

购物的交通方式，步行与公交成为三地购物出行的共同选择，第三选项则各有不同，大沙地地铁比例非常高， 达36.6%；嘉禾第三选择则为自驾车，而五羊新城第三选择则为自行车；反映出各地的出行习惯与附近商业目的地联系便利程度。

5. 配套设施方面

教育设施方面，相对较为方便，三地绝大部分受访者出行时间均控制在30min以内。

医疗设施方面，显示医院选择与收入和病症等方面因素具有较大关联性，与居住地关联性较弱。

文化公益设施方面，大沙地与五羊新城具有较好的基础，嘉禾方面则较为欠缺。

完善公用配套建议方面，青少年活动中心成为三地居民的首选，此外公共厕所也成为各地共同关注问题。大型设施方面，根据各地基础不同，以及受调查人群影响，呈现出差异化态势：基础较差的嘉禾体育馆（35.5%）、影剧院（34.4%）及图书馆（34.2%）较为热门；大沙地则为“设备

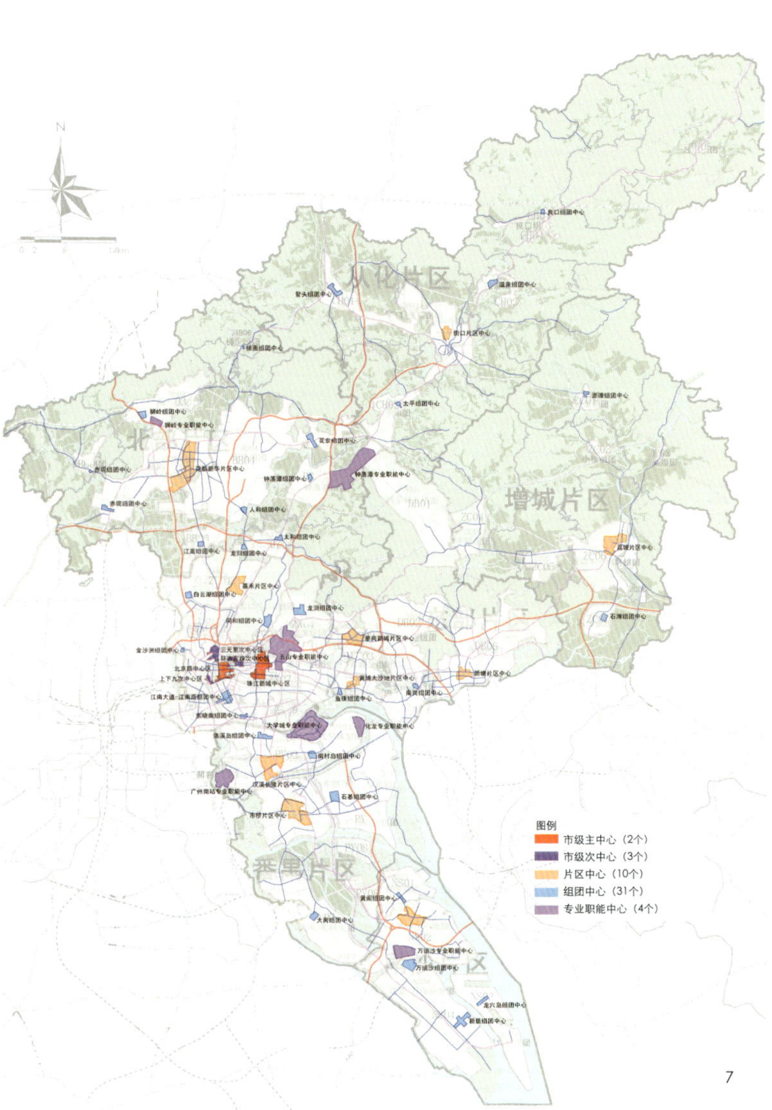

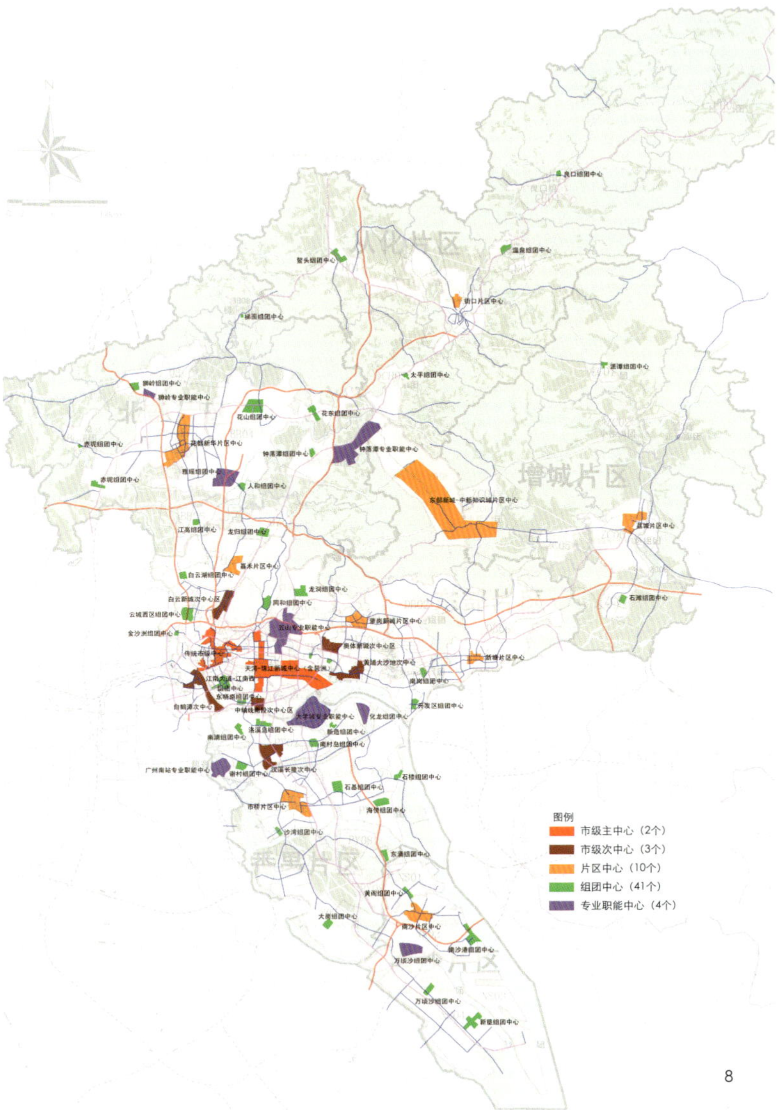

7.公共中心现状图
8.公共中心选址规划图

较齐全的、有一定规模”的室外球场（28.6%）、老年人活动站（26.4%）、图书馆（25.4%）、体育馆和职业培训场馆（22.6%）；五羊新城则为室外球场（30.6%）、图书馆（28.3%）、体育馆（25.7%）、影剧院（22.6%）。

五、广州公共中心的选址规划

1. 公共中心选址要素

公共中心发展是一个动态的概念。借鉴西方城市中心现代化经验，广州城市公共中心的选址规划必须是以控规为主体的规划平台，结合各类功能要素以动态的规划思想指导建设，对市场行为进行有效地引导，满足城市社会环境变迁的需要。具体而言，公共中心选址主要综合考虑以下四个方面因素。

（1）空间结构要素

广州市城市公共中心作为城市空间结构的重要部分，是城市空间结构的重要支撑，是广州城市形象的集中体现。广州的城市空间结构及城市发展方向从整体上确定了城市公共中心的基本框架。

（2）轨道交通要素

轨道的建设，是广州城市人口跳出旧城向外迁移的先导和牵引力，使广州人口分布格局产生重大变化。随着城市人口的大量迁移，与人口相关的购物、娱乐、运动休闲等公共服务设施也将随之迁移，城市用地功能格局产生了划时代的积极变化。

（3）重大项目要素

未来影响广州城市建设的主要因素有空港、新客站及其他重大项目等，广州重点项目的建设对于促进广州城市公共中心布局及城市中心体系的形成具有强劲的动力作用。

（4）生态景观要素

广州城市公共中心的建设要与生态结构相协调，景观要素良好，能反映广州“云山珠水”面貌的地段应该优先发展城市公共中心。

2. 公共中心GIS选址要素分析

（1）公共中心GIS选址——人口要素

人口分布，规划选取了现状与规划两个时间断面对于人口分布进行研究，为了更好地说明人口与公共中心选择的关系，规划假设每个人对于中心的需求是均等的，根据所有人平均出行时间最短的人口重心

对于公共中心选址进行辅助研究，

规划人口密度分布是通过以下步骤得出：

①规划总人口根据标准与准则对于居住用地容积率规定，按照户均面积100m^2，户均人口3.2进行推算；

②分镇区统计土地规划各区的居民地栅格数量；

③各镇区规划对应人口数量/各镇区规划居民地栅格数量，得到每个栅格对应人口数量。

人口重心是通过以下步骤得出：

①根据人口密度图统计各组团中心的人口，如果人口小于20万，则结合人口密度计算该组团的人口中心。

②如果组团人口20万～40万，则需要确定两个公共中心，组团人口40万～60万，需要确定三个公共中心，依次类推，通过gis中的location-allocation基础设施配置模型确定多个公共中心。根据规划人口规模确定2020年组团人口重心分布图。

（2）公共中心GIS选址——轨道交通要素

根据广州市2020年轨道交通线网建设规划一、二标，轨道站点共261个；其中综合枢纽站9个，枢纽站46个，一般站点206个。根据广州市2020年轨道交通线网建设规划一、二标站点生成300m、800m范围内缓冲区。

（3）公共中心GIS选址——重大项目要素

将重点项目分为一、二类。

一类：珠江新城一员村地区、琶洲地区、黄埔临港商务区、白鹅潭地区、新客站地区、南沙地区。

二类：空港经济发展区、中新知识城、东部新城白云新城北部延伸区、白云湖地区、白云新城西部延伸区、奥体中心周边地区城市中轴线南段。

（4）公共中心GIS选址——单元控规要素

使用栅格影像重分类法提取广州市2010—2020年土地利用规划图，广州市2010—2020年土地利用规划图中公共服务设施用地，生成区域用地类型直方图表，计算各单元公共服务设施用地密度。

（5）公共中心GIS选址

将以上轨道站点缓冲区、人口重心缓冲区、重大项目要素、单元控规要素根据权重转换为栅格图像。通过栅格计算器按照以下公式得出公共中心权重图。

3. 公共中心选址规划

通过公共中心GIS选址要素分析及现状核查结果，确定规划公共中心包括主中心2个，次中心6个，片区中心9个，组团中心42个，其他专类中心8个。

城市主中心（2个）：传统市级中心、天河—珠江新城中心（含琶洲）。

（1）传统市级中心，总用地面积10.19km^2。结构序列（规模）：传统中轴线以北京路商业步行街为主核心，聚集了大规模的零售商业。轴线沿线布置了越秀山公园、中山纪念堂、人民公园等旅游景点，省政府、市政府等行政办公区，北京路商业步行街及海珠广场商务办公区、中华广场商贸区。主导功能：零售商业为主，综合性商场与品牌专卖聚集于北京路，服务全城。贸易咨询也占了相当大的比例，主要集中在东风中路两侧。同时，围绕中山纪念堂集中了市人大，市政府等大量行政办公机构。

（2）天河—珠江新城中心（含琶洲），总用地面积25.73km^2。结构序列（规模）：城市新中轴线由北部火车东站，天河体育中心为核心，形成贸易咨询，金融保险聚集区；中部以正佳广场、天河城为核心，形成中轴线的商业零售中心，珠江新城以商务办公、酒店为主，同时配有大量的文化娱乐设施群；南部琶洲以会展功能为主。主导功能：贸易咨询和金融保险是新城的重要区域职能，在中信大厦周围产生聚集效应。而中部的商业零售是作为新城的商业配套中心；南部主要以商务办公、酒店会展为主。

城市次级中心（6个）：白云新城次中心、奥体新城次中心、黄埔大沙地次中心、中轴线南段次中心、白鹅潭片区次中心和汉溪长隆次中心。

片区中心（9个）：花都新华片区中心、嘉禾片区中心、萝岗新城片区中心、东部新城—中新知识城片区中心、街口片区中心、荔城片区中心、新塘片区中心、市桥片区中心、南沙片区中心。

其他专类中心（8个）：大学城专业职能中心、空港专业职能中心、广州南站专业职能中心、五山科教专业职能中心、钟落潭高校园区专业职能中心、狮岭皮具皮革专业职能中心、化龙专业职能中心、万顷沙专业职能中心。

参考文献

[1] 孙施文. 城市中心与城市公共空间：上海浦东陆家嘴地区建设的规划评论[J]. 城市规划，2006，8.

[2] 高军波，周春山. 广州城市公共服务设施供给空间分异研究[J]. 人文地理，2010，3.

作者简介

孙华伟，广州城曦建筑规划设计有限公司总经理，注册规划师；

汤燕良，广东省城乡规划设计研究院规划设计三所城市规划师，硕士；

杨　嘉，广东省城乡规划设计研究院规划设计三所技术总监，高级工程师。

1

多元视角下城市金融集聚区公共服务设施规划特征探析[1]

——以广州国际金融城起步区城市设计为例

Analysis of Public Service Facilities Feature in Urban Finacial Area under Multiple Perspectives —Taking the Case of Detailed Urban Design for Guangzhou Financial City Start-up Zone

刘 晓 沈 磊

Liu Xiao Shen Lei

[摘　要]　当前，我国的金融集聚区建设进入快速发展期，公共服务设施在集聚区开发中所扮演着极其重要的角色，但应对新时代要求的相关规划研究探索还较少。本文以广州国际金融城起步区为例，从起步区公共服务功能分区及定位出发，基于多元视角，从功能化、新型城市化、地域特色化、生态创新四个方面对城市金融集聚区公共服务设施的特征进行了探析。旨在通过这一案例的研究探寻当前城市金融集聚区融合、创新发展之路。

[关键词]　金融城；城市设计；公共服务设施；特征

[Abstract]　Nowadays, the constructions of financial area have entered into a rapid development period in China. The public service facilities take an important role in the financial area, but there are not as many relevant studies as need in the new era. This paper discusses zoning and positioning of public service facilities of Guangzhou Financial City Start-up Zone, based on multiple perspectives, like functional, new urbanization, local characteristic and eco-innovation, to express the features of public service facilitiesin urban financial area. Based on this case study, this paper tries to explore the integration, innovation and development of urban financial areas.

[Keywords]　Financial City; Urban Design; Public Service Facilities; Features

[文章编号]　2015-67-P-092

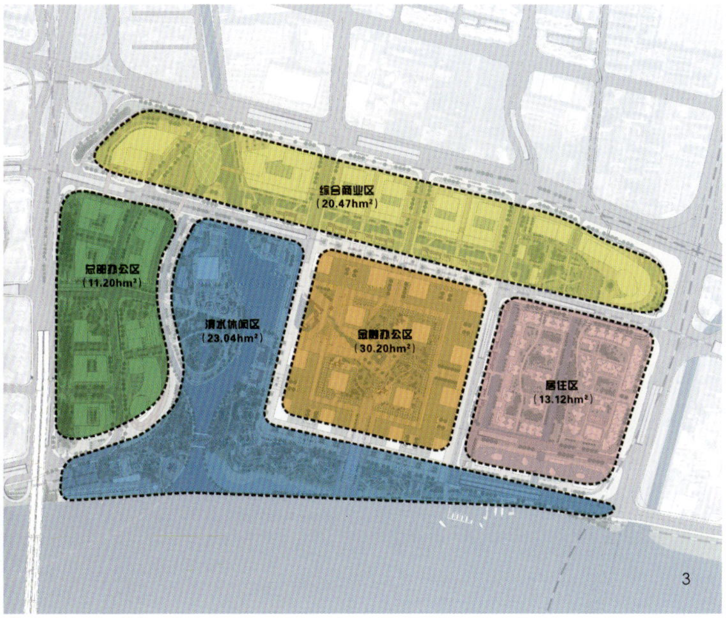

1.效果图
2.广州市层面功能布局优化示意图
3.广州国际金融城起步区功能分区图

一、引言

当前我国进入了建设创新型国家，产业结构优化升级的新时代。金融作为创新型国家建设的重要力量，发展金融业成为产业转型的重要手段。较发达地区的地方政府部门纷纷希望通过建设金融集聚区，来提升城市的区域竞争力，引领城市发展转型升级。金融集聚区建设进入一个相对快速的发展时期。作为一个城市未来重要的公共服务核心，金融集聚区的公共服务设施规划就显得尤为重要，它不仅关乎着城市未来的社会经济发展，也影响着城市居民的社会生活。其规划在突出主导功能的基础上，还应体现以人为本、地域特色、引领时代等特征。

鉴于此，如何在多元视角下，体现公共服务设施的规划特征，成为本次广州国际金融城起步区城市设计中重点思考的问题。

二、项目背景

广州国际金融城位于广州都会区的核心区域，广州市中心城区东部，珠江黄金水道北岸，东邻珠江新城中央商务区，与琶洲国际会展中心隔江相望，是广州大都市的核心发展地区。未来与珠江新城、琶洲国际会展中心采取功能互补发展、交通强化互动，使之形成功能复合，能级强化的广州市域发展驱动中心。全面提升广州城市竞争力，引领广州城市发展转型升级，走新型城市化发展道路。其起步区是金融城的核心功能区和先行开发建设区，起步区位于广州国际金融城整体规划范围的中部，总面积1.32km^2，规划将其打造成为国内领先的金融集聚区。

三、起步区公共服务功能分区及定位

起步区规划以金融办公为核心功能，复合发展商业服务、文化娱乐、特色居住及相关配套服务功能，形成金融办公区、总部办公区、综合商业区、滨水休闲区和特色生活区五大功能区。其中：

金融办公区——以金融办公为主体、引进国内外著名金融机构为目标，是广州国际金融城的核心组成部分，带动金融城的整体发展。

总部办公区——利用金融办公的集聚效应，布局世界500强企业、跨国企业、国内知名企业的区域总部及各类咨询、会计、信息、评级、认证等金融服务类业态，为金融城提供高端的商务办公服务。

综合商业区——集金融服务、总部办公、商务酒店、商业休闲、社区配套、餐饮美食等多功能复合的综合配套商业区。

滨水休闲区——充分利用现状河涌，设置休闲商业、餐饮、财富地标等设施，提供多样的、活力的滨水活动场所，营造宜人和富有魅力的岭南滨水休闲空间。

居住生活区——要由棠下村安置住宅区和江源半岛居住小区组成，建筑设计体现岭南特色。滨江规划建设1处五星级酒店，为规划区提供最顶级的配套设施。

四、多元视角下的起步区公共服务设施规划特征体现

1.功能化视角下的特征：金融主导、完善配套

作为广州国际金融城核心区，起步区在公共服务功能构成上一方面需要突出金融主导的特点，包括核心金融服务业、辅助金融服务业等多种金融功能类型；另一方面又需要围绕金融主导功能，完善银行证券、信息咨询、商业娱乐、居住生活等配套功能。通过主导功能和配套功能的高度结合，打造面向专业的后台运营和面向公众的前台运营体系，增强金融城综合服务功能，提升城市活力。

（1）金融主导

核心金融服务业——发展银行业、保险业、信托业、证券业、基金业、租赁业和资产管理服务业等。

辅助金融服务业——发展金融咨询、法律、仲裁、会计、信息、评级、认证等中介服务业及金融研发服务业、金融教育培训业、金融文化创意业、金融知识产权服务业等。

融合型金融服务业——金融业与其他服务业的融合，发展贸易金融业、会展金融业、航运金融业、物流金融业、科技金融业、文化创意金融业、房地产金融业、商务金融业等。

延伸金融服务业——为金融城服务配套的产业，发展休闲娱乐业、旅游业、餐饮业、宾馆业等。

01科韵路地铁站
02商业综合体
03总部办公\酒店\公寓
04广佛环线城际线
05综合交通枢纽
06公交首末站
07新型交通
08景观桥
09步行连廊
10总部办公
11.地下车行道路出入口
12.地铁五号线
13.水街休闲商业
14.休闲广场
15.市政公园
16.高端公寓\办公
17.车陂加压泵站
18.车陂路地铁站
19.地铁四号线
20.预留新型交通
21.银行/办公
22.信托投资
23.金属会议中心
24.国际金融交流中心
25.下沉广场
26.金"榕"广场
27.银滩长堤
28.金鹿湖雕塑
29.能源中心
30.智慧城市展示中心
31.坡地公园
32.保险/办公
33.热电印记园
34.当代艺术馆\金融博物馆
35.热电大舞台
36.星级酒店
37.翠岛岭南园
38.社会停车场
39.九号码头
40.耀江塔
41.野趣公园
42.双重船闸
43.汇园
44.主题雕塑
45.天河银滩
46.银滩长堤
47.休闲商业
48.梨园畅想
49.新墟碉楼
50.期货交易所
51.支付结算中心
52.撷金门
53.大宗现货交易
54.证券总部
55.保险总部
56.景观跌水
57.方城广场
58.石渠印象
59.迎金门
60.交易中心
61.外汇交易中心
62.中国人民银行广州分行
63.银行总部
64.采光带
65.证券
66.广东银监局
67.广东证监局\广东保监局
68.永金门
69.景观轴
70.永金门码头
71.游艇俱乐部
72.岭南水街
73.美食街
74.住宅区
75.幼儿园
76.华光庙
77.江源半岛
78.屋顶游泳池
79.预留新型交通
80.游艇会码头

4

4.广州国际金融城起步区城市设计平面图
5.广州国际金融城起步区公共服务设施布局图
6.广州国际金融城起步区规划结构图
7.广州国际金融城起步区生活配套布局图

（2）产业配套

集聚国家金融监管部门及银行、证券、期货、保险等金融机构。

构建外汇、产权、股权、票据、期货等金融市场交易平台。

布局会计、法律、信息、咨询、策划、教育、综合资讯等金融中间服务功能。

形成紧密联系实体经济的投融资、支付结算等金融主体功能。

落户上市公司、大型企业集团、总部企业等机构。

完善金融会展、金融论坛、金融博物馆、金融家俱乐部等金融配套服务机构及设施。

打造面向专业的后台运营和面向公众的前台运营体系。

2. 新型城市化视角下的特征：以人为本、幸福生活

完善"小配套"：沿着公共空间布置依托智慧城市基础设施和云端物联网服务的新型商业和服务业态等"小配套"，提供完善的城市公共服务保障，让金融城的人们在忙碌的工作后享受优质的生活。

打造全天候中央活力区：将先进的商业功能、社会及文化盛事、个体化用途有效融合，同时对城市空间进行高效的利用。丰富多样的生活配套服务设施，使得城市空间在任何时段均能得到合理、有效使用，从而打造全天候城市金融中心，使其在24h内均充满了活力。提供人在各个时段所需的服务：早上6点的健身、7点的早餐、10点的购物、12点的中餐、14点的商务会晤、16点的下午茶、18点的晚餐、20点的购物、21点的电影院、23点的酒吧、1点的酒店，全天候满足各类人群多种需求，达到24h活力不断。

活力商业：考虑为金融城内不同商务人士提供完善的商业服务，满足多层次商业需求，为忙碌的工作人员提供优质的休闲生活，规划布局不同业态、不同档次、不同形式的商业服务设施。规划沿黄埔大道设置综合商业带。其中，结合2座地铁站分别设置2处商业综合体，形成区域商业中心，以大型商业购物中心、餐饮、娱乐等功能为主导，为金融城提供日常商业购物、餐饮、娱乐等服务。规划结合国际金融交流中心布置高端精品购物中心，为商务人士提供高端商业、商务等场所。规划沿岭南水街和滨水空间布置咖啡店、酒吧、美食街、精品购物等休闲商业，为金融城提供日常休闲场所。规划结合金融方城区和总部

办公区裙房设置零售、便利店、餐饮等商业业态，为金融城提供24h便利服务。

休闲娱乐：规划结合建筑首层连续的骑楼界面，架空层步行空间，开放的屋顶公共平台，岭南庭院景观与室内环境相互交融，为人们提供多样化的交往空间与休闲娱乐空间；滨水建筑开敞通透，敞梯与观景台，营造出浓郁的岭南生活风情。以人为本的步行空间现代岭南风格的高层建筑和各种掩映在大榕树、荔枝树中的花廊水街，体现了高效的商务办公环境和宜人的慢行生活氛围，给人以强烈的幸福归属感，为起步区注入一种全天候的活力与休闲娱乐氛围。

3. 地域特色视角下的特征：方城曲苑、古今交融

起步区规划基于金融城的功能布局要求，借鉴中国传统方城格局和古代造城风水理论，利用曲水藏金的手法，融汇岭南建筑及园林特色，形成独具特色的“方城曲苑、古今交融”的公共开放空间。

（1）金融方城：九宫布局、一水绕城、核心引领、商街合环

强调中轴对称，方整庄重，地块呈480m×480m方正布局，按照中国传统九宫格模式划分16个地块，东、西、南、北四个方向分别设置迎金门、西水关、永金门、撷金门，外部水体环绕，寓意“城墙、城门、护城河”。建筑细部通过抽象传统岭南建筑文化的意向符号，并结合现代气候适应性的设计手法来表达岭南文化特色。建筑立面运用骑楼、剪纸、满洲窗等传统岭南意向作为立面肌理，避免大面积玻璃幕墙，同时采用多种遮阳方式，适应岭南气候特征。方城以金融监管、金融总部办公、交易平台、商业配套等功能为主，中心设置鼓楼广场，建筑裙楼屋顶设置连通步行平台，可供办公者自由穿行，底层环绕内城设置休闲商业步行街，四面裙楼连接。

（2）岭南曲苑：一湖三园、曲水聚气、珠江绿脉、生态渗透

梳理现状河涌水系，借鉴传统园林造园术和风水环境营造理念，重现岭南自然水网和沙洲特色景观，形成自由流畅的自然园林布局形态。主要由财智翠岛、金鹿湖、滨水休闲商业等园林及水景公园等组成，是金融城内部以慢生活为主题的现代岭南园林开放空间。其中，金融国际交流中心高度450m，是整个金融城的地标，与珠江对岸的琶洲塔隔江相望，一新一旧，相得益彰，形成金融城的视觉中心。

（3）古今交融

规划从岭南文化“兼容并蓄、包容创新”的内涵特征出发，遵循“方城曲苑”的空间布局，按照中国传统格局划分核心地块，引水入城，开敞空间强调岭南园林意境，形成富有浓郁岭南风情的公共空间，达到传统与现代风格建筑的融合，自然环境与人工环境的融合，艺术与科技的融合，生态与社会的融合。从而体现“古今交融”的公共空间特质。

4. 生态创新视角下的特征：立体交通、综合开发

（1）多层分离、立体交通

打造金融城综合交通枢纽，实现地铁、广佛环城轨、新型交通线路、游船、公交、出租车、私家车多种交通方式的换乘。规划地

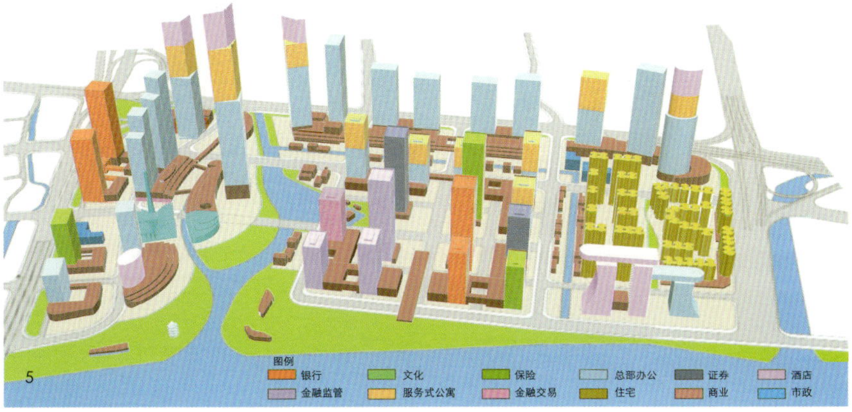

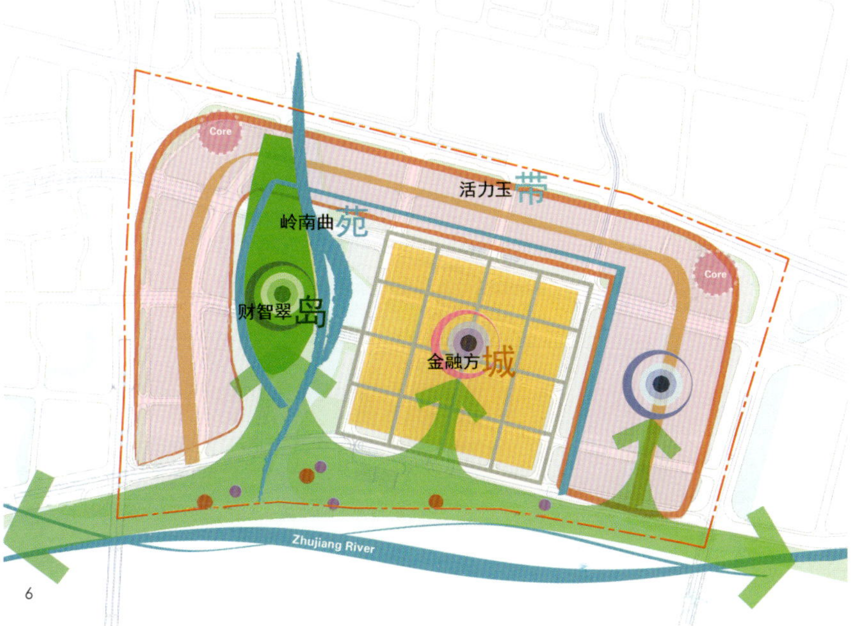

8

9

8.广州国际金融城起步区上下一体开发示意图
9.城市设计局部效果图（古今交融）
10-11.广州国际金融城起步区上下一体开发示意图
12.城市设计局部效果图（方城曲苑）
13.广州国际金融城起步区交通综合枢纽分层规划图

10

11

12

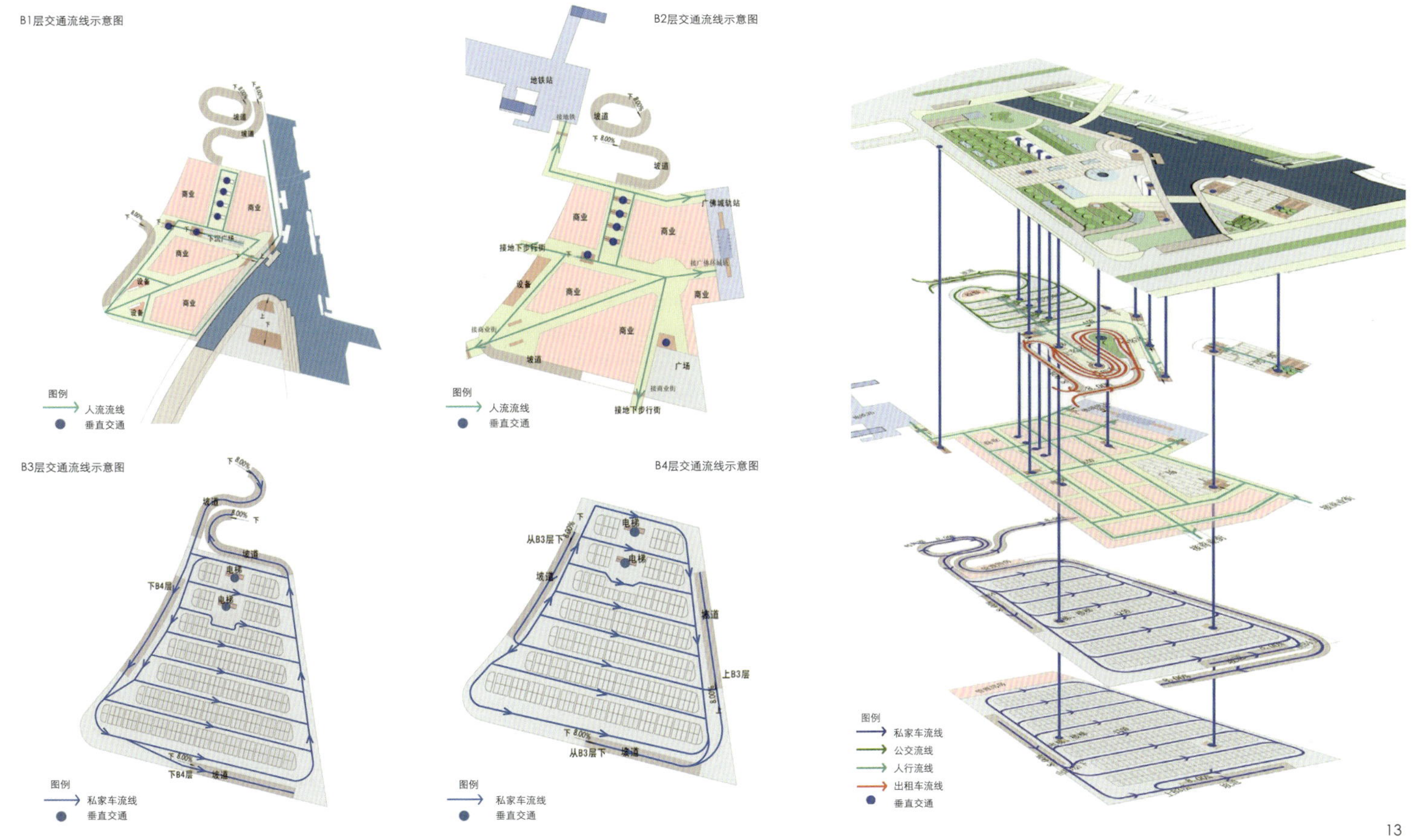

13

面慢行交通衔接游船码头，规划地下四层。B1层为出租车和公交场站；B2层为步行换乘层，联系地铁和环城轨，同时配套商业；B3，B4层为1 000个车位的公共车库。规划垂直组织各层人流，形成立体交通系统。

平面实现机动交通流线零交叉，实现人车分流，减少交通干扰，提高交通效率。采用扶梯，电梯、楼梯组织竖向交通。B1层规划出租车、公交站场，采用坡道与地面衔接，坡度为8%，出入口各一个。B2层为慢行交通，衔接地铁站、环城轨、商业街。B3，B4为私家车停车场，停车场采用电梯与地面、B1，B2层连接。

B1层与B2层之间采用大量自动扶梯和楼梯组织垂直交通形成便利的交通换乘系统。地下三层和四层的停车场采用两部电梯和楼梯与地面连接。平面交通与垂直交通共同构成立体交通系统。

（2）综合开发、多赢共享

据估算，未来广州金融城地上建设规模达到498万平方米/年、车流量预期十分巨大。单纯依靠在地面上增加路网和拓宽街道并不是新型城市化发展的最好选择。只有通过创造地下层面的城市空间，修建足够的地下铁路、地下道路、地下步行道、地下停车库以及各类地下换乘设施等，才可以立体化解决城市交通问题和实现区域人车分流，保证金融城的生态环境，促进金融城良性发展。

从商业效益方面来看，广州金融城地下空间将分布1个广佛城际轨道站、2个地铁站，串联250万m^2的高档写字楼，服务17.8万就业人口和1.3万的居住人口，交通与人流的互动将带来巨大的商机。地下轨道沿线的商业开发不但可以在一定程度上弥补地下交通设施经济效益之不足，而且可以与地面上的商业形成互补，使经济活动更加活跃。

从提升环境的舒适性方面来看，广州气候炎热、多雨，户外活动易受气候影响，而地下空间能够在刮风、下雨、严寒、酷暑等恶劣天气时可以为游人提供舒适的地下活动空间。同时，将多种城市功能设置在地下，从而可能在地面释放更多的广场、绿地，以创造精致优美的金融活动环境。

五、结语

金融集聚区是城市公共服务的核心，规划设计过程中对其公共服务设施特征的精确理解以及公共空间的合理表达将会更好地体现金融集聚区的功能和形象，从而使其真正融入城市之中，获得独特的魅力和长久的生命力。

通过本文对广州国际金融城起步区城市设计中关于公共服务设施规划特征的探析，期望能够为今后城市设计中对公共服务设施规划、公共空间打造提供借鉴。通过这一案例的研究探寻当前城市金融集聚区融合、创新发展之路。

注释

[1] 该项目获得2013年度广东省优秀城乡规划设计一等奖。组织编制单位：广州市城市规划编制研究中心。主编单位：上海同济城市规划设计研究院；广州亚城规划设计研究院有限公司；华南理工大学建筑设计研究院。

作者简介

刘　晓，上海同济城市规划设计研究院，主任规划师，注册规划师；

沈　磊，上海同济城市规划设计研究院城开分院，规划师。

成都市公共设施专项规划编制的实践
——以《成都市中心城区公共文化基础设施布点规划》为例

The Practice in the Planning of Special Plans of Public Facilities in Chengdu
—Illustrated by the Case of the Layout Planning of Chengdu Pubilic Cultural Infrastructure

李 磊 王 波
Li Lei Wang Bo

[摘 要] 成都市自2003年启动城乡统筹改革实践以来，在各层级城市规划的重点领域进行深化和细化，创新公共设施专项规划编制，促进各层级之间的规划衔接，实现城乡规划一体化。本文以《成都市中心城区公共文化基础设施布点规划》为例，对成都市公共设施专项规划编制的理念和实践进行了总结，同时介绍了成都在控制性详细规划中落实公共设施专项规划的经验。

[关键词] 公共设施；专项规划；成都市

[Abstract] The paper makes “the Distribution Planning of Public Cultural Infrastructure of the Central City of Chengdu” as an example, summarizes the idea and practice in the planning of special plans of public facilities in Chengdu.And the paper introduces Chengdu’s experience in the implement of special plans of public facilities.

[Keywords] Communal Facilities; Special Planning; Chengdu

[文章编号] 2015-67-P-098

一、成都公共设施专项规划体系和技术要点

1. 规划体系的构建

2003年以来，城乡规划一体化是成都市统筹城乡发展实践中的重大创新与成就，但城乡规划一体化绝不简单等于规划在城乡空间的全面覆盖。在实践过程中，成都市结合自身市情，通过各层级、各类型公共设施专项规划的编制，完善了成都市城乡规划体系，对城乡空间的专业化精细化管理起到了重要的作用。

在《城市用地分类与规划建设用地标准》（GB 50137—2011）提出了公共管理与公共服务设施用地概念之前，1990年版《城市用地分类与规划建设用地标准》中对于公共设施的含义是相当宽泛的，实际上也反映了我国处于经济转轨阶段的特点。成都编制公共设施专项规划的目的，主要解决各类公共服务设施在城乡空间合理配置的问题，相应地，确定的编制对象就需要适应经济体制改革和政府职能转变的要求。基于上述考量，近年成都编制的公共设施专项规划主要包括公共文化设施规划、公共体育设施规划、医疗卫生设施规划、教育设施（幼儿园、中小学）、社区用房规划等。[1]这些公共设施专项规划构成了成都城乡规划体系的重要组成部分（图1[2]）。

2. 公共设施专项规划的空间层次

成都市对于公共设施规划的编制方式强调从“部门编制”到“整合协调”的转变。这一转变表现在两个方面：一是规划编制的整合力度更大，强调对专项规划和部门编制规划的全面梳理、对接和协调，涉及更多的部门主体；二是更突出各专业专项规划自身要素的纵向梳理，强调系统性。[3]

结合成都全域空间结构，公共设施专项规划编制的可以分为三个空间层次。

（1）中心城区：包括五城区和高新区，是成都发展的核心区域。

（2）外围区市县：根据距离中心城区的距离及经济社会发展水平，又可以区分为二圈层和三圈层。

（3）全域：既包括城市地区，也包括农村地区。

在编制公共设施专项规划的过程中，成都市根据自己的需要、专业部门管理体制及事权划分，对于不同的公共设施专项规划选择适合的空间层次。

3. 公共设施专项规划编制的技术要点

公共设施专项规划是总体规划在公共设施领域的专题展开，其编制往往具有较强的目的性，规划目标相对比较明确。因此，编制公共设施专项规划的核心思路也相对“专注”，具有突出和明确的主线，即“需求、体系、标准、布局”。

接下来，重点以《成都市中心城区公共文化基础设施布点规划（2012—2020）》为例阐述成都市公共设施专项规划编制的技术要点。

二、关于《成都市中心城区公共文化基础设施布点规划》

1. 规划背景

2011年12月，为落实国家和四川省对推动社会主义文化大发展大繁荣的要求，满足人民群众日益增长的文化需求，成都市明确了城市文化发展总目标，即努力建设中西部最具影响力、全国一流和国际知名的“文化之都”。同时，还具体明确了两个方向的工作内容：一是加快发展公益性文化事业，创建国家公共文化服务体系示范区；二是大力实施文化产业跨越工程，建设全省文化产业核心发展区。2012年，成都市进行了《成都市中心城区公共文化基础设施布点规划》的编制工作，以支撑中心城区的城市文化建设。

2. 明确规划需求

从现状来看，成都市公共文化基础设施的条件与持续提高的建设标准之间的差距日益增大。以基层文化设施为例，83%的基层文化活动中心建筑面积小于1 000m^2，而成都执行的规划标准已达到3 000m^2。另一方面，大型公共文化设施的空间布局与快速变化的城市空间格局也不匹配，绝大部分设施都集中于市中心的天府广场周边，新城区尤其是规划的城市副中心缺乏相应的公共文化设施。此外，成都市文化事业与文化产业的发展之间还缺乏协调，文化产业发展比

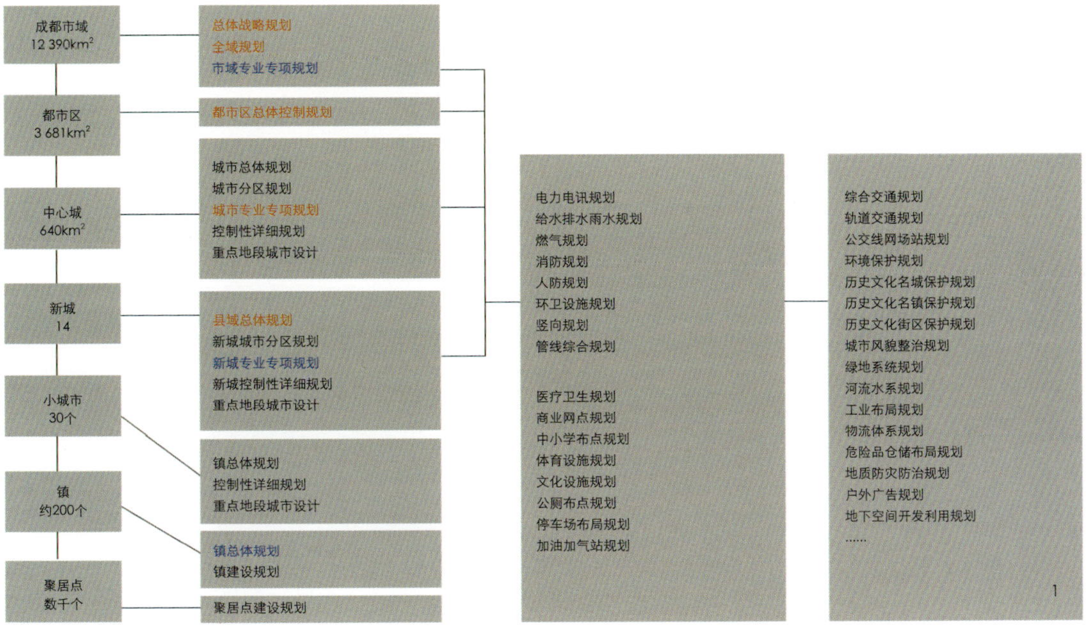

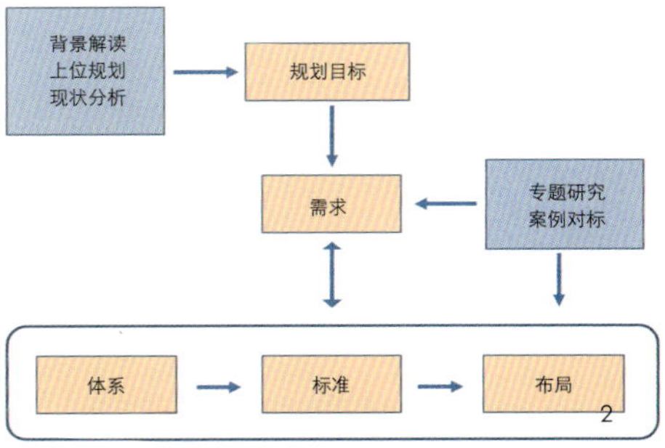

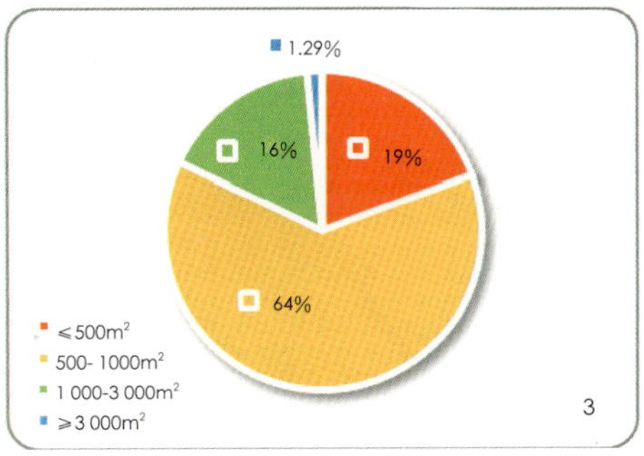

1.成都市城乡规划编制体系

2.公共设施专项规划核心技术路线示意图

3.成都市现状基层级文化设施现状规模分布图

较滞后，大型文化地标缺乏。

规划对比国际知名文化之都，如华盛顿、香港、上海等城市的公共文化设施建设，重点借鉴与分析了它们所塑造的“城市文化标识”。“城市文化标识”的体现方式为文化脉络或文化中心，文化脉络一般依托一定的自然基础进行打造，如河道、海岸；文化中心一般依托各级城市功能中心，具有发达的公共交通和开敞空间。例如华盛顿国会山文化中轴线，沿线集聚国家级科技、历史、文化公共建筑群，集中展示了美国国家文明成果；香港维多利亚海湾北岸是香港的文化中心与海湾文化脉络的起点，公共交通发达，文化地标及大量的文化活动世界瞩目；上海人民广场集结文化设施、交通枢纽、公园广场等功能，是名副其实的上海城市中心。

通过以上分析明确了专项规划的两大需求：一是强化文化标识，打造体现巴蜀风情和成都特色、符合城市发展格局的文化中心及文化脉络；二是完善基层文化服务，构建“15min公共文化服务圈”。

3. 梳理设施体系

成都市中心城区公共文化基础设施布点规划明确了“三级别、四系列”的配置体系，具体为省市级、区（县）级、基层级的“三级别”，图书系列、群众活动系列、展览展示系列、观演系列的“四系列”。相比其他城市，成都市归并了配置层级（将省级、市级归并为省市级，将街道级与社区级归并为基层级），以减少资源浪费，减弱管理分割影响。同时，规划还根据成都市自身特点，提出新增流动图书馆、流动文化站等新型设施，并明确了建设自然科学类博物馆等要求。

表1　成都市公共文化设施体系结构表

层级		类别			
		图书系列	展览展示系列	群众文化系列	观演系列
省市级	省级	省级图书馆	省博物馆、美术馆等	省文化馆	省级剧院
	市级	市级图书馆	市博物馆、美术馆等	文化馆	市级剧院、音乐厅等
县（区）级		区级图书馆	综合博物馆	区级文化馆	区级中型剧场
基层级	街道级	基层图书室、文化活动站、小型剧场等合建为综合文化活动中心			
	社区级	社区图书站、电子阅览室、文化活动室等与社区用房合建			

4. 确定建设标准

针对各级别各系列设施的服务特点，规划确定了各级别各系列设施的服务能力（服务人口与范围）、建筑面积、内容构成、设备要求等。针对标准争议较大的基层级设施，规划通过实地调研发现基层级文化设施建筑面积达到1 200m²时即可配置足够的室内设施，建筑规模将不再是主要的限制因素，而利用室外空间组织多元化的文化活动显得更为重要。例如成都市高新区的芳草街道办，除了每年开展近千项室内社区文化活动外，还依托本地社区广场（紫竹广场，占地约3 000m²）每月举办大型社区文化活动，极大地丰富了社区文化生活，是全市“基层文化活动示范基地”。

表2　各级图书系列设施建设标准

级别	服务人口（万人）	建筑面积（m²）	藏书量（万册）	阅览座位
省市级图书馆	省域、市域	≥50 000	500	3 000
区级图书馆	50	≥7 500	≥45	450~900
基层图书室	3~8	500	3~4	20

表3　各级群众活动系列设施建设标准

级别	服务人口（万）	建筑面积（m²）
省市级文化馆	省域、市域	≥8 000
区级文化馆	50	≥6 000
基层文化活动室	3~8	150

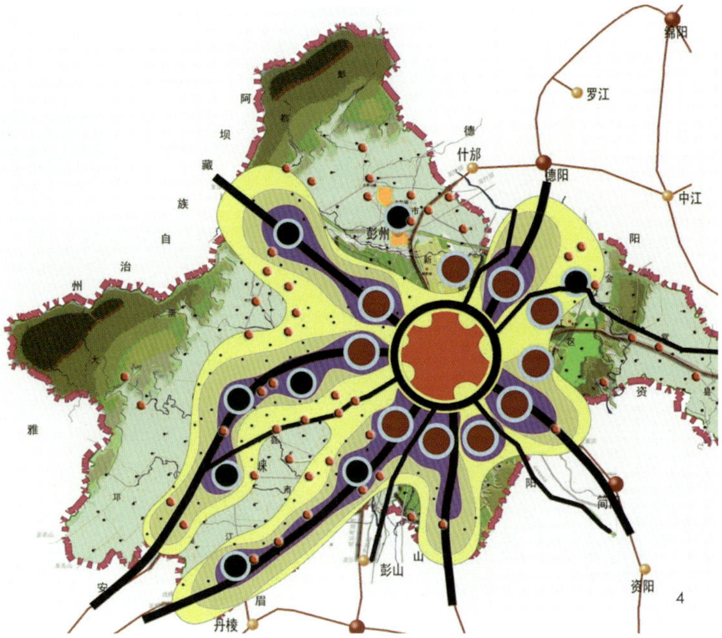

4

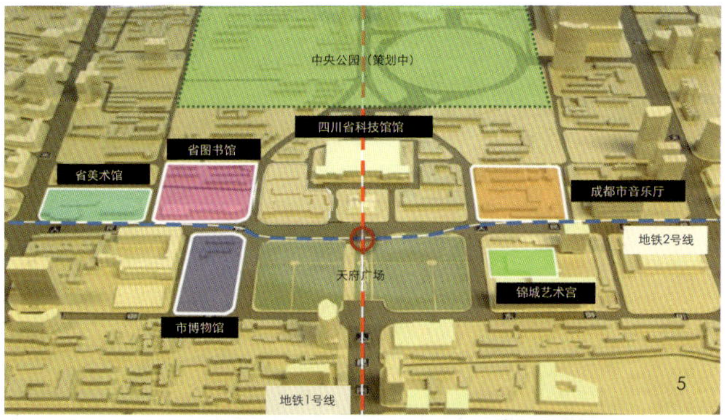

5

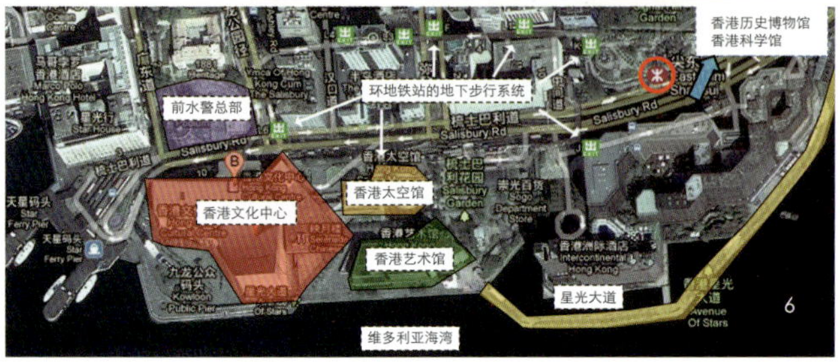

6

表4　基层级文化设施建设标准一览表

名称	服务人口（万人）		建筑面积（m^2）
街道级综合文化活动中心	旧城		≥3 000 ≥1 500（条件局限时）
	新城	3～4	≥4 000
		5～6	≥4 500
		6～8	≥5 000
社区级综合文化活动站（合建于社区用房中）	旧城		≥230
	新城		≥300

5. 统筹设施布局

首先，规划分析并总结了各类设施不同的使用特征与布局特点。图书系列设施为市民提供资料咨询和查阅，主要使用特征包括纯公益性、人流量小且时间分布较均匀。因此，其布局并非直接位于商业中心或地铁站等喧嚣地区，往往距离地铁站有一定距离，多与公园合建并且对周边环境静谧要求较强。香港中央图书馆与纽约中央图书馆都是典型的案例。香港中央图书馆位于香港岛铜锣湾商业区，空间上处于城市商业区中心边缘，利于人流的汇集及资源共享，周边设施包括维多利亚公园、铜锣湾运动场、地铁站点、铜锣湾港；纽约中央图书馆位于纽约曼哈顿第五大道，紧邻闻名世界的纽约时代广场，周边设施包括布莱恩公园（Bryant Park）、纽约中央车站（Grand Central Terminal）。成都市图书馆、四川省图书馆及诸多区级图书馆也符合这样的布局规律，都是位于相对较为静谧且距离地铁站有一定距离区域。展览展示系列设施为市民提供观展与学习的空间，也是纯公益性设施、人流量小且时间分布较均匀，其布局特征与图书馆类似，且有许多城市图书馆与博物馆紧邻建设甚至合建。博物馆对周边景观环境要求更高，往往位于滨河口岸或大型城市公园中。西班牙毕尔巴鄂古根海姆博物馆、上海博物馆、四川省博物馆等都符合这样的布局规律。

群众活动系列设施是为市民提供文化活动及艺术学习讨论的空间，主要使用特征包括纯公益性、人流量较大且时间分布较集中；观演设施与群众活动系列设施类似，区别在于观演类设施的经营性更强，人流量也更为集中。对应其使用特征，文化馆、剧场、音乐厅、演艺中心等设施的布局往往更靠近商业中心或地铁站等喧嚣地区，对周边环境静谧要求较弱，且可以临近建设。香港文化中心、成都锦城艺术宫、成都娇子音乐厅等都符合这样的布局规律。

基层设施相对而言规模较小，功能复合，往往与其他基层设施合建，不会单独占地。其布局以满足周边居民日常需求为主，最主要的布局因素是慢行交通便捷、周边环境舒适。因此基层设施往往与社区绿地、广场、社区商业合建，根据服务半径进行布局。具体布局应与控制性详细规划充分对接。

其次，规划统筹省市级及区级设施，形成5个城市级文化中心，3条城市文化脉络，16个区级文化聚落，以此强化文化标识，打造文化地标。城市级文化中心集聚大量区级及以上级别的公共文化设施，与开敞空间和其他类型公共设施共同设置，形成城市功能中心。例如位于城市中央位置的成都市天府广场文化中心，地铁1号线与2号线在广场交汇形成公共交通枢纽，围绕具有成都文化特色的天府广场，布局了四川省图书馆、美术馆、科技馆，成都市博物馆、音乐厅，锦城艺术宫等多个公共文化设施，类似于上海市人民广场。城市文化脉络是指在成都市中心城区形成了沿城市中轴线、锦江沿岸、环城生态区三条文化集聚带，既包括了各类公共文化设施与文化地标，也包括文化公园、文化娱乐设施、教育设施等，类似于香港维多利亚海湾沿岸。规划还提出了区级文化聚落的概念。区级文化聚落是将区级图书馆、博物馆、文化馆结合区级公园和其他公共设施集中设置，服务于周边约30km^2的地区，是居民大型文化活动的主要载体。例如青羊区文化聚落，由青羊区文化馆、综合博物馆、城西图书馆构成，紧临生态公园，为周边居民提供公共服务，而在其南侧的成都市城西文化中心（由城西演艺中心、科学艺术博物馆、国际非物质文化遗产博览园、城西会展中心构成）则为更大区域服务。

最后，规划对基层级文化设施利用GIS技术进行了公共服务的模拟，通过弥补服务盲点，实现基层服务的满覆盖。中心城区的人口是不均匀分布的，按照800万人的总体人口规模，利用GIS系统将人口计算

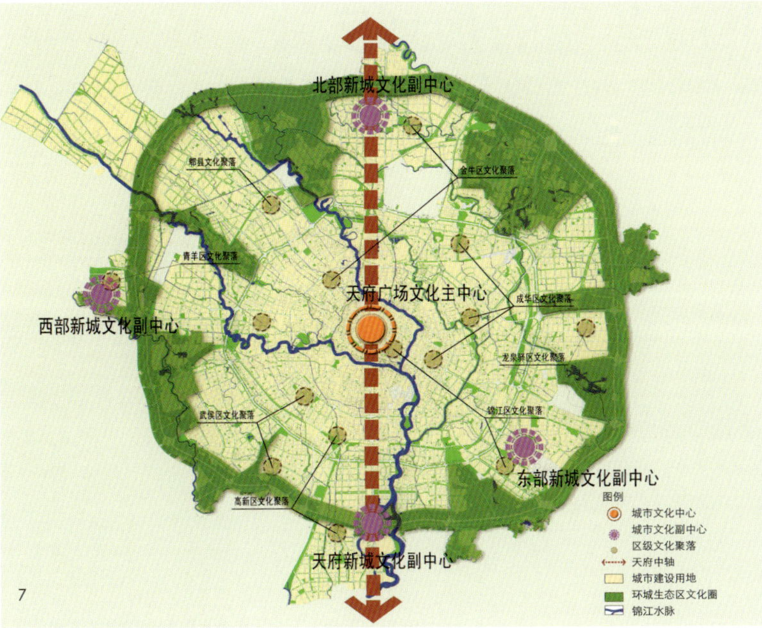

7

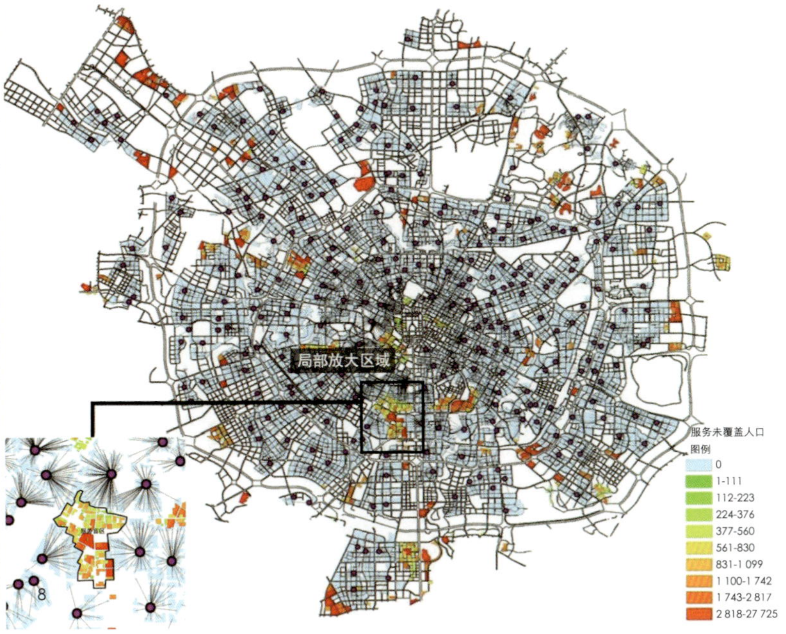

8

4.成都全域“一城三圈六走廊”空间结构
5.成都市天府广场文化中心布局示意图
6.香港维多利亚海湾北岸文化设施布局图
7.成都市公共文化设施布局结构示意图
8.基层级文化服务覆盖GIS分析图

分配到控制性详细规划中的每一个居住用地地块上。具体采用的公式为：

$$P=8\,000\,000\times (R\times F)/\sum (R\times F)$$

式中，P为地块人口，R为地块面积，F为地块容积率。在计算完成的人口布局图上设置基层服务设施服务“门槛”（服务半径小于800m，服务人口小于6万人），即可计算出每个基层设施具体服务的地块，同时也确定了基层文化服务盲区。如图所示，每个基层设施连接的蓝色地块为可服务的地块，彩色地块对应的是服务盲区及其人口规模，当出现大于6万人的服务盲区时，即在该盲区内寻找可能的空间增配基层文化设施，以实现基层服务的满覆盖。

三、成都公共设施专项规划编制工作检讨及后续工作

公共设施专项规划的有效实施，既需要在编制初期形成系统思路，也需要在实践中及时反馈，不断深化完善，才能最终让规划编制与管理监督相结合，指导城乡统筹建设。成都市中心城区以控制性详细规划作为管理平台，公共设施专项规划只有与控规结合才能确保规划的实施。2013年，成都市在建立控规电子平台前期工作中，对成都市包括《成都市中心城区公共文化基础设施布点规划》在内的共10个专项规划的控规落实情况进行了核实，实际上也是对于专项规划编制工作的检讨。经过核实，到2013年9月，控规中大部分个点位符合专项规划，尚有数百个专项规划点位尚未落实。《成都市中心城区公共文化基础设施布点规划》就有6个点位未落实，原因是尽管专项规划提出了需求，但控规由于种种原因无法落实。公共设施专项规划的编制要和控规管理的紧密结合，点位在控规中最后得以落实才算专项规划的工作完成。随着规划梳理工作的完成，在成都市本轮总体规划之下，中心城区实际上不再有单独的公共设施专项规划的概念。[4]目前，成都市中心城区在控规平台的基础上完成了基本公服圈的构建，以基本公服圈为单元，测算各类公共设施的配套情况。在大数据背景下，如何更准确获得公服圈实际居住人口数据、公服圈边界上的点位合理与否等问题值得进一步研究。

注释

[1] 成都根据商务部门的要求也编制过商业网点规划，实施效果并不好。但对于农贸市场、商品（批发）市场的规划引导还是有意义的。《成都市现代服务业空间布局规划》的规划成效也有待检验。

[2] 根据成都市规划管理局相关资料整理，引自成都市规划设计研究院《专项规划编制指南》。

[3] 引自胡滨，薛晖，曾九利，何旻.成都城乡统筹规划编制的理念、实践及经验启示 [J]，规划师，2009年第8 期第25卷，27页。

[4] 这主要是从空间点位来说，专项规划确立的体系、标准依然有效。

参考文献

[1] 胡滨，薛晖，曾九利，等．成都城乡统筹规划编制的理念、实践及经验启示 [J]．规划师，2009，8（25）．

[2] 成都市规划设计研究院．成都市中心城区公共文化基础设施布点规划（2012－2020）[Z]．2012．

[3] 成都市规划设计研究院．成都市公建配套设施规划导则 [Z]．2010．

[4] 成都市规划设计研究院．成都市中心城区十五分钟基本公共服务圈规划[Z]．2010．

[5] 成都市规划设计研究院．成都市中心城社区综合体近期建设规划[Z]．在编．

[6] 成都市规划设计研究院．专项规划编制指南》[Z]．在编．

作者简介

李　磊，成都市规划设计研究院总工办主任、副总工程师，高级工程师、国家注册规划师；

王　波，成都市规划设计研究院规划四所副所长、总工程师助理，工程师。

成都市中心城区十五分钟基本公共服务圈的规划实践

The Planning Practice of Fifteen Minutes Fundamental Public Service Circles in Chengdu Central City

杨 潇 陈 茜
Yang Xiao Chen Qian

[摘　要] 全面介绍了成都市中心城区十五分钟基本公共服务圈规划的规划理念和编制实践，系统总结了规划在基本公共服务圈构建，合理平衡资源配置，完善标准体系，优化设施布局方面的相关经验。

[关键词] 基本公共服务圈；标准体系；设施布局；实施

[Abstract] This article comprehensively introduces the planning concept and compilation practices of "the plan of fifteen minutes fundamental public service circles in Chengdu central city", and systematically summarizes relevant experience of the plan to build the fundamental public service circle, a reasonable balance resource allocation, improve the standard system, optimizing the facility layout.

[Keywords] Fundamental Public Service Circle; Standard System; Facility Layout; Implementation

[文章编号] 2015-67-P-102

1.基本公共服务圈服务人口
2.基本公共服务圈服务范围

前言

成都市规划管理经过十余年的实践，已建立起涵盖各类公共服务设施的专项规划体系，确立了公共服务设施的标准体系，并形成了通过控制性详细规划确保公共服务设施落地的有效机制。但是，随着规划管理向精细化迈进和公共服务深入基层社区，在与民生紧密结合的基本公共服务设施方面，成都仍然存在资源配置不均衡、建设标准不完善、空间分布不合理、建设管理不匹配等方面的问题。“成都市中心城区十五分钟基本公共服务圈规划”以服务单元为载体，从供需平衡着手资源配置，依托既有规划基础梳理并重构标准体系，进一步优化和完善设施布局，加强规划落地和实施保障，为提升城市基本公共服务水平，创建“宜人成都”进行了积极探索。

一、成都市基本公共服务圈构建

1. 国内外经验借鉴

与基本公共服务圈类似的概念在国内外诸多城市的建设中已有体现。日本最早提出了根据生活圈的不同层次来配置相应的基本公共服务设施的概念，生活圈是指居住于有地理和社会连贯性的聚落。日本根据地形特点，认为生活圈在务农、通勤、上学、购物等日常活动中，和居住地、就业地等之间存在相互依存的关系。基于此，将居民的日常活动划分为家一大字一旧村一市町村一市町村外五个圈层，并明确各个圈层的关联性，并配置满足各个圈层内居民需求的各种服务设施，从而为城乡居民提供相对公平的公共服务。

目前，国内很多城市也都对城市基本公共服务体系的构建进行了积极地探索，如北京的社区便民服务圈、上海的十五分钟都市公共文化圈、武汉的十五分钟社区卫生服务圈等。其共同点都是在一定时间的服务范围内，根据人口规模变化带来的差异相应配置满足基本生活需求的公共服务设施，实现公共服务的均好性和基层性。

2. 基本公共服务圈的定义

按照新城市主义的理论，现代社区规划应该突出“步行社区”理念：（1）社区内部特别是组团内部主要是步行空间，应该成为人们交往、休闲、健身的场所；（2）人们步行10～15min左右应该可以享受基本的公共服务。

根据相关研究，各城市居民享受基本公共服务出行距离大致在15min左右，无论是对于老人、小孩、青少年还是成年人，都是比较舒适的步行距离，因此在15min半径内应集中布置居民生活所需的基本公共服务设施，以满足居民的基本生活服务需求，如幼儿园、社区养老、健身馆、农贸市场等。

综上所述，成都基于以人为本的出发点提出了15min基本公共服务圈的定义，将基本公共服务的效率、规模、层级都统筹在步行尺度的空间范围内，即以15min步行距离为界限，500～600m为服务半径，在1～1.5km^{2}的服务范围内（按服务半径测算得出）配置居民日常生活所需的基础性、社区性公共服务设施。

3. 服务范围

基本公共服务圈服务范围的划分原则是不跨城市主干路、快速路、主要河道及自然分隔，保证空间的连续完整。同时，强调服务单元在空间上与规划单元和行政单元的叠合，有利于加强管理，保障各项设施的建设落地以及城市居民归属感的延续。

成都按照“无缝衔接、全面覆盖”的要求、确定基本公共服务圈的服务边界，即以控规单元为基础，同时结合街办、社区边界以及居住区边界进行修正，共划定了15min基本公共服务圈309个。其中，服务范围小于1km^{2}和介于1～1.5km^{2}的基本公共服务圈259个，占总数的84%，充分保证了服务效率，实现成都中心城区大部分区域在15min步行时间内享有完善基本公共服务的目标。规划的基本公共服务圈边界与控规单元边界、行政单元边界的一致性和契合度达到70%，也为基本公共服务设施的实施奠定了良好的基础。

4. 服务规模

公共服务的资源供给应与服务人口的需求规模相匹配。传统的公共服务设施规划往往依靠千人指标和服务半径的测算，确定公共服务设施的配置规模。但由于人口密度的空间差异较大，若人口分布无法在空间反映，会导致公共服务设施的供需不平衡。

借助Arcgis平台将规划人口逐一投影到城市用地的每个地块，并结合现状建设情况相应修正，成都每个基本公共服务圈的服务人口都得到了较为精确的测算，形成了1.5万人以下、1.5万～3万人和3万～5

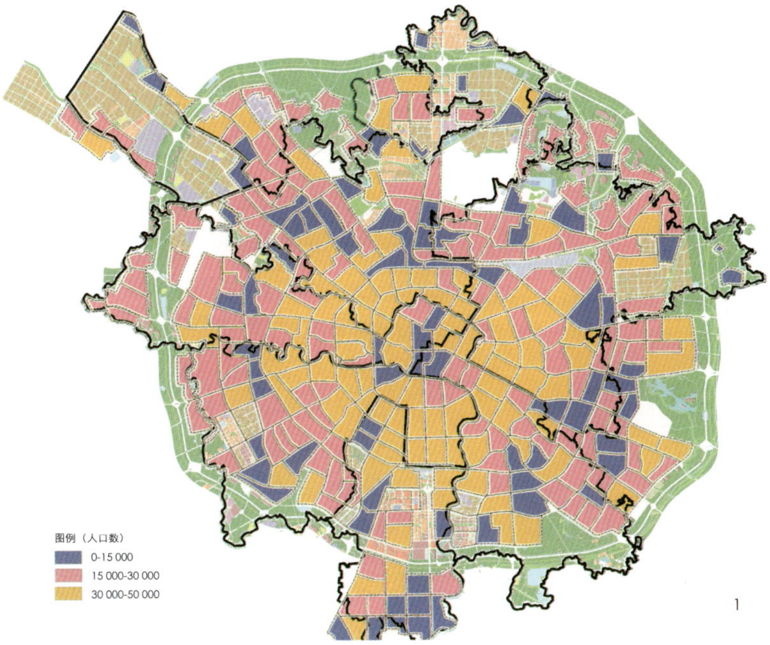

1

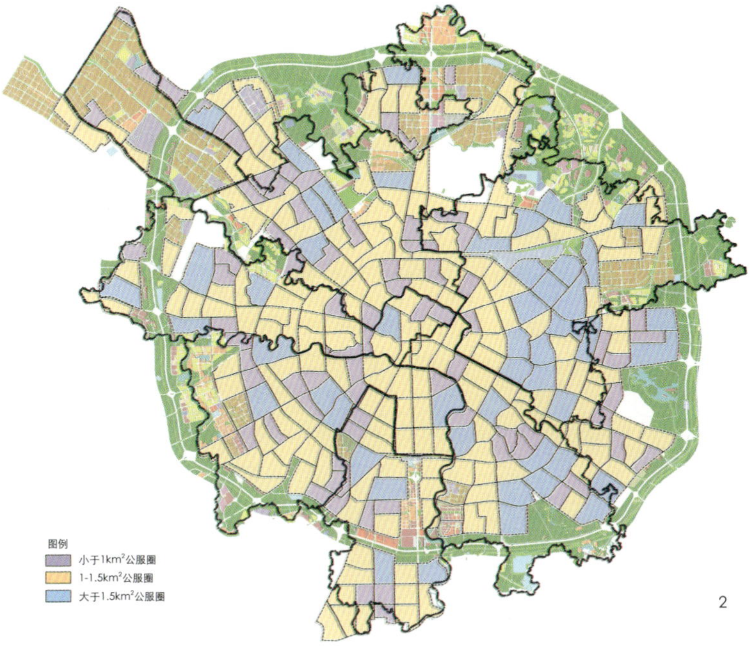

2

万人三个层级。根据人口规模的不同相应配置各个公服圈的公共服务设施，有利于提高利用效率，避免建设浪费。

此外，单个公服圈服务人口达到一定水平才能促进规模较大的公共服务设施（如中小学、居民运动场、社区公园等）集中设置，提升公共服务质量。成都中心城区的规划人口密度达到1.8万人/平方公里，高于北上广的水平。[1]由此划分的公服圈服务人口规模相对较大，其中1.5万～3万人和3万～5万人规模的公服圈达到240个，占总数的78%，也保证了公服圈的资源配置的基本门槛和服务水平。

二、基本公共服务圈的标准体系

1. 服务体系

成都在各类专项规划的指导下，经过多年的城市建设已基本形成相对完善的公共服务设施体系。但是，随着城市居民生活服务需求的增长变化，也出现了基层设施由于点位多、规模小往往难以全面落实，公益性设施建设严重滞后于市场化设施，以及设施人均标准不均等等问题。针对这些问题，成都基本公共服务圈的服务体系构建着重体现了基层性、公益性和均等性。

首先，基本公共服务圈是以社区居民为主要服务对象，设施层级以基层社区级为主，[2]为居民提供最基本的日常生活服务项目，如社区管理、社区服务、社区养老、幼儿园等。

其次，基本公共服务圈的设施类型包含社区服务、教育、医疗卫生、文化、体育、交通、商业服务和绿化8大类10项服务设施，以公益性设施为主，同时增加了交通类设施。

再者，基本公共服务圈针对服务人口的不同，在保持配置内容和人均标准不变前提下，相应调整设施数量与单处设施规模，确保不同公服圈内的每个居民都获得相同质量的公共服务，又避免重复配置造成资源浪费。以社区管理及服务用房为例：1.5万人以下的公服圈配置1处、1.5万～3万人的公服圈设置1～2处，3万～5万人的公服圈不少于2处。又如社区文化活动中心，1.5万人以下的公服圈可不设，2个1.5万～3万人的公服圈设置1处、3万～5万人的公服圈设置1处，每处社区文化活动中心的建筑规模新区为3 000～5 000m^2，旧区为不小于3 000m^2。

2. 设施标准

成都基本公共服务圈的设施标准制定则充分考虑了延续性、前瞻性、适用性的原则。

就延续性而言，近年来成都先后编制了公共文化设施规划、公共体育设施规划、医疗卫生设施规划、教育设施（中小学、幼儿园）、社区用房规划等专项规划，制定了《成都市公建配套设施规划导则》，形成了完善的公服设施标准。基本公共服务圈的标准制定在既有标准的基础上进一步梳理，重点整合了基层社区级的各类设施标准。

就前瞻性而言，成都既有的公共服务设施标准普遍高于国家规范，在此基础上，基本公共服务圈对标北京、上海、广州等发达城市的配套水平，修正和提升既有标准，为城市居民日益增长的服务需求预留充足的空间。同时，针对当前人口老龄化、城市居民亚健康、公交进社区等发展趋势，还增加了社区养老服务设施、社区综合健身馆、社区公交集中停靠站的标准。在后续编制的《成都市中心城社区综合体规划》中结合基本公共服务圈规划建设社区综合体，还进一步增加了自行车租赁点/存放点、室内配建市政设施的标准，并提出了预留用地的概念。

就适用性而言，基本公共服务圈转变采用千人指标的传统控制方式，对应三级服务规模确定配套设施数量。结合建设方式，分别采用建筑规模或用地规模进行指标控制，同时根据城市新、旧区的差异性制定相应的规划指标，均突出了标准的适用性。

3. 建设方式

为了更好地满足基本公共服务圈内居民的生活需求，实现公共服务设施的均等化，将基本公共服务圈的设施分为独立占地和叠建两种类型，如幼儿园、社区公交集中停靠站和绿地都是独立占地，在建设时应满足最小用地面积标准；而社区用房和养老设施用房、社区卫生服务中心、文化活动中心、综合健身馆和农贸市场都应满足最小建筑面积，采用叠建方式。

鉴于城市用地资源紧缺的现实问题，从集约资源、提高效率的角度出发，成都提出了“1+1”的建设模式，即一个基本公共服务圈打造不少于一处社区综合体。社区综合体是指包含社区管理服务、医疗卫生、文体休闲、社区商业服务、市政设施等功能的公共设施聚集体，作为社区建设的核心，主要为社区管

表1　成都市基本公共服务圈建设标准

类别	项目名称	设置标准	建设方式	建设规模（m^2）
社区服务	社区管理及服务用房	1万～1.5万人：1处 1.5万～3万人：1～2处 3万～5万人：不少于2处	叠建	新区≥800m^2 旧区≥400m^2
社区服务	社区养老服务设施	1万～1.5万人：1处 1.5万～3万人：1～2处 3万～5万人：不少于2处	叠建	新区≥1 200m^2 旧区≥1 000m^2 不低于10张床
文化	社区文化活动中心	1.5万～3万人：两个公服圈可设一处 3万～5万人：1处	叠建	新区3 000～5 000m^2 旧区≥3 000m^2
商业服务	社区农贸市场	1万～1.5万人：1处 1.5万～3万人：1～2处 3万～5万人：不少于2处	叠建	新区≥2 000m^2 旧区≥1 500m^2
教育	幼儿园	196-364（平方米/千人）	占地	≥2 000m^2
医疗	社区卫生服务中心	1.5万～3万人：两个公服圈可设一处 3万～5万人：1处	叠建	新区2 500～3 500m^2 旧区≥2 000m^2
体育	社区综合健身馆	1.5万～3万人：两个公服圈可设一处 3万～5万人：1处	叠建	2 000～3 000m^2
体育	社区居民健身设施	1万～1.5万人：1处 1.5万～3万人：1～2处 3万～5万人：不少于2处	占地	每处200m^2
绿地	社区绿地	1万～1.5万人：1处 1.5万～3万人：1～2处 3万～5万人：不少于2处	占地	每处≥3 000m^2 进深≥10m
交通	社区公交集中停靠站	30（平方米/千人） 1.5万～3万人：两个公服圈可设一处 3万～5万人：1处	占地	3 000m^2
			叠建	1 000～3 000m^2

表2　成都市社区综合体建设标准

序号	类别	主要内容	建筑面积（m^2）	备注
1	社区管理与服务	社区用房	800	
		社区养老服务设施	1 200	
2	社区商业服务	农贸市场（2 000个）、邮政服务网点（150个）	2 150	
3	文体休闲	文化活动中心（3 000—5 000m^2）	4 000	
		综合健身馆（2 000—3 000m^2）	3 000	
4	医疗卫生	社区卫生服务中心	2 500	
5	交通设施	社区公交集中停靠站（1 200个）、自行车租赁点/存放点（结合人行道设置）	1 200	
6	室内配建市政设施	公厕（80个）、生活垃圾转运站（800个）、再生资源回收站（100个）、环卫休息站（20个）、开闭所（200—300个）等设施	1 200	生活垃圾转运站及再生资源回收站有条件应独立占地设置，面积800—1 000m^2
7	预留用地	生活服务、社区商业服务、其他公服设施	2 500	旧城区可不预留
合计			18 550	

理单元服务，形成社区中心。结合现有建设情况和用地资源条件，共规划了158处社区综合体，占公服圈总数的51%。目前，首批30处社区综合体拟于今年内投入实施。

三、基本公共服务圈的设施布局

1. 布局模式

在确定合理的服务范围、服务规模以及构建完善的标准体系的同时，基本公共服务圈内设施布局的均好性、便利性和复合性是确保公共服务效率和质量的又一关键要素。

从成都的实际情况来看，用地资源紧张的市情决定了公共服务设施复合化建设的必然性，社区综合体的提出正是基于此。同时，人口的高密聚集，诸多具有社会属性的聚居片区广泛分布，也需要通过建设社区综合体构建社区中心，在保障社区居民基本物质生活需求的同时，满足其精神文化层面的需求，塑造社区文化、增强居民的社区归属感。另一方面，成都自古以来就是一个市民化的城市，温润宜人的气候，多元文化的交融，造就了丰富多彩的城市生活，而街道正是这种城市生活的最佳载体。在当前住区发展呈现开放化、街区式的背景下，沿街布置的底层商业、独立商业服务带等均成为营造生活氛围，优化公共服务设施布局的主要形式。

因此，未来成都倡导一种“中心+街道”的网络化基本公共服务布局模式是符合城市特点的。所谓中心，即是在公服圈范围内依托主要的社区综合体，结合公园、公交站点等集中布置，打造集公共服务、文化休闲、交通转换等功能于一体的社区中心。街道，即是沿主要的生活性道路布置公共服务、商业服务等设施，并与步行系统、绿地系统相结合形成基本公共服务向居住社区内部延伸的网络，营造宜人的生活氛围，最终实现公服圈内公共服务的均好性、便利性和复合性。

2. 布局优化

成都各类公共服务设施专项规划确定的设施点位都已在控制性详细规划中落实，基本公共服务圈的划定和标准体系建立，并不是要重新布局规划公共服务设施，而是对现有规划设施进行评估，进而指导公共服务设施的布局优化。通过规模的校核评估，相应地查漏补缺，确保公共服务设施的供需平衡；通过服务半径的校核评估，核实公共服务设施的服务水平；通过同类设施的校核评估，避免资源的布局不合理造成重复建设，最终迈向公服设施的布局最优化，并能通过集中布局增加可建设社区综合体的点位。

规划基于Arcgis平台建立了成都市中心城公共服务设施资源数据库，结合标准体系对各类公共服务设施的标准和布局进行科学评估。校核方式有总量校核、半径校核和同类校核三种方式。其中总量校核是指按照成都市基本公共服务圈的设施配置体系，得出每类设施的配置总量，再通过Arcgis筛选出不满足配置要求的基本公共服务圈；半径校核是指根据每类设施的服务半径，判断此类设施所覆盖的服务范围，未被服务范围覆盖的公服圈则可判定为不满足配置要求；同类校核是指若公服圈内规划有和每类设施类型相同的上一层级公共服务设施，则可判定该公服圈满足配置要求。最后根据每类设施的特点采用不同的校核组合方式，进行评估叠加，最终形成规划评估校核结果。以社区文化活动中心为例，设施配置要求为1.5万人以下两个公服圈设置1处；1.5万～3万人一个公服圈内不少于1处；3万～5万人公服圈内不少于2处。规划首先采用总量校核的方式得出初步的评估结果，其次按照社区文化活动中心500～600m的服务半径进行进一步的校核，得出中间校核结果；最后按

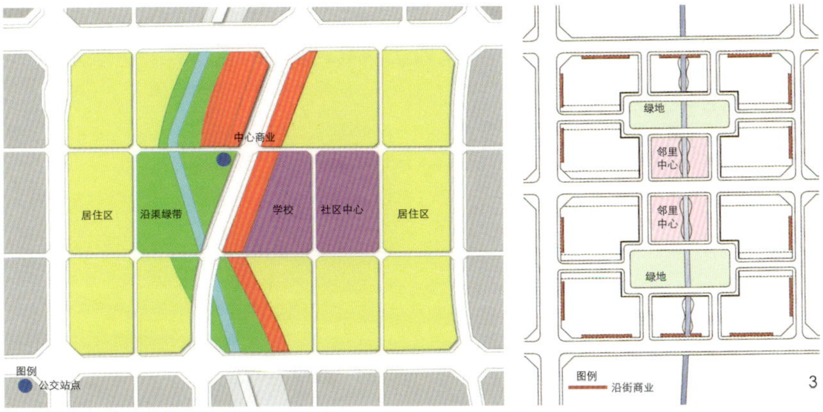

3

4

5

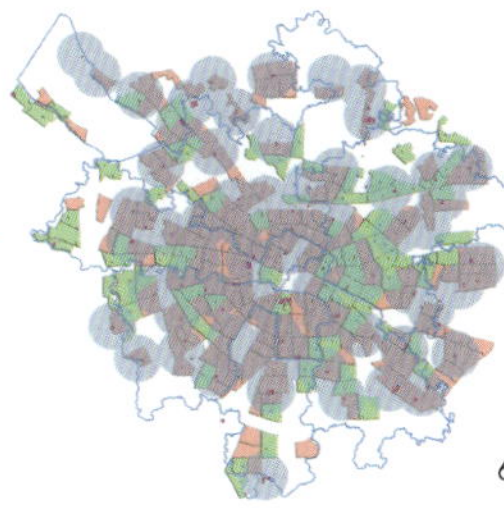
6

7

3.“中心+街道”的网络化布局模式示意图
4.社区文化活动中心总量校核图
5.社区文化活动中心半径校核图
6.社区文化活动中心同类校核图
7.社区文化活动中心校核结果图

照公服圈内有区级文化馆、市、省级文化馆，且服务半径1 500～2 500m范围内的公服圈，可不设置文化活动中心的原则进行同类校核，最终得出中心城内不满足规划配置的公共服务圈的空间分布和数量的评估校核结果，继而优化控规布局。这种基于GIS平台的层层筛选的科学评估方法较好地提高了规划评估的准确性和下一步控规维护的可实施性。

四、基本公共服务圈的实施落地

1. 设施选址

针对不满足规划配置的基本公共服务圈，规划采取近远期结合的设施选址方式，即近期可结合公共服务设施用地进行设施选址，除幼儿园、社区公交集中停靠站、居民建设设施和绿地外的其他设施建议以社区中心综合体的形式进行叠建的方式建设；若用地紧张，现阶段无法进行选址的设施，将采取近期租用、远期按规划形成或结合该区域控规调整时进行规划选址，并应纳入地块的规划设计条件之中。

2. 实施机制

规划以成都市中心城基本公共服务设施规划的评估结果为基础，针对不满足规划配置要求的公共服务圈，按照标准体系落实用地，即“缺什么，补什么”。采取自下而上的实施机制，即规划人员将评估优化结果反馈给规划管理部门，由规划人员和规划管理部门共同结合现状建设情况、土地出让情况等对每个不满足设施配置和标准的服务圈进行点对点的校核，结合近远期的设施选址方式进行用地落实，最终形成成都市中心城基本公共服务圈设施配置满覆盖的成果体系，也成为今后规划管理的重要依据。

五、结语

在当前建设“宜人成都”的发展背景下，成都市中心城区十五分钟基本公共服务圈的规划实践为完善城市基本公共服务体系、提升基本公共服务水平和实现公共服务均等化进行了积极探索，并有效指导了成都市社区综合体的规划建设。然而在实施过程中，也逐渐暴露出了一些问题，例如规划人口与现状人口之间存在差异，影响规划实施效果，以及设施点位的可达性与空间直线距离存在差异，影响服务效率等。进入大数据时代，如何借助信息化技术全面提升公共服务设施规划的精度和实效性，将是未来努力的方向。

注释

[1] 成都总规提出的中心城区规划人口为620万，基础设施按800万人进行校核。因此，公共服务设施的供给规模与800万人相匹配。同时，由于城区建设用地规模较小，按800万人测算的人口密度也高于北京、上海、广州的总规人口密度。

[2]《成都市公建配套设施规划导则》将公共服务设施分为市级、区级、居住区级和基层社区级四级。

参考文献

[1] 成都市规划设计研究院. 成都市中心城区十五分钟基本公共服务圈规划 [Z]. 2012.

[2] 成都市规划设计研究院. 成都市中心城社区综合体近期建设规划 [Z]. 在编.

[3] 成都市规划设计研究院. 成都市公建配套设施规划导则 [Z]. 2010.

[4] 陈茜，杨潇. 成都市基本公共服务圈规划探索[J]. 城市规划，2013，37（8）.

[5] 杨潇. 控规层面公共配套设施布局规划导向与方法：以新都城西片区控规为例[D]. 2007.

作者简介

杨　潇，成都市规划设计研究院规划四所所长、副总工程师、国家注册规划师；

陈　茜，成都市规划管理局建管处高级工程师。

“产业新区”走向“城市中心”的城市公共设施配置探索研究
——以长沙国家高新技术产业开发区公共和公用设施规划为例

Research on City Public Facilities in the Background from "Industrial Area" to "City Center" —The Public Facilities and Dutilities Planning of the Changsha National Hi Tech Industrial Development Zone

梅 欣 张义英
Mei Xin Zhang Yiying

[摘　要]　长沙高新区以两型建设为契机推动了城市经济的快速积累，但伴随着现代产业的蓬勃发展，城市公共服务设施严重不足。在全新视角审视城市发展的基础上，围绕全面推进生态科技产业新城的建设要求，通过公共与公用设施规划，弥补快速城市化过程中留下的欠账，不仅利于提升新区品质，而且可以有效促进产业结构的转型，为促进高新区的持续快速健康发展、优化投资环境等方面提供支撑条件。

[关键词]　国家高新区；城市副中心；公共和公用设施；设施标准；层级体系；均等共享

[Abstract]　Taking the opportunity of "Two-oriented Society" Construcion, Changsha High-tech Industrial Zone has driven a rapid accumulation in urban economy. However, along with the vigorous development of modern industry, it presents a state of serious insufficiency in urban public service facilities. On the basis of reviewing the urban development in a brand-new point and focusing on the requirement of overall carrying forward the contruction of Eco-technology Industry New City, to make up for the problems caused in the process of rapid urbanization through the planning of public utilities, will not only benifit the new urban area quality, but will also effectively promote the industrial struction transformation which will pave the way for the sustained, rapid and healthy development of High-tech Zone as well as optimizing investment environment. Changsha high tech Zone with two type construction as an opportunity to promote the rapid accumulation of city economy, but with the rapid development of modern industry, city public service facilities are grossly inadequate. Survey of city development in a new perspective, which comprehensively promote the construction of ecological science and technology industry of the new city, the public and public facilities planning, make up for the fast city left in the process not only can improve the quality of loans, New District, but also can effectively promote the transformation of the industry structure, to promote the sustained and healthy development of high-tech zones the optimization of the investment environment, and provide supporting conditions.

[Keywords]　National High Tech Zone; City Center; Publicfacilities and Utilities; Planning Standards; Hierarchical System; Equal Sharing
[文章编号]　2015-67-P-106

1.高新区发展基本特征
2.硅谷园区发展历程
3.新竹园区发展历程
4.苏州工业园发展历程

根据马斯洛的需求层次理论，随着生活水平的提高及社会的发展，人在安全、社会、尊重和自我实现需要方面越来越多。而单纯经济的发展并不必然带来人类的发展，提供基本公共服务有利于扩展人的能力，促进人的全面发展，在经济增长和人类发展良性循环之间架起桥梁。

经过改革开放30年的发展，我国已逐步由“生存型社会”步入“发展型社会”，前者关心的是解决温饱问题，注重基本公共服务；后者关心的是人自身发展的问题，关注高端、多样个性化的服务。经济的发展不等同于社会的发展，长沙高新区以两型建设为契机，推动了城市经济的快速积累。但伴随着现代产业的蓬勃发展，城市公共服务设施严重不足。通过公共与公用设施规划，弥补快速城市化过程中留下的欠账，不仅利于提升新区品质，而且可以有效地促进产业结构的转型。

关注公共与公用服务是“服务型政府”的最好体现，明确主要由政府或从事公用事业投资的单位投资项目的规划用地布局和建设规模，对需要独立占地的公共和公用设施进行统筹规划，确定用地规模和布局；对于不需要独立占地的设施确定数量和配建标准，为规划管理提供依据，服务产业、居住及对外辐射的需求，引导建设用地良性推进。

一、公共设施配置是衡量城市发展的重要标准

长沙高新区位于长沙市西部，创建于1988年，并于1991年经国务院批准为首批27个国家级高新区之一，经过多年发展，其综合经济实力在全国国家级高新区中已位居前列，于2009年由国家科技部批准为国家创新型科技园区试点园区。

当前，长沙高新区具备优越的外部发展环境，“中部崛起”、“两型社会”、“中心城功能向西疏导”等为高新区的发展提供了良好的机遇，未来将建设成为生态科技产业新城，而其辖区南部的雷锋湖区域已被定位为长沙城市副中心。

但伴随着长沙高新区用地的拓展，工业用地占绝对比重，但是只有经济的增长，公共设施严重不足，社会的发展则相对滞后。公共设施配置是衡量城市发展的重要标准，也是引导城市发展的重要手段。围绕全面推进生态科技产业新城的建设要求，为促进

长沙高新区的持续、快速、健康发展，提升公共服务水平，优化投资环境，满足人民群众日益增加的公共设施服务需求，开展长沙国家高新区公共设施规划的编制工作势在必行。

二、产业园区发展路径对公共设施的阶段性发展需求

1. 产业园区发展基本特征

国内外成熟产业园区发展经验表明，产业园区发展具有相似轨迹，大致经历生产要素集聚、产业主导、创新突破、园转城四个阶段，而且各阶段的发展特征、空间形态、主体功能随着产业园区不断发展都面临相应变化。产业园区由最初单一的生产功能向生产与生活功能协调发展的方向迈进是产业园区的普遍规律，由“园”向“城”升级转变是产业园区自身要求使然（图1）。

（1）美国硅谷

硅谷由最初以斯坦福大学带动，并借助国防部支撑，成立工业园开始，到现在成为世界著名的“信息技术和高新技术产业的中心”，已发展为融生产、高等教育、生活服务等多种功能为一体，创新动力充足的高新技术产业带（图2）。

（2）台湾新竹

新竹由最初依托周边大学劳动成本低的优势，发展技术密集型工业，通过不断完善、创新及突破，现已成为亚洲版“硅谷”，是全球最大的电子信息制造中心之一，世界最大的笔记本电脑、PC机部件生产基地和全球第四大半导体工业制造基地，已发展成为融科技研发、生产、仓储物流、行政办公、居住和风景游览等多功能为体的产业园（图3）。

（3）苏州工业园

苏州工业园经国务院批准设立，由中国和新加坡两政府共同开发建设的合作区，经过基础奠定、加速发展后，现已成为了中国工业园发展的典范，形成了生产与生活功能复合发展的科技城（图4）。

长沙高新区发展需要借鉴硅谷、新竹、苏州工业园发展经验，认清楚自身发展方向和路径，从发展特征来看，当前的长沙高新区与硅谷、新竹以及苏州工业园的第三阶段，进入以创新突破为主导的发展阶段，应注重公共服务功能的注入及公共设施的整体规划，需要引进商贸展示、商务金融、总部办公、教育培训、创意设计等功能来完善高新区产业服务体系，强化创新研发功能，加强产品竞争力（表1）。

2. 与城市副中心职能相匹配的公共设施类型

按照城市总体发展规划，长沙高新区所处的岳麓片

生产要素集聚阶段	产业主导阶段	创新突破阶段	园转城阶段
— 发展特征： 高校、政策等优势吸引生产要素的集聚，产业类型单一 — 空间形态： 纯产业区，单个企业或同类企业集聚。 — 主体功能： 产品制造。	— 发展特征： 多种产业集聚，形成稳定的主导产业以及相配套的产业链。 — 空间形态： 有一定生活配套功能的产业园。 — 主体功能： 产品制造。	— 发展特征： 创新推动、技术推动。 — 空间形态： 产业社区，围绕产业集群布局。 — 主体功能： 科技研发、产品制造。	— 发展特征： 完善的生产、生活性服务业共同发展。 — 空间形态： 综合新城，城市功能与产业功能完全融合。 — 主体功能： 生产、生活、生态复合功能。

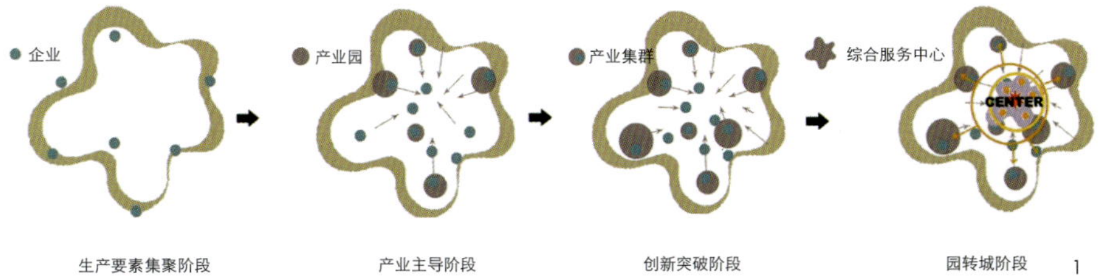

1

初步启动期 1950—1970年	基础发展期 1970—1985年	加速发展期 1985—1995年	成熟完善期 1995年至今
— 发展特征： 生产要素的初步集聚阶段。 — 发展重点： 利用斯坦福大学带动作用，成立工业园； 借助国防部的支持，半导体产业快速发展，成为航天工业与电子工业中心。 — 主体功能： 生产制造。	— 发展特征： 形成主导产业阶段。 — 发展重点： 向电子信息、计算机、网络技术等高新技术产业拓展，加强产业集群，并形成了计算机的主导产业地位，出现了英特尔、苹果等知名企业，带动了研发及总部办公功能发展； 风险投资体系逐步建立，形成了支持硅谷发展的金融系统。 — 主体功能： 生产制造。	— 发展特征： 以创新突破为发展主导阶段。 — 发展重点： 创意和创新服务产业群、艺术和技术服务以及总部办公功能得到了快速发展，成为企业数量最多产业集群； 由于以上生产性服务业的支撑，产业集群进一步扩大，涵盖了激光技术、微波技术、医疗器械、生物技术等； 郊区化持续推进，逐渐脱离主城的依赖，完善园区服务。 — 主体功能： 产品研发、总部办公、商务金融、创意设计、教育培训、生产制造、居住配套。	— 发展特征： 由产业园向科技城转变阶段。 — 发展重点： 持续创新动力； 注重社区环境打造，将社区打造成融居住、就业、休闲等多样化功能的组团，提升组团的活力。再通过组团与城镇之间的扩张融合，形成环旧金山湾区科技城市带。 — 主体功能： 生活与生产功能复合发展； 生活：教育、医疗、居住、休闲、文化、体育等。 生产：产品研发、总部办公、商务金融、创意设计等。

2

以大学为依托的科技园 1980—1982年	相对完善高新技术园区 1983—1986年	迅速发展的科学城 1987—1990年	产城结合 1991年至今
— 发展特征： 生产要素的初步集聚阶段。 — 发展重点： 园区利用周边大学工程技术人员劳动成本低的优势、投资环境和优惠措施着重引进一些战略型的技术密集型工业：电子，信息处理，精密仪器等，产业类型较为单一。 — 主体功能： 生产制造。	— 发展特征： 形成主导产业阶段。 — 发展重点： 园区选定具有战略意义和发展前景的六大高科技领域，形成以集成电路和电脑为支柱的产业格局，提高产业高科技含量； 市场拓展，重点发展材料与零件的供应批发，增加产品市场竞争力。 — 主体功能： 生产制造、商贸展示。	— 发展特征： 以创新突破为发展主导阶段。 — 发展重点： 科技突破，产品创新，加强产品的研发，促进科研成果的有效转化，巩固发展成果，使产品质量达到世界一流水准，使园区内技术密集型工业生产逐步向研发阶段迈进。 — 主体功能： 生产制造、商贸展示、产品研发。	— 发展特征： 由产业园向科技城转变阶段。 — 发展重点： 咨询、金融、管理顾问、教育培训等产业服务功能逐步完善，支撑园区功能向外辐射，与周边产业区联动发展，形成极具发展潜力的产业聚集带； 城市居住、休闲、交通、环境配套不断完善，同时，园区与新竹市中心逐渐融合，形成了高科技城市。 — 主体功能： 生产与生活功能复合发展； 生产：生产制造、商贸展示、产品研发、商务金融等。 生活：居住、休闲、体育等。

3

酝酿启动期 1992—1994年	奠定基础期 1994—2001年	加速发展期 2001—2007年	转型发展期 2007年至今
— 发展特征： 园区建设构想及政策支持。 — 发展重点： 中新政府合作开发建设苏州工业园区； 由新加坡协助招商，引入多项总投资超过1亿美元的大项目。	— 发展特征： 各方面生产要素的初步集聚。 — 发展重点： 奠定组织基础：建立领导和工作机构； 奠定物质基础：中新苏州工业园区开发有限公司的组建； 奠定招商基础：新方向中方提供了丰富的招商经验和既有的招商网络； 奠定“软件”基础：编制体现园区特色的规章制度和管理办法。 — 主体功能： 生产制造、科技研发、商贸展示、综合商业。	— 发展特征： 以创新突破为发展主导阶段。 — 发展重点： 中方承担园区开发公司的大股东责任和园区管理的主要工作； 开始湖东地区的开发建设； 园区的产业体系已经初步形成； 苏州工业园区要加快建设成为四个示范区，园区二次创业正式提出。 — 主体功能： 生产制造、商贸展示、产品研发、教育培训、会展会议、商务金融、文化创意、休闲度假。	— 发展特征： 由产业园向科技城转变阶段。 — 发展重点： 园区开始二次创业，转型发展； 工业园区将工作重点转向：制造业升级、科技跨越、服务业倍增、生态优化； 苏州工业园以后的发展方向：优二进三和深化中新合作。 — 主体功能： 生产与生活功能复合发展； 生产：生产制造、商贸展示、产品研发、商务金融、文化创意等。 生活：教育、医疗、居住、休闲、体育等。

4

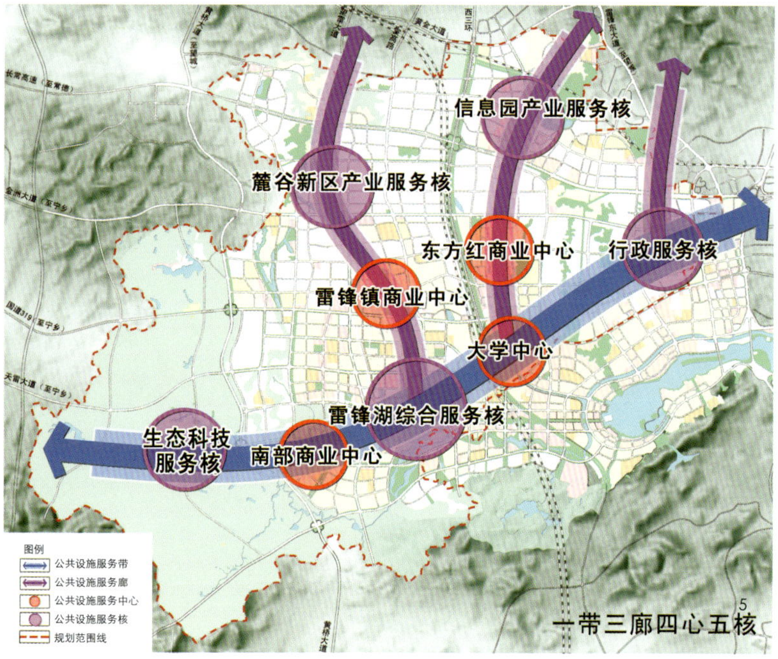

5

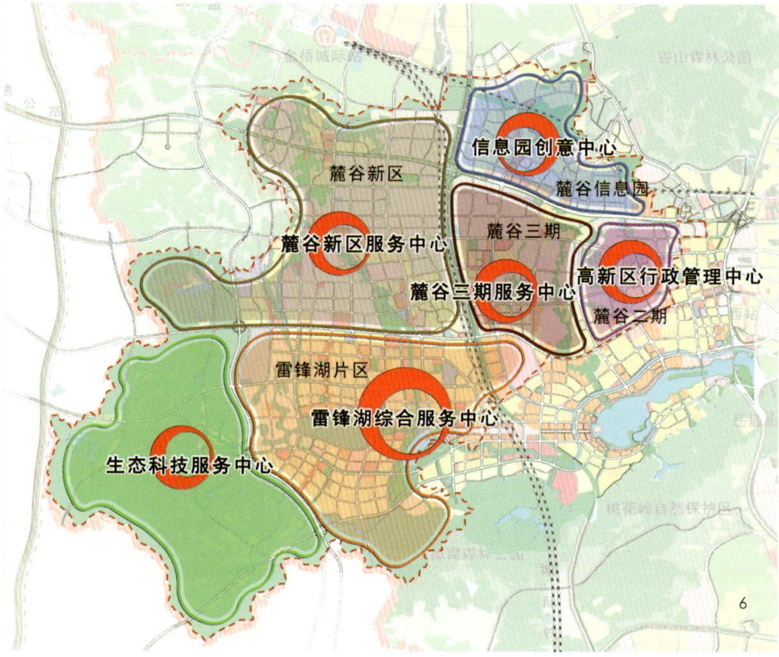

6

5.规划结构
6.功能引领
7.科研设施
8.土地利用

区将成为城市向西疏散的重要承载地区，而雷锋湖和梅溪湖作为岳麓片区的重要战略空间，必然成为城市功能疏导的核心载体，雷锋湖与梅溪湖将共同承担城市副中心的职能。根据总体安排，梅溪湖主要承担国际交流功能；雷锋湖应该与梅溪湖错位发展，主要以提升长株潭产业功能为主，发展成为辐射湘中西，提升长株潭竞争力的产业服务中心，承载城市西拓、完善城市功能的长沙市西部城市综合服务中心和宜居生态新区。

雷锋湖与梅溪湖功能的差异性发展，需要相应公共设施的支撑，因此，公共设施在功能设置上需考虑协调性和错位发展，使两湖的公共设施共同组成与长沙副中心定位相符的高标准设施，避免两湖设施的同质化，最大发挥公共设施的服务作用（表2）。

梅溪湖公共设施。梅溪湖的公共设施主要面向省市层面，吸引省市级的国家化活动，主要配置了国际文化活动中心、国际科研研发中心等公共设施。

雷锋湖公共设施。根据前面上层次规划和城市发展分析，雷锋湖未来主要服务于区域产业发展，其公共设施功能主要立足为区域企业服务，同时考虑到高新区未来人口大量集聚所产生的多样化生活需求，也需设置相应的生活类设施。因此，雷锋湖公共设施需要具备服务生产和生活的双重功能。

（1）生产服务类公共设施。主要立足于高新区

表1　长沙高新区阶段发展经验借鉴分析表

产业园区	发展特征	发展重点	主体功能
美国硅谷 第三阶段1985—1995	以创新突破为发展主导阶段	创意和创新服务、艺术和技术服务以及总部办公功能得到了快速发展，成为企业数量最多产业集群； 由于以上生产性服务业的支撑，产业集群进一步扩大； 郊区化持续推进，逐渐脱离主城的依赖，完善园区服务	产品研发、总部办公、商务金融、创意设计、教育培训、生产制造、居住配套
台湾新竹 第三阶段1987—1990	以创新突破为发展主导阶段	科技突破，产品创新，加强产品的研发，促进科研成果的有效转化，巩固发展成果，使产品质量达到世界一流水准，使园区内技术密集型工业生产逐步向研发阶段迈进	生产制造、商贸展示、产品研发
苏州工业园 第三阶段2001—2007	以创新突破为发展主导阶段	中方承担园区开发公司的大股东责任和园区管理的主要工作； 开始湖东地区的开发建设； 园区的产业体系已经初步形成； 苏州工业园区要加快建设成为四个示范区，园区二次创业正式提出	生产制造、商贸展示、产品研发、教育培训、会展会议、商务金融、文化创意、休闲度假
长沙高新区 第三阶段 发展借鉴	当高新技术园区发展到第三阶段时，应注重公共服务功能的注入及公共设施的整体规划 因此下一阶段长沙高新区发展需要： 1.引进商贸展示、商务金融、总部办公、教育培训、创意设计等功能完善高新区产业服务功能； 2.强化创新研发功能加强产品竞争力		

表2　雷锋湖与梅溪湖功能设施发展分析表

设施类别	雷锋湖	梅溪湖
文化体育	市区级文化中心、市级体育中心	国际文化中心、文化展示中心
商务金融	中小企业总部办公、中介服务机构、金融机构、酒店服务等	大企业总部办公、金融办公、酒店服务、公寓等
商业休闲	区级商业中心	国际社区服务商业设施
设计研发	——	国际研发中心
商贸展示	常年展、销售展贸	国际会展
游乐设施	主题公园游乐中心	——

及湘中西产业需求，参考苏州工业园布置国际博览中心的做法，建议在信息园设立会展中心，同时梅溪湖已规划有一处科技艺术展示中心，可为企业提供交流交易和资讯共享的平台，促进产业的提升和发展；

（2）生活服务类公共设施。主要为居民多样化生活需求服务，未来高新区和梅溪湖地区将集聚大量人口，必然产生出多样性文化需求，考虑到梅溪湖已设置文化活动中心，雷锋湖进行不同布置，可向音乐类、美术类、图书类、体育类设施发展，安排影剧院、美术馆、图书馆、青少年宫、体育馆等设施，满足不同类型生活需求。另外、可结合雷锋湖西部自然山水资源，利用腹地发展需求，参考苏州工业园金鸡湖布置主题公园形式，沿雷锋湖设置主题公园游乐中心，既可满足高新区居民游乐需求，也可提升雷锋湖区域的人气，带动片区的发展。

三、从城市整体发展格局判断公共服务布局

1. 脱离单一公共设施视角，使公共设施与城市发展达到互动互促的目的

公共服务与产业、生活等功能密切相关，其空间布局必须与产业空间、居住空间对应布置。通过综合分析高新区相关规划，可以判断高新区整体将形成“南居北园”的空间格局，其中，“南居”是指南部依托良好的山水资源形成的以生活功能为主的居住空间；“北园”是指北部形成以生产性功能为主的产业园区。具体功能结构将形成“一核一带三轴五区”，其中，一核是雷锋湖综合服务核心；一带为雷锋河公共服务带；三轴分别为岳麓大道、枫林三路、西三环城市发展轴；五区分别是已建产业区、北部信息产业区、西部麓谷新区产业区、南部高尚居住区和生态科技产业区。

根据高新区发展趋势，结合城市空间结构，将公共服务设施布局与城市用地布局相对应，支持城市空间战略发展，高新区形成六个公共服务中心。高新区行政管理中心、雷锋湖综合服务中心、麓谷三期服务中心、麓谷新区服务中心、信息园服务中心、生态科技服务中心。

考虑将公共设施与景观绿地水系尽量结合，并通过绿道予以串联，形成特色“娱文体

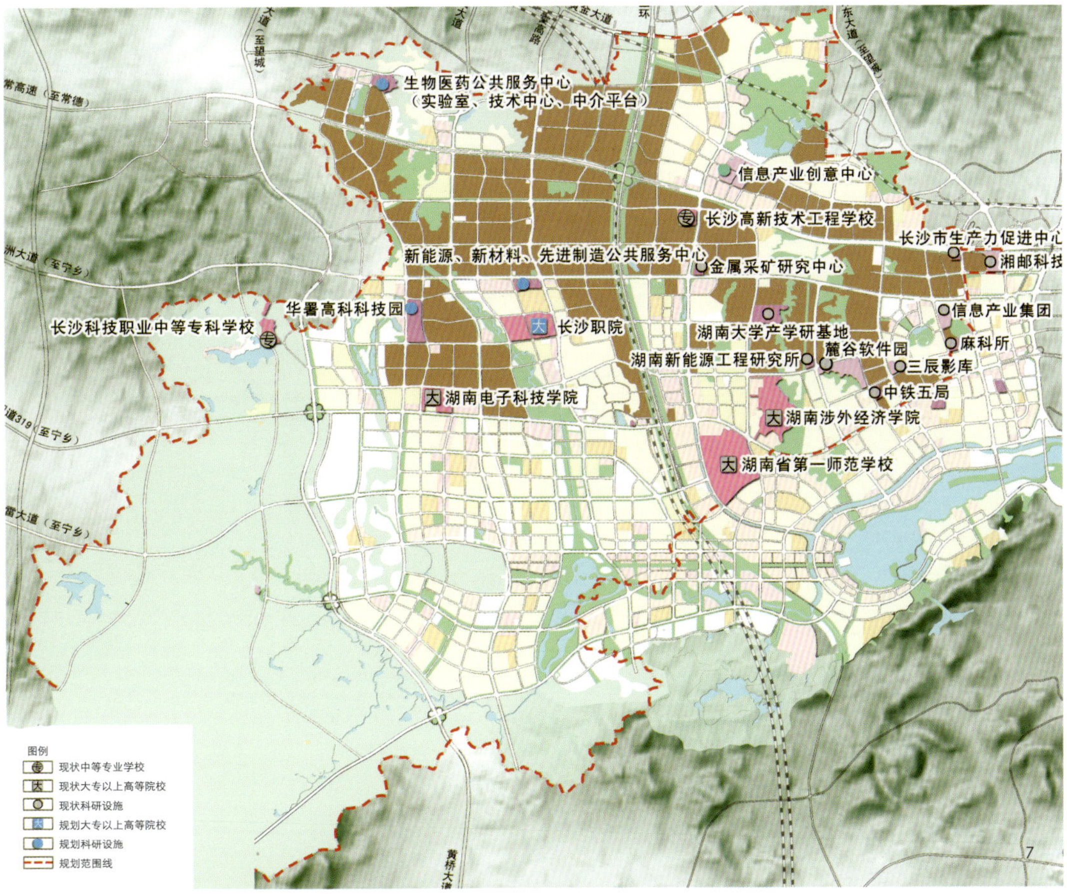

7

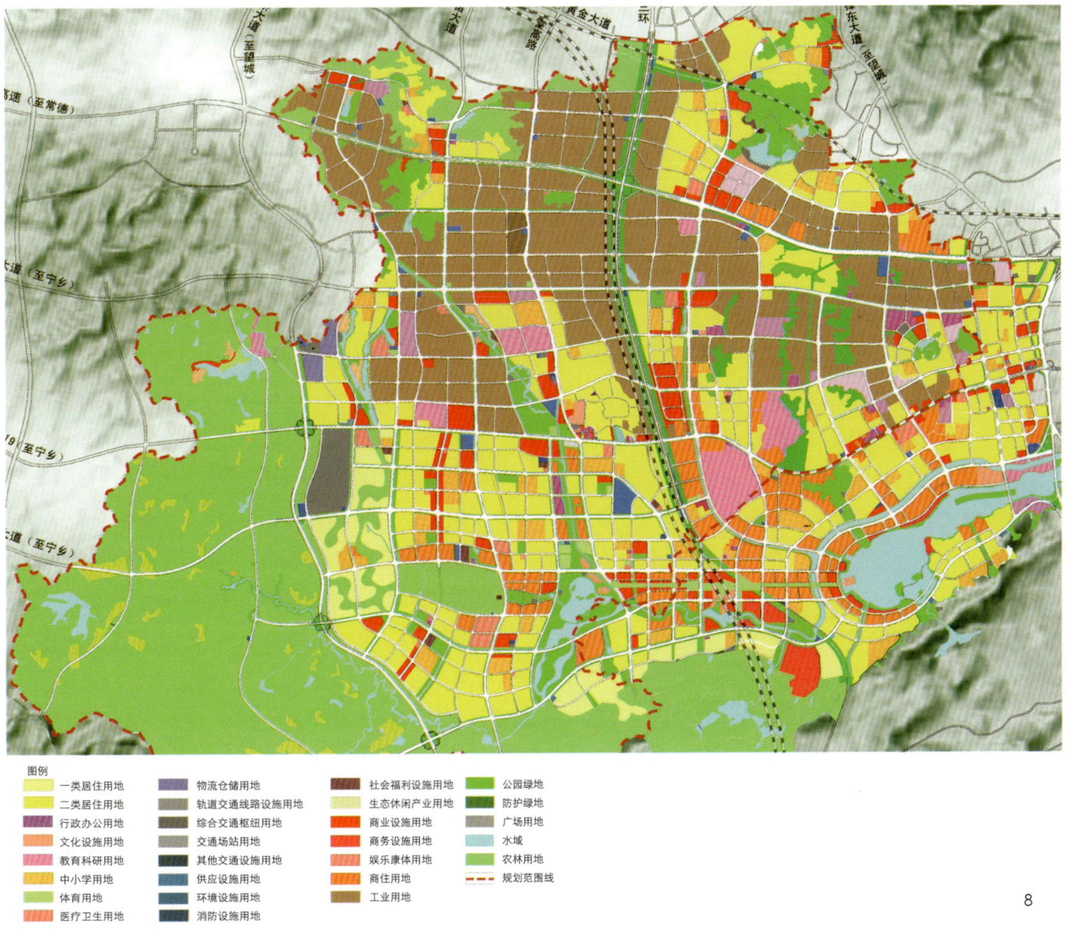

8

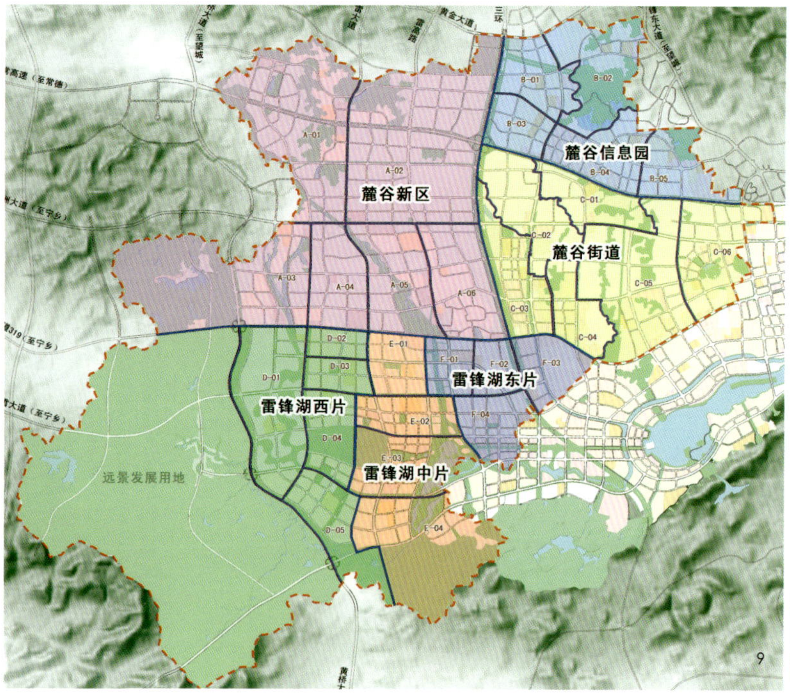

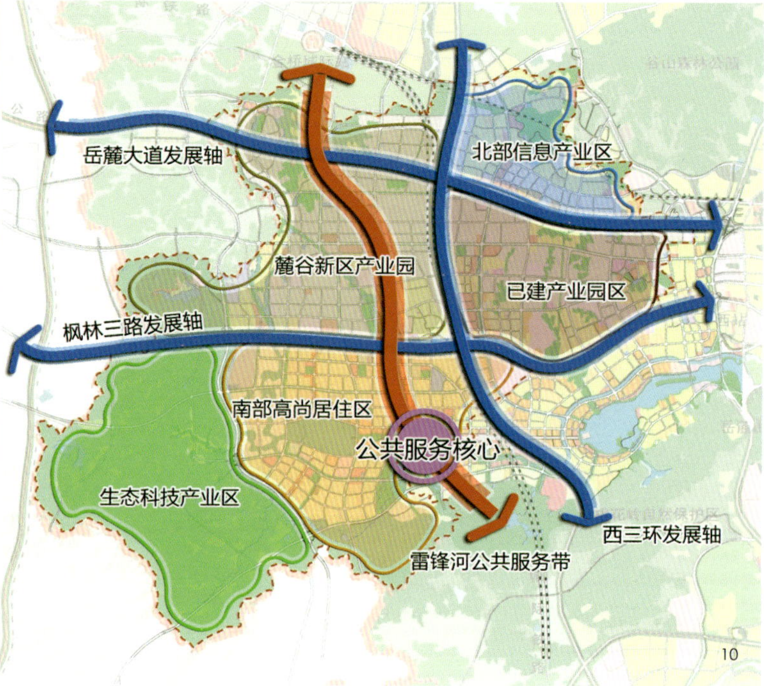

9.社区划分

10.一核一带三轴五区”城市功能结构图

游”活力体系。

考虑交通影响因素，依托麓谷大道、东方红路、望雷大道和枫林路等城市生活性道路和产业服务主要道路，形成“一横三纵”公共服务设施发展带。引入TOD开发理念，沿轨道线站点布置城市公共服务设施，形成工作、商业、文化、生活等为一体的公共服务节点。

通过以上空间策略思考，总体形成“一带三廊四心五核”的公共服务设施格局。一带：公共设施综合服务带；三廊：麓谷大道公共服务廊、东方红路公共服务廊、雷锋河公共服务廊；四心：东方红商业中心、大学中心、雷锋镇商业中心、南部商业中心；五核：雷锋湖综合服务核、行政服务核、信息园产业服务核、麓谷新区产业服务核、生态科技产业服务核。

2. 注重生产性服务设施的注入，支撑城市产业发展

规划结合产业发展需求，设置职业教育、科研设施等服务产业发展。考虑到高新区产业规模大、企业数量多，有面向企业培训、为企业提供人才的需求，规划应适当增加职业学校和大专院校数量，增强校企合作。同时高新产业对科研设施有较大需求。根据长沙高新区“十二五”产业发展规划，确定高新区未来产业发展方向，即做大先进装备制造这个千亿产业集群，做强电子信息这个特色产业集群，发展新材料、生物医药、新能源与节能环保等战略性新兴产业，同时根据麓谷新城和产业发展需要，大力发展现代服务业。

表3　产业区科研设施需求一览表

产业园区名称	科研项目
新材料产业园区	新材料检验检测及成果认定平台、新材料公共技术研发平台、先进电池材料产业技术联盟
先进制造与节能环保产业园区	新能源重点实验室、新能源研究开发中心、先进制造公共技术服务平台、先进制造检测服务平台
生物医药产业园区	生物医药公共技术平台、生物医药科研中介平台、生物医药实验室

规划指出高新区必须贯彻以项目、技术和人才为导向的平台建设思路，重点搭建检验检测及成果认定等公共平台；发展先进制造业要进一步加强技术服务平台的建设，包括重点实验室、研究开发中心、公共技术服务平台、检测服务平台等；打造生物医药产业强调科研高端培育，建设公共技术平台、科研中介平台等。

因此，根据《长沙高新技术产业开发区“十二五”产业发展规划》中新材料产业、先进制造产业、生物医药产业三大产业对公共技术平台构建的要求，梳理出三大产业对科研设施的需求（表3）。

为支撑高新区未来产业发展需求，根据产业发展科研需求，在现有教育科研设施基础上，进一步完善位于规划区北部的信息产业园内的创意总部基地和麓谷新区的研究基地，依托湖南省第一师范学校、湖南涉外经济学院、湖南电子科技学院、长沙高新技术工程学校、雷锋职业中等专业学校等学校资源，以及规划其他科研机构齐力打造企业发展的创智平台。

3. 研究地域本身特征，科学确定设施标准

结合长沙市和高新区人口结构特点，对高新区中小学和敬老院设施千人指标深入研究，提出相应标准。

（1）高新区中小学千人指标

为了更好适应高新区现实需求，合理布置中小学，对高新区中小学千人指标做详细分析。根据《长沙市城市中小学校幼儿园规划建设管理条例》（2004修订版）、《长沙公共设施规划标准与准则》的规定，以及长沙高新区教育局关于高新区学校布点规划有关问题的建议每千人按80名小学生、80名中学生、40名学龄前儿童进行教育配套。但通过对1994—2006年长沙市市区总人口数、中小学生人数的调查、分析，得出这13年千人指标的平均数。其中，小学生：66.51人/千人；初中学生：34.97人/千人；高中学生：16.75人/千人（未含职中学生）。得出的结果与现行的千人指标存在较大的差距。

参照这13年千人指标的平均数，建议对长沙市人大1997年6月确定的《长沙市城市中小学校幼儿园规划建设管理条例》中第十条：每千人口中按80名中学生计算配建相应规模中学、每千人口中按80名小学生计算的规定进行如下调整：小学生：70人/千人；初中学生：35人/千人；高中学生：35人/千人。本次规划按照每千人口70名小学生。

（2）高新区敬老院设施千人指标

长沙市统计局资料显示，长沙市2011年底总人口为704.41万人，老年人占总人口比重为16%。根据长沙市总体规划，预测到2020年长沙市总人口将达到1 000万人，预计到2020年老年人比重将达到20%，因此，年均增长率为6.5%。2012年长沙高新区老年人占总人口比例为4%，参考长沙市老年人的年均增长率，则到2020年高新区老年人比重为16%。长沙市总体规划提出每千名老年人拥有养老床位数30张的发展目标。因此，高新区2020年老年人设施床位千人指标应达到4.8床/千人。

四、探索“刚弹结合”的管控机制

1. 人口社区网格化指导设施的布局、实施和管理

人口社区网格化，设施与管理架构对应，指导设施的布局、实施和管理。根据预测总人口，结合现有管理架构及重要干道分隔因素，将高新区划分为6大片区，使各片区与街道辖区人口规模10万～15万人相近，以便街道级设施的布置，并在此基础上，将人口进行社区网格细化，进一步划分为30个社区，详细指导对社区级设施的规模和布局。

2.“刚弹结合”的管控要求

对不同级别、不用类型设施设置详细的刚性控制和弹性要求，既保障公共利益，又灵活应对未来变化，便于规划实施有效管理。

独立占地的设施对设施位置和规模进行控制，现状保留的设施采取刚性控制，规划新增设施则采取刚性控制和弹性控制相结合的方式。其中规划新增的市区级设施对设施位置进行刚性控制，用地面积进行弹性控制。居住区级体育活动中心则根据长沙城市规划标准进行刚性控制，位置作为弹性控制。

非独立占地的体育设施，将各社区设施数量和人均面积作刚性控制，对设施位置做弹性管理，只要求在所服务的社区内选址。另外也建议规划的非独立占地设施及建设标准纳入到相关政策中，由该设施主管部门进行统筹安排，在建设项目报建时统一纳入“规划设计要点”中，使其在项目审批中予以落实，并确定建设指标和控制设施周围环境符合要求。

3. 协调职能部门推进资源共享整合

公共服务设施涉及的职能管理部门较多，因此规划编制要避免各自为政，孤立考虑，须和街道密切协作，联合房地产管理、发改委等部门一起参与。高新区内由不同职能部门管理的各类设施资源，可以根据不同时期的需要调剂使用，由政府按规划统一协调整合跨部门的设施资源。功能使用上不冲突干扰的公共服务设施可以组合设置，鼓励资源共享，避免重复投资建设。不同行政界限内的设施，也应实现共享，为所有方便到达的居民提供社区服务。

4. 规划管理向以信息平台为基础的联合管理转变

构筑信息化管理平台，建立动态管理机制，加强各个利益与责任主体的联合，为公共设施的合理布局和有效实施提供保障。除保障行业发展规划与城市空间布局的有效衔接外，还应以规划布局成果为依据建立规划信息系统，作为规划成果的信息查询与规划实施管理平台。以规划信息平台为基础，建立规划建设与行业管理的联动机制，实现规划部门管理与各部门管理的联动，实现统一规划、管理联动、建设协调。

五、结语

公共设施是提供公共服务的空间载体，其数量及规模的多寡直接影响到城市公共服务能力，关乎到城市整体发展品质和质量。在全面推进生态科技产业新城的背景下，高新区公共设施的开展，为打造创新、高效、活力的未来城市提供了方向和基础。公共设施规划满足城市多元诉求，积极对接政府操作上的创新，将会极大推动长沙高新区整体公共服务的工作，为高新区产业及生活提供了有力支撑。总之，长沙高新区公共设施的编制，是高新区在可持续发展理念下规划编制领域的新尝试，为开展类似项目积累了宝贵经验。期待未来长沙高新区在公共设施的支撑下，呈现和谐稳定的、充满活力的、宜居宜业的城市景象。

作者简介

梅　欣，深圳市城市空间规划建筑设计有限公司总规划师、同济大学硕士、高级规划师、国家注册规划师；

张义英，深圳市城市空间规划建筑设计有限公司项目主任、国家注册规划师。

项目组成员名单：梅欣　黄平　国海军　张义英　陈帅　古小平　孟菲　杨亮亮　谢彬

大都市外围地区公共服务设施规划探索
——以廊坊北三县为例

The Research of Public Service Falicities in MetroplitanPeri-urban Areas
—A Case Study of North Three Counties in Langfang

王正海 吴 虑
Wang Zhenghai Wu Lv

[摘　要]　大都市区化对外围地区公共服务功能产生深刻影响，对公共服务设施规划提出新的要求。文章结合廊坊北三县案例，分析外围地区公共服务功能重组的趋势和特征，据此提出“两级设施、三级服务”的规划应对策略。将公共服务设施划分为基本公共服务设施和非基本公共服务设施两级；通过多途径的“公私合作”，利用两级设施增加准基本公共服务层级，满足多样化的公共服务需求。空间规划方面，强调基层基本公共服务设施均等化配置，高等级公共服务设施统筹布局；引导非基本公共服务设施集群发展，满足区域层面的专业性公共服务需求；对准基本公共服务突出“总量调控、技术引导”，兼顾市场灵活性和规划原则性。

[关键词]　大都市外围地区；基本公共服务；非基本公共服务；准基本公共服务

[Abstract]　Metropolitan areas have produced a profound influence on the public service function of peripheral area. Based on the case study of North Three County in Langfang, this essayanalyzes the trends and characteristics of public service functional reorganizationin metroplitanperi-urban areas, and purposes the planning strategy which istwo level facilities and three level service. The public service facilities are divided into basic public service facilities and non-basic public service facilities. The public service is classified by basic public service, non-basic public service and semi-basic public service, in order to satisfy the variety of public service requirement. In the aspect of spatial planning, this essaysuggests thatbasic public service facilitiesshould be equalized planed; non-basic public service facilities should be developed in clusters andsemi-basic public service facilities development should be controlled total amount in the consideration of market flexibility and planning principles.

[Keywords]　Metroplitan Peri-urban Areas; Basic Public Service; Non-basic Public Service; Semi-basic Public Service
[文章编号]　2015-67-P-112

一、前言：大都市区化与外围地区公共服务功能重组

随着城市化水平超越50%关键节点，发达地区大都市功能组织区域化成为中国城市化的新特征，大都市出现向大都市地区发展的趋势。大都市区化背景下，单极突进的城市经济向分工协作的区域经济转型，围绕城市中心区“摊大饼式”的近域空间拓展被大都市区范围的空间优化重组所替代。外围地区由相对独立地域向大都市区的功能片段演化，对外围地区的公共服务功能产生深刻影响。

宏观层面，原先封闭独立的外围地区承接部分区域服务职能，成为区域的专业服务中心；同时，部分地方公共服务职能进一步向中心城或其他地区聚集，公共服务的层次结构趋于模糊，大都市地区扁平化、网络化的公共服务体系逐步形成。中观层面，由于区位交通条件差异，人口和产业向邻近中心城的圈层及交通轴线沿线大尺度空间聚集，显著推高上述地区的公共服务需求，与行政区为单位的公共服务供给形成反差。微观层面，人口外溢与人口截流在外围地区节点城镇叠合，迅速重构了节点城镇的人口结构及公共服务的需求结构；现代都市价值观念、生活方式、消费理念等抽象元素在节点城镇快速扩散，产生更为多元的公共服务需求。

二、廊坊北三县公共服务功能重组的特征分析

1. 北三县概况

“廊坊北三县”是对廊坊三河市、大厂回族自治县、香河县三县（市）的总称，是河北省位于京、津两地之间的一块飞地。北三县与北京通州区仅一河之隔，基于地缘关系北三县与北京历来联系密切，随着北京中心城规模的不断扩张，城市功能向外围的加速外溢，北三县与北京的社会经济联系进一步加强，在承载北京人口外溢、服务功能外迁、制造产业转移等方面扮演了重要角色。其中，三河的燕郊开发区（辖燕郊镇、高楼镇及燕郊国家高新技术产业开发区）与北京接壤，区位条件最为优越，进入了北京中心城正常的通勤圈层范围内，已明显呈现与北京同城一体化发展趋向。根据北京市社会科学院经济所对2007，2008，2009年燕郊开发区购房人群所作的问卷调查统计，在燕郊开发区的购房人群中，有77.2%工作地点在北京五环以内。

2. 需求结构重组

公共服务外溢是北京城市功能外溢的重要组成，受限于北京日益严重的城市问题，要求北三县承担更多的区域性公共服务需求。地方政府之间通过利益博弈，将部分北京的公共服务职能转移到北三县，例如燕郊9大高校、38家中央部委直属单位等。市场力量权衡土地成本和市场收益，在北三县积极投资各类区域性的公共服务设施项目，北京燕达医院具有典型性，医院位于北三县，医疗专家团队大多来自北京，服务于整个北京大都市区，医院延伸了疗养、康复等功能，对传统医院的医疗救助功能形成延伸和补充。

人口和居住功能的加速外溢，导致人口结构、

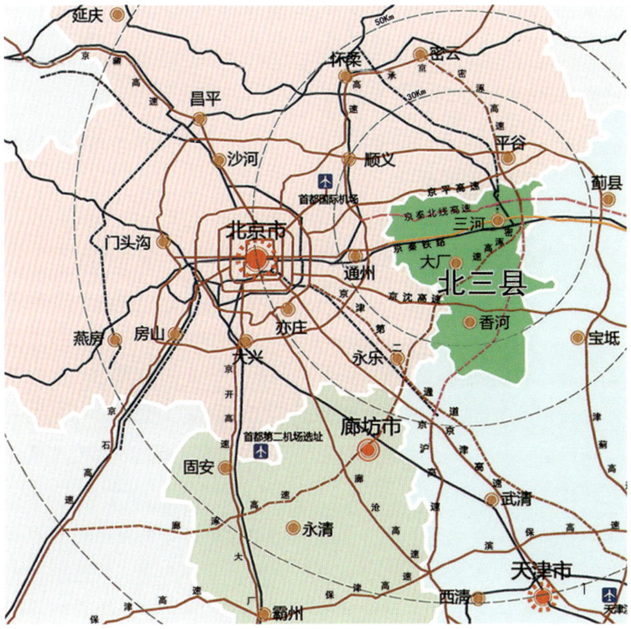

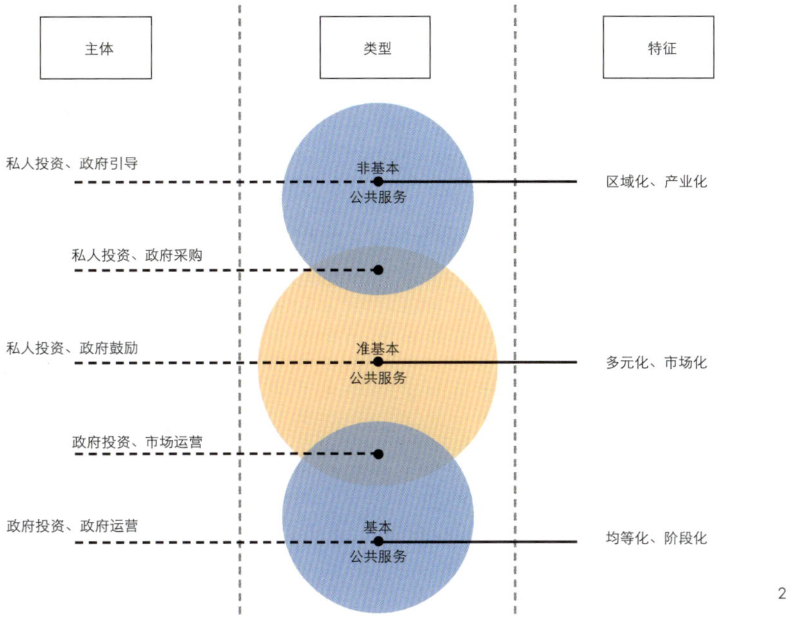

1.北三县区位概况

2.“两线设施、三层服务”示意

表1　三河市与河北省部分指标比较

		人口（万人）	GDP（万元）	城镇就业（万人）	建设用地（km^2）
三河市	2006年	49.9	158.1	3.38	129.8
	2010年	53.9	314.3	5.96	147.1
	年均增速	2%	19%	15%	2.5%
河北省	2006年	6 898	11 660.4	501.2	12 632
	2010年	7 185	334.320394.3	519.6	13 408
	年均增速	1%	15%	1%	1.2%

生活方式、消费结构更为多元，要求北三县满足更为多样的公共服务需求。以三河市为例，2000年三河为人口净流出地区；2010年常住人口已远超户籍人口，常住人口79.56万人，其中外来人口28.9万人，占常住人口36.3%。北三县的外来人口由大量在京工作的年轻人置业居住构成，外来人口的消费水平、对公共服务的需求层次与本地居民存在明显差异，现状的公共服务设施的供给规模与供给水平远远不能满足外来人口的需求，公共服务瓶颈成为制约北三县发展的重要因素。

3. 供给结构重组

私人投资成为北三县公共服务提供的重要主体。外来人口的快速增长，导致北三县公共服务设施同时存在绝对数量的短缺和供需结构的不平衡，形成大量的市场机会，引起市场主体的积极反应，私人投资成为公共服务供给的重要力量。然而，市场有明显的逐利特征，热衷于具有盈利空间的公共服务设施项目，对于基本公共服务供给缺乏热情，市场化无法解决大量的基本公共服务的供给问题。

外围地区地方政府面临同区位地区的激烈竞争，有限财政约束下为了迅速提升本地区的形象，热衷于具有影响力的标杆性公共服务的规划建设。一方面，地方政府投资运营的公共服务设施难以满足居民的真实需求，导致利用效率不高。2012年，三河市在洵阳城区（三河市政府驻地）财政投资4.8亿元建成占地128亩、建筑面积8万m^{2}的文化综合体，包括大剧院、中式戏楼、3D影厅、展览馆、会议中心、图书馆等设施，然而观察两年来的运营状况，实际使用效果并不理想，大多数功能长期闲置。另一方面，基层基本公共服务设施量大面广容易被忽视，北三县镇、村层级的公共服务建设处于相对停滞状态，城市社区级别的公共服务功能难以满足要求。

4. 空间结构重组

高层级公共服务设施围绕区域性交通设施空间聚集，形成专业服务中心雏形。高层级公共服务设施为了提高区域影响力，选择围绕区域性交通枢纽聚集发展，形成具有一定影响力的公共服务版块，并进一步吸引相似功能设施的投资建设，形成专业公共服务设施的抱团发展模式。例如在北三县地区以高校聚集为特征的科教版块；以燕达医院为核心的医疗健康版块；以国足训练基地为核心的运动休闲版块都已初具规模，服务于整个北京大都市地区。

都市区化条件下，外围地区城乡空间发生剧烈变化，导致公共服务的地区差异明显。例如，燕郊、潮白等紧邻通州的机会地区人口快速聚集，无论高等级公共服务设施还是基层公共服务设施都存在巨大需求；北三县东部等一般城镇经济社会发展相对平稳，公共服务设施改善的需求相对平缓；东南部农业地区由于人口向城镇聚集，甚至出现农村中小学等基本公共服务设施衰退的迹象。政府主导的公共服务设施建设以行政区为单位，以城市等级为依据，与外围地区大尺度的空间聚集形成反差，加剧了公共服务供需的结构性矛盾。例如前文提及的洵阳城区文化中心，其选址主要考虑洵阳城区是三河市政府驻地，忽视了城市的人口规模、发展阶段、人口构成等因素，相较而言文化中心选址燕郊城区应更为合理。

三、廊坊北三县公共服务设施规划探索

1. 规划思路

基于北三县特殊的区域位置特征和发展阶段特

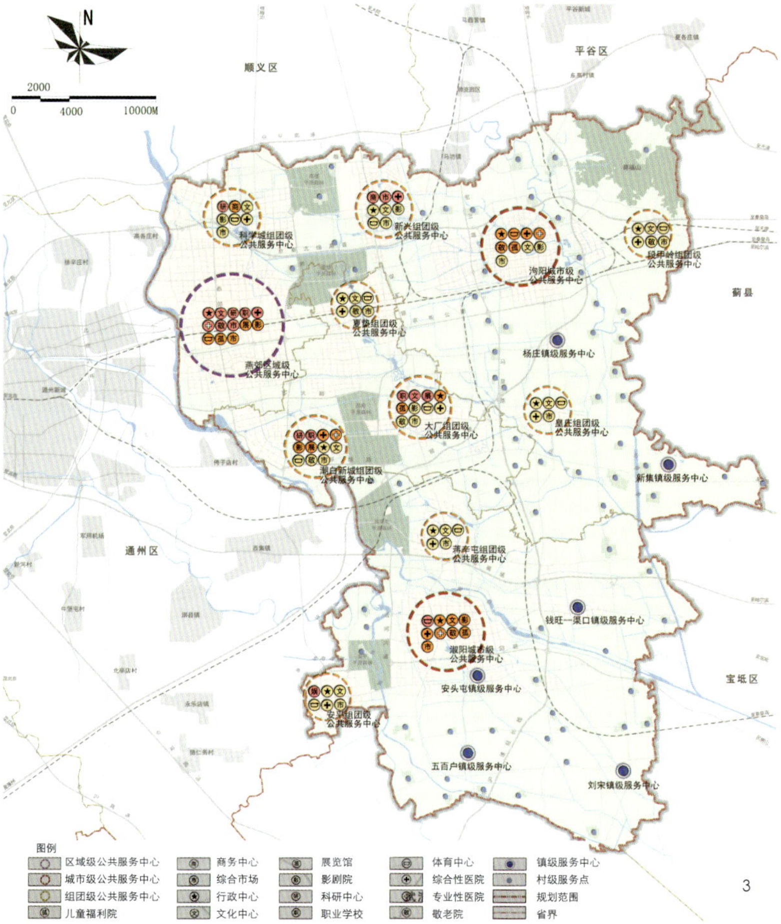

3

4

征，满足人的根本需求的角度出发，重点理清四方面的关系。

处理好区域与地方的关系：北三县是北京高品质生活圈的重要组成部分，应主动承担部分区域性服务职能，适应区域性公共服务专业化、网络化的发展特征；同时北三县作为优化北京大都市区空间结构的重要载体，应不断完善自身的城市综合公共服务职能。

处理好均等与多元的关系：基本公共服务标准因时而异、因人而异，北三县人口结构、地区构成要求基本公共服务内容应当更为灵活、多样；公共服务应当体现“现实人”的差异性，满足人的不同层次、不同内容的需求。

处理好集中和均衡的关系：引导公共服务向人口聚集中心集中，发挥公共投资的乘数效应，带动机会地区优先发展，提高公共投资的经济社会效益；公共服务的集中配置与人口的聚集同步，满足人均公共服务资源的相对均衡。

处理好政府和市场的关系：厘清市场和政府在公共服务供给方面的不同定位，发挥市场在扩大公共服务供给、提高资源利用效率方面的积极意义；履行政府在公共服务供给，尤其是基本公共服务供给方面的职责，以及引导、规范、监督市场行为方面的职责。

2. 规划策略——两级设施、三层服务

根据公共服务需求层次、建设运营主体不同，将公共服务设施划分为基本公共服务设施和非基本公共服务设施两级。基本公共服务设施是由政府根据经济社会发展阶段和总体水平来提供，旨在保障个人生存权和发展权所需要的基本公共服务需求。非基本公共服务设施是完全可以通过市场配置资源，为满足居民更高层次社会公共需求的公共服务。

在两级设施的基础上，增加准基本公共服务层级。准基本公共服务的实现主要通过两种途径：一种通过激励政策鼓励私人投资建设、运营管理；另一种通过公私合作延伸既有公共服务设施的服务内容，允许部分基本公共服务设施进入市场。

政府主导推动基本公共服务均等化，满足最基本的公共服务需求。通过公私合作增加准基本公共服务层次，满足多元的公共服务需求，提高即有公共服务设施的利用效率。推动非基本公共服务产业化，满足区域性公共服务职能，为北京大都市地区乃至更大的区域范围提供高水平的专业公共服务。

表2　公共服务设施规划策略

类型	划分标准	主要内容	配置目标	主体
基本公共服务	体现基础性、广泛性、迫切性、现实可行性	义务教育、公共卫生和基本医疗、基本社会保障、公共就业服务	均等化	政府主导
准基本公共服务	福利水平可以引入市场机制，营利空间较小	高等教育、职业教育、基本医疗服务、群众文化、全民健身等服务	增加多层次公共服务供给	公私合营
非基本公共服务	市场配置资源，满足居民多样化需求	经营性文艺演出，影视节目的制作、发行和销售，体育休闲娱乐等服务，教育培训，继续教育，卫生保健	提供高层次的公共服务，提升区域服务职能	市场配置、政府引导

3. 规划布局

（1）基本公共服务设施规划布局

基层基本公共服务设施依据人口分布均衡布局，依据人口结构特征灵活设置。对街道（镇）、社区（村）两级基层基本公共服务设施提出明确标准，保证基层基本公共服务的最低标准的供给。公共服务设施配置标准分为刚性和弹性两类，刚性标准是所有相应层级居民点必须设置的，弹性标准针对居民点的人口结构、财政状况鼓励灵活设置，满足不同类型居民点对公共服务的多样性需求。

高层级基本公共服务设施向人口聚集中心倾斜，充分发挥高层级设施的社会效益，同时发挥公共投资的乘数效应，带动私人部分的投资建设。根据北三县统筹规划的内容，统筹安排城市、组团级医疗、文化等公共服务设施，引导高层级公共服务设施向燕郊城区、泃阳城区和淑阳城区聚集。

表3　北三县镇级服务中心配套标准

类别	设施名称	内容
行政办公	●镇级行政办公中心	社区居委会、社区服务站、警务室等
文化设施	●文化中心	文化活动中心、科技信息服务站、小型图书馆等
教育设施	●幼儿园	
	●小学	
	○初中	
体育设施	●体育中心	灯光球场、市民体育健身设施等
卫生设施	●卫生院	
社会福利设施	○老年公寓	
商业	●集贸市场	百货商场、农贸市场等

注：●应配设施○可配设施。

表4　北三县村级服务点配套标准

类别	设施名称	内容
行政办公	●村级管理服务点	村居委会、村服务站、警务室等
文化设施	●文化活动室	老年活动室等
	○农家书屋	
教育	○小学	
	○幼儿园	
体育设施	●全民健身场地	广场、健身器械等
卫生设施	●标准化卫生所	
商业	●放心店	便利店、农村放心店、农资放心店等

注：●应配设施○可配设施。

（2）非基本公共服务设施规划布局

非基本公共服务设施规划建设及空间布局，应规避市场短视行为。引导具有关联的公共服务项目聚集发展，形成高质量的综合服务能力，满足京津冀地区一站式的消费需求。政府制定非基本公共服务的总体发展目标，在规划中明确空间布局方案，监督并适时调控市场化行为，避免市场化条件下开发建设分散、重复建设、质量低下等问题。

结合北三县的发展特征及都市区城市功能外溢的趋势，鼓励社会资本进入健康、疗养、娱乐等非基本公共服务领域，加快市场化、产业化步伐。重点围绕健康医疗、养老服务、文化创意、体育休闲等四个领域，做大非基本公共服务产业，提升区域服务水平。

以燕郊健康城为空间平台，聚集发展健康医疗、养老服务等功能。以燕达医院等重点项目为引擎，鼓励和引导社会力量举办和经营健康类服务项目，满足京津冀地区日益拓展的社会需求。以潮白新城为空间平台，聚集发展文化创意功能。以央视节目后期制作项目为基础，依托潮白新城优美的自然环境及便捷的交通条件，促进文化创意类项目的空间聚集，形成具有完善配套体系及人才基础的文化创意产业集群。以香河南部、潮白河东岸为空间平台，聚集发展体育休闲功能，以香河足球训练基地、潮白河东岸高标准高尔夫球场为线索，拓展大众体育休闲项目，满足京津地区对于体育休闲服务潜力巨大的社会需求。

（3）准基本公共服务设施规划指引

准基本公共服务设施强调“总量调控、技术引导”，不作为单独一类的设施进行确定性的规划布局。首先，确定总量调控的目标与手段，根据服务需求与现状设施的供给水平，分析基本公共服务的缺口，制订具有动态性和针对性的调控政策，通过动态性的激励机制平抑公共服务的市场供需矛盾。其次，对于市场投资建设的准基本公共服务设施制定规划指引及兼容条件，适应市场投资的不确定性，保证规划的可操作性；同时形成市场投资建设与整体规划的技术对接窗口，保证设施建设与规划实施的良好衔接。

四、结语

北京大都市区化加速发展背景下，北三县公共服务功能发生明显变化，传统以县为单位的封闭的公共服务体系面临巨大冲击，公共服务的需求结构、供给结构、空间模式经历结构性重组。基于北三县特殊的区位条件和发展阶段，笔者探讨了“两级设施、三层服务”的规划应对策略：引导非基本公共服务产业化，满足区域层面的专业性公共服务需求；增加准基本公共服务层级，满足多层次的公共服务需求；强调基层基本公共服务均等化配置，以及高等级基本公共服务设施的统筹布局。

参考文献

[1] 赵民，柏巍，韦亚平．“都市区化”条件下的空间发展问题及规划对策：基于实证研究的若干讨论[J]．城市规划学刊，2008（1）．

[2] 李阿萌，张京祥．城乡基本公共五福设施均等化研究评述及展望[J]．规划师，2011（11）．

[3] 罗震东，韦江绿，张京祥．城乡基本公共服务设施均等化发展的界定、特征与途径[J]．现代城市研究，2011（7）．

[4] 王宏远，林永新，胡晓华．城乡统筹中的基本公共服务均等化规划技术探讨[J]．城市发展研究，2011（9）．

[5] 安体富，任强．中国公共服务均等化水平指标体系的构建：基于地区差别视角的量化分析[J]．财贸经济，2008（6）．

作者简介

王正海，硕士研究生，上海同济城市规划设计研究院，规划师；

吴　虑，硕士研究生，上海同济城市规划设计研究院，规划师。

3.高层级基本公共服务设施统筹规划布局
4.北三县非基本公共服务产业化板块布局

旅游型小城镇公共设施配置探析
——以山东省乐陵市朱集镇为例

Research of Facilities Configuration of Tourist Towns
—A Case Study of Zhuji Town of Laoling, Shandong

王岱霞
Wang Daixia

[摘　要]　旅游型城镇旅游资源丰富且发展定位多侧重于旅游主题，因此在公共设施配置上也具有与一般小城镇不同的特征。本文以乐陵市朱集镇为例，着重探讨旅游型城镇的公共设施配置，既包括交通服务设施，又包括旅游服务设施。旅游服务设施进一步细分为旅游餐饮设施、旅游住宿设施、旅游商业娱乐设施、基础配套设施以及标识系统等。

[关键词]　朱集；小城镇；设施

[Abstract]　Tourism towns are rich in tourism resources which development orientations focused on tourism theme, so such towns have the characteristics different from general small towns in facilities configuration. Take Zhuji town of Leling city as an example, this paper discusses facilities configuration of tourism towns, including facilities used for transportation as well as tourism. Tourism facilities are further divided into catering facilities, accommodation facilities, business facilities, entertainment facilities, infrastructure, identification facilities and so on.

[Keywords]　Zhuji; Town; Facilities

[文章编号]　2015-67-P-116

1.外部交通衔接规划图
2.镇域旅游规划图
3.交通设施规划图

一、概况

朱集镇位于山东省乐陵市东北部，地处两省三县连接点，距乐陵市区中心7.5km，新建的旅游大道直通乐陵市区，向南100km就是济南遥墙国际机场，向西100km为京沪高铁德州东站，规划建设的大庆路从朱集镇镇域北部呈东西向通过，东接国道205，西接省道248可连德滨高速。全镇镇域面积88.67km^2，现辖39个社区、6个行政村，共6万人。

乐陵素有“百里枣乡”之美称，1995年被国家林业局命名为“金丝小枣之乡”，2001年又被中国经济林协会命名为“中国名优特金丝小枣特产之乡”。清代诗人吴泰庞在《同登乐陵城晚眺》中写下“六月鲜荷连水碧，千家小枣射云红”的佳句。朱集镇是闻名全国的乐陵金丝小枣主产区，素有“中国论枣，当属乐陵；乐陵论枣，首推朱集”的说法。

朱集镇现状旅游资源丰富，且空间分布特征十分明显，主要集中分布在东、南部区域和沿旅游大道向南直至中国金丝小枣文化博物馆一线。东部主要有百枣园、母子树、望娘子树；镇区北部有观光塔、结义园、乾隆御赐枣王碑、枣王树；镇区南侧为旅游接待中心、中国富硒金丝枣都碑；沿旅游大道向南依次为滨河景观带、乐福洲片区（乐陵枣林旅游中心区）直至镇域范围以外的中国金丝小枣文化博物馆。朱集镇旅游资源主要围绕金丝小枣展开，囊括了金丝小枣的文化、观光、体验、加工、展示等各个方面，具有极强的地方特色，且镇域内具有丰富的温泉资源，但朱集镇目前却极其缺乏相应的公共设施。

二、旅游发展定位与空间布局规划

1. 总体定位

魅力枣乡。小枣作为朱集镇旅游业的名片，其品牌效应关系到朱集旅游的成败。

温泉天堂。朱集镇的另一核心旅游资源和可塑性强的旅游产品—“温泉”。开发温泉休闲养生项目，可有效地为朱集镇带来旅游收入，同时配合富有养生功能的小枣一起开发具有朱集镇特色的小枣温泉养生产品，为“魅力枣乡”形象的塑造锦上添花。

2. 旅游发展空间布局

综合考虑朱集镇旅游资源地域分布特征、旅游产品开发体系组合、旅游发展战略方向、重点及时空安排等因素，规划形成“一环一带两心两片区”的空间发展结构。

“一环”：即旅游环线。

“一带”：即朱集沟滨河景观带。沿镇域中部南北向的朱集沟，布置滨河景观带。

“两心”：分别为乐陵枣林旅游中心区和朱集镇区旅游服务中心。乐陵枣林旅游中心区位于镇域南部，靠近旅游大道，主要以中高档旅游服务设施为主，作为整个乐陵枣林旅游区的服务中心。朱集镇区服务中心依托现状镇区建设，作为朱集旅游日常服务和集散的主要区域。

“两片区”分别为朱集沟东侧的枣林观光体验区和西侧的户外康体运动区。朱集沟东侧的枣林观光体验区主要是位于朱集沟东侧、大庆路以南的大面积枣林区域，主要以枣林观光、游览为主。朱集沟西侧的户外康体运动区主要为位于朱集沟西侧、大庆路以南区域，主要以参与性强的户外运动为主，例如户外徒步、越野乘驾、野外露营等游客自主开展的运动类项目。

三、旅游交通线路与交通设施规划

1. 旅游交通线路规划

镇域内规划枣林观光旅游线路、户外运动旅游线路及水上观光旅游线路共三条旅游线路，将规划区内的景点串联起来。

镇域内的旅游线路与外部交通的衔接，包括两处陆路进入通道和一处水路进入通道，即北部大庆路、南部朱集旅游路、南部跃马河—朱集沟航道。内部交通的规划分为机动车交通、非机动车交通、步行交通和水上交通。

2. 交通设施规划

（1）停车场

旅游停车场主要为外来游客提供自驾机动车停放、环保旅游交通换乘及相关服务，主要结合旅游分区中的景区和旅游服务中心设置。

规划旅游停车场主要设置在旅游游线上，根据旅游服务中心及旅游分区设置，分别结合旅游服务中心、百枣园、北部生态湿地公园、名人园设置4处有一定规模的旅游停车场，停车场面积共2～2.5hm^2，可容纳车辆约800～1 000辆（含旅游大巴），其他景点不设专门旅游停车场，仅设置环保旅游电瓶车停靠点。

（2）码头

根据规划的水上观光游线，结合主要旅游景点设置了3处码头，分别位于乐陵枣林旅游中心区、西环路南环路交叉口（主要为进镇区游览的旅游服务）以及北部生态湿地公园。

（3）加油站

考虑镇域内居民使用的便利性及旅游配套设施建设的要求，沿区域性道路配置加油站，规划在朱集镇域范围内规划加油站3处，分别位于乐陵枣林旅游中心区内、镇区北部北外环路与东环路交叉处及三间堂社区沿大庆路北侧商贸中心。

四、旅游服务设施规划

1. 旅游服务设施分级

一级服务区：位于乐陵枣林旅游中心区，为乐陵市确定的旅游区，打造成为乐陵的一个重要景点，旅游设施完善，功能齐全，包括中高档酒店、会议中心、娱乐休闲中心等，接待规模大。

二级服务区：为镇区南部的旅游服务中心，是全镇人气最旺最活跃的区域，主要解决游客吃、住、购及停车等问题，档次以大众水平为主。

三级服务区：分别位于三间堂社区沿大庆路北侧的区域和百枣园西南边的农家乐，三间堂社区服务区主要服务于从大庆路东西方向来的游客、水上旅游观光游客以及户外康体运动区的游客，服务区内设置停车设施、码头、小型住宿、饮食以及娱乐设施。农家乐服务区主要服务于枣林观光的游客，设置特色农家住宿和饮食，开展当地农家娱乐活动。

2. 旅游餐饮设施规划

（1）集中式布局的餐饮设施

规划在乐陵小枣旅游中心区和镇区内集中设置特色餐饮，在小枣旅游中心区规划百枣美食天地，在镇区规划娱乐美食街，作为综合性的餐饮中心。在这两大区域内也有诸多的配套餐饮设

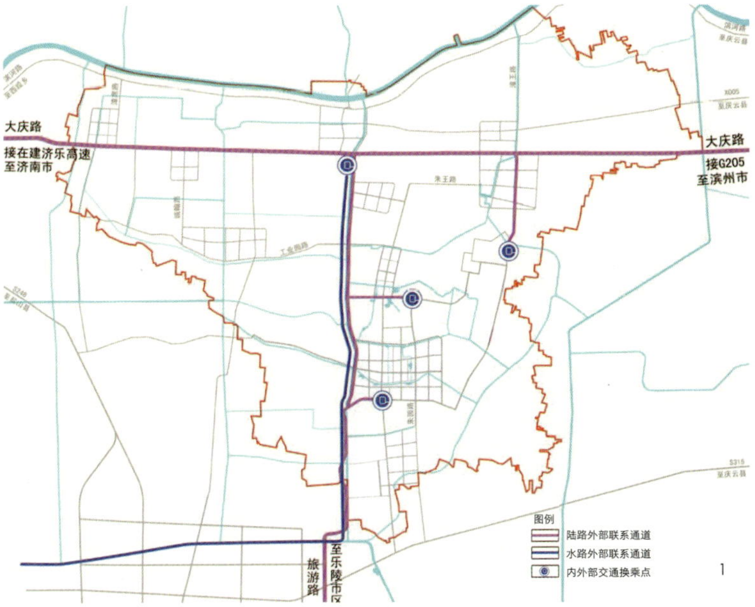

1

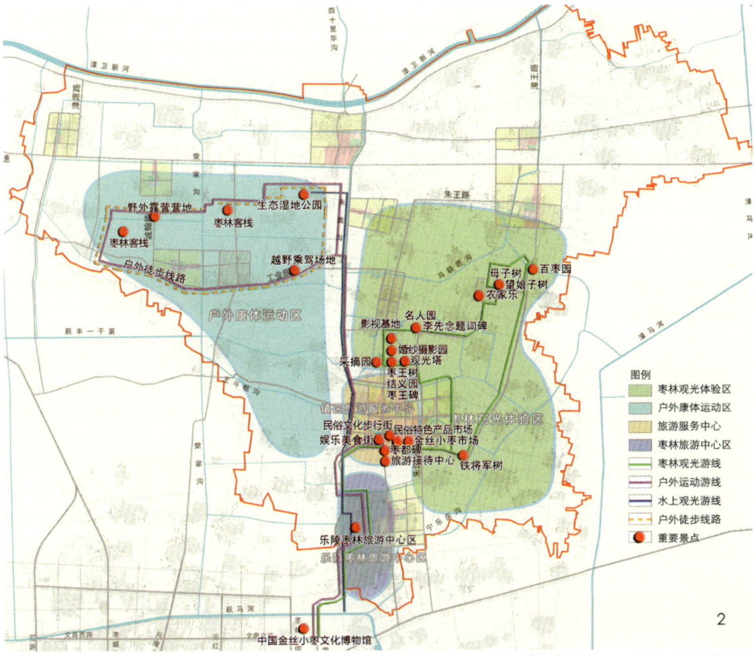

2

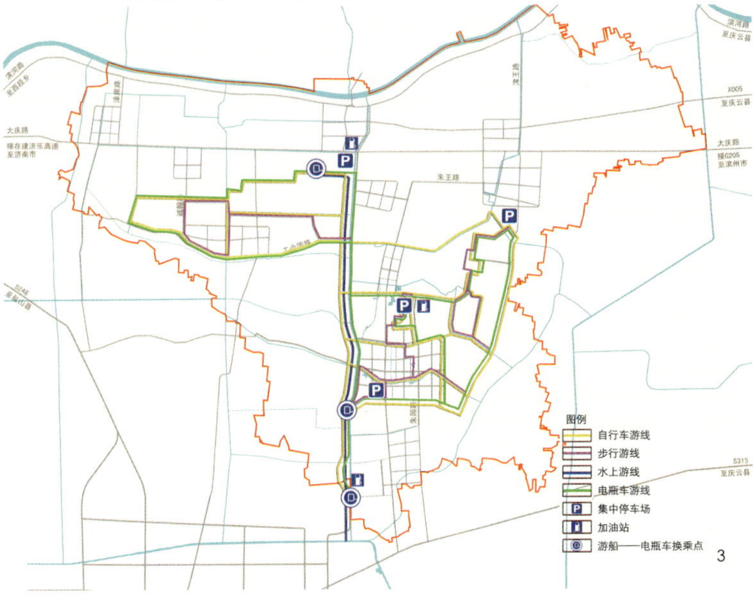

3

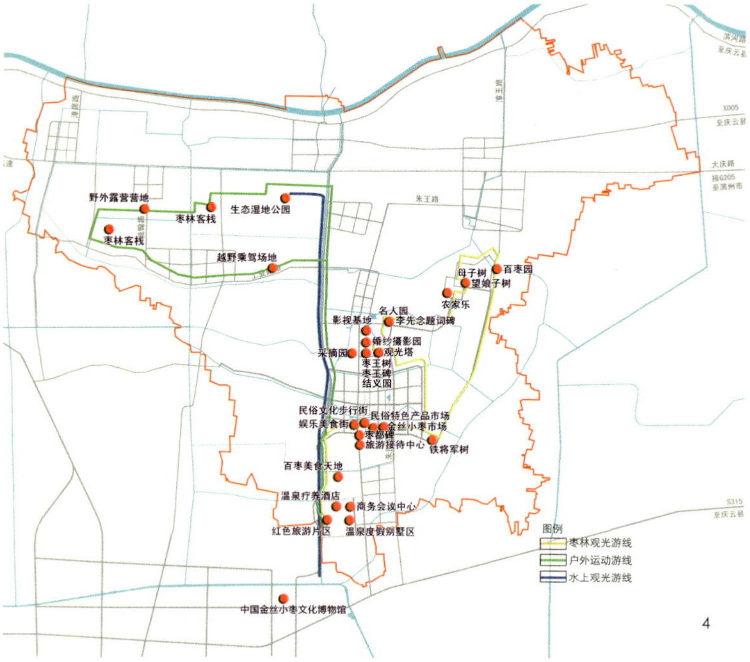

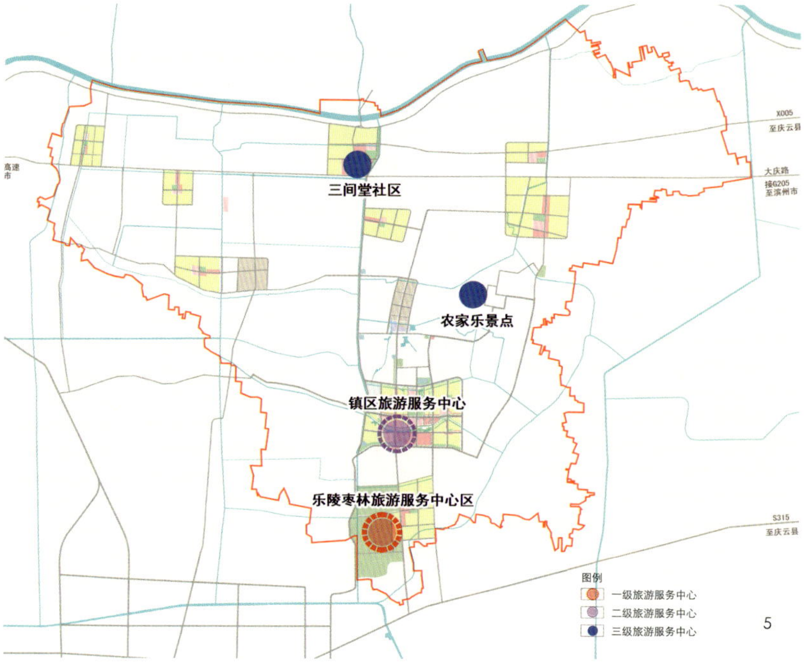

4.旅游线路规划图
5.旅游设施分级与布局图
6.旅游餐饮设施规划图
7.旅游住宿设施规划图
8.旅游商业娱乐设施规划图

施，如酒店配套餐饮、疗养中心配套餐饮。

（2）分散式或专类餐饮设施

分散式餐饮主要为各酒店、疗养中心配套的餐饮设施及结合主要景区设置的配套餐饮，如采摘园及生态湿地公园配套餐饮。专类餐饮设施主要为农家乐里的农家饭。主要安排在居民点周边，力求简约，营造返璞归真的环境，提供绿色食品和“原汁原味”地道农家美食，同时配置篝火营地等旅游节目，此类餐饮设施在镇域内主要分布在农家乐景点处旅游环线的西侧。

3. 旅游住宿设施规划

规划以集中与分散相结合的方式布局住宿设施。以乐陵枣林旅游中心区、朱集镇的旅游服务中心、镇区商业中心为主集中布置酒店等住宿设施，通过枣林庄园与农家乐分散布置一部分住宿设施。

（1）乐陵枣林旅游中心区规划星级宾馆和高档别墅式酒店，共可提供700床位（高档）；

（2）镇区旅游服务中心规划4个酒店，共可提供1 000个床位（中高档）；

（3）镇区商业中心规划2个旅馆，共可提供300个床位（中档、经济型旅馆）；

（4）枣林客栈提供200个床位（高档、特色）；

（5）野外露营营地提供100个床位（特色）；

（6）农家乐体验式客栈提供200个床位（中档、特色）。

4. 旅游商业娱乐设施规划

镇区旅游服务中心设商业中心、娱乐美食街、民俗文化步行街、特色酒吧街等。休闲商业中心是具有一定的休闲消费吸引力，且能够聚集人群并为之提供休闲式购物、餐饮、游憩空间和多种服务功能的街区；娱乐美食街是朱集镇旅游街区的重点特色步行街，可展示各种枣食品和特色枣菜肴，充分展示百枣宴文化；民俗文化步行街旨在打造以休闲、体验为主要目的的旅游商业街，主要包括与小枣文化相关的创意文化工坊，如枣画、枣树根雕等，让游客可以充分感受到文化体验与休闲旅游的乐趣；特色酒吧街主要为了丰富过夜游客的夜生活，让小镇的夜晚也充满人气和活力，主要宣扬一种乡村地域文化。

旅游服务市场包含特色金丝小枣市场、民俗特色产品市场等，主要为进行特色旅游商品的展示和销售。旅游商品主要包括旅游纪念品、旅游工艺品、土特产品、旅游日用品等。与朱集镇相关的旅游纪念品包括枣林风光的明信片、油画、刻画等，旅游工艺品则包括枣树根雕、干枣粘成的物品等，土特产品主要包括与枣相关的干枣、枣饮料、枣果脯等，旅游日用品则可包括枣壳香包、枣树做的餐具等。

乐陵旅游中心区则主要是设置养生、健身、美容等休闲养生类娱乐设施，为了兼顾多样性，还设置了为中老年人服务的休闲垂钓和棋牌室，为儿童服务的儿童娱乐设施及为家庭服务的自助烧烤等。

5. 基础配套设施规划

基础服务设施包括厕所、垃圾箱、邮政服务、纪念服务、报警岗亭、公用电话等。

镇域内各景区内的厕所都要按照三星级厕所标准建设（参考《旅游厕所质量等级的划分与评定》GB/T18973—2003），厕所内除按照要求配置各种设施外，室内的装饰还要体现出地方文化氛围，在游客集中场所的厕所还要设专人提供服务。

垃圾箱应独立设置在人流密集处。避免使用鲜艳色彩与卡通造型。其形式应简洁、易清洗并与环境相协调。

邮政服务、纪念服务、报警岗亭等服务类设施不得占用公共通道和人行道，宜布置于休息带内；其造型应有一定的装饰性；集中布置时，应统一设计，形成特色的景观；分散布置时，要适当丰富街道景观。报警岗亭应有醒目标志，位置明显，便于观察和寻找。

公用电话亭设置应达到一定的密度，主要商业街，建议每隔100m设一处，宜采用标准设计，与周围建筑风格相协调，避免使用鲜艳的或高明度的颜色。

6. 标识系统设计

（1）景区外部标识系统

在通往朱集镇各个景区的主要干道、景区内部道路及交叉口上建立清晰、完善的交通指示标志系统。为创造和谐统一的环境，各标识物必须有统一的设计，包括设置的位置、色彩、形式，而不应各自为政。

（2）各个景区、服务区标识系统

导游全景图：在镇区南部旅游服务中心设置整个朱集镇域旅游全景图，在各个分景区的入口均设置片区导游全图。全景导游图要正确标识出主要景点及旅游服务设施的位置，包括各主要景点、游客中心、厕所、出入口、医务室、公用电话、停车场等，并明示咨询、投诉、救援电话。

导览图：在景区内的交叉路口设置景区导览图，标明现在位置及周边景点景区和服务设施的图示。

景物介绍牌：在重要景观节点设置景物介绍牌，介绍主要景点、景观，或是相关展示内容的介绍说明牌、科普讲解牌。

各种标识牌的设计图案要直观明了，具有朱集镇地方特色。外形上与景观协调，材质的选择上要选择可再生或循环利用的材料，标示牌的内容均需设置中英文对照的内容。

整个标识系统的材料均可以利用枣树木制造，就地取材，既经济、生态，又能很好的与景观相融合。

感谢乐陵市规划局及复旦规划与建筑设计院朱集总规项目组的参与人员，在此一并致谢。

作者简介

王岱霞，浙江工业大学建筑工程学院，博士、高级工程师、注册规划师。

6

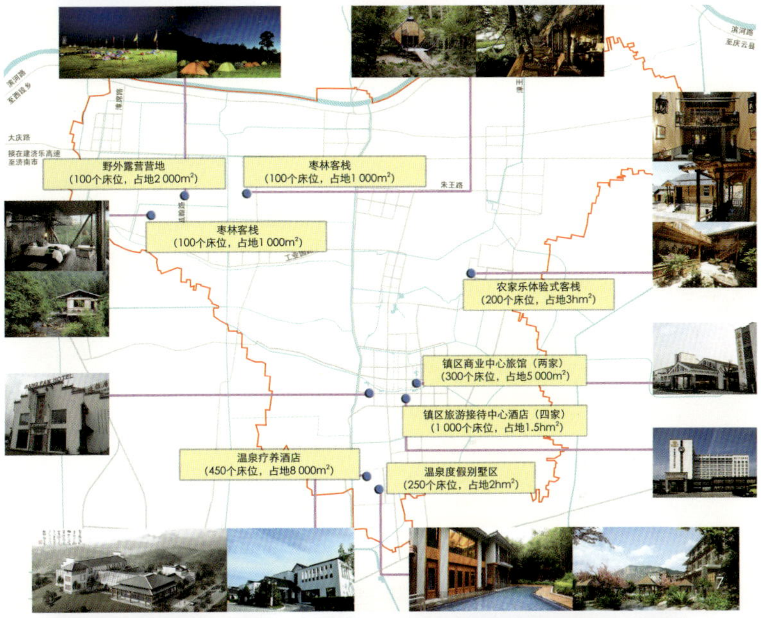

7

8

他山之石
Voice from Abroad

“人•都市•自然”理念倡导下的体验式城市综合体
——难波公园

Experiential Model of Urban Context under the Advocacy of “Human & Urban & Nature” —Namba Park

郭丽阁 王宝宇 尔古木牛
Guo Lige Wang Baoyu ErguMuniu

[摘 要] 难波公园通过人造峡谷空间塑造、屋顶植物园打造、多样化功能设计、人性化经营管理、高效交通的支撑为人们提供了一个既符合消费者生活方式的都市商业中心，又为人们搭建了一个集聚会、娱乐与交往为一体的全新的自然体验式场所，很好地倡导了“人•都市•自然”设计理念，成为体验式城市综合体的典范。

[关键词] “人•都市•自然”理念；体验式；城市综合体；难波公园

[Abstract] This article mainly to introduce Namba Park, especially focus on the under fiveaspects: Man_made canyon space shape, Roof garden design, Diversity function design, the Humanized management, Efficient transportation support. To sum up, the NambaPark is an UrbanCommercialCenter which is conformed to the consumer lifestyle. At the same time, it has built a new natural experience place which agglomeration the party, entertainment and communication. NambaPark advocated a design concept of “Human & Urban & Nature”, As the model of urban context which worthy to be reference for domestic urban complex construction.

[Keywords] The Advocacy of “Human & Urban & Nature”; Experiential; Urban Context; Namba Park

[文章编号] 2015-67-C-120

1.难波公园地铁站分布图
2. 小汽车路线图
3.停车场线路及布局图
4.峡谷空间体验图

一、背景介绍

难波公园位于邻近难波火车站的一片新商业区，离机场一站之遥，将城际列车、地铁等交通枢纽功能与办公、酒店、住宅完美结合，是日本开发成功的城市综合体的代表项目。

难波公园的场地前身是大阪球场，是职棒南海鹰队的主场，当南海鹰飞到福冈变成大荣鹰后，球场也失去功能，1998年完全废止后，以难波公园形式得以重生。难波公园开发商是南海電鉄株式会社（Nankai Electric Railway Co., Ltd），南海都市创造株式会社（Obayashi Corporation；项目管理公司是Wasa Sakamoto）；项目总占地37 232m^2，一期开发总建筑面积16.72万m^2，其中商业面积4万m^2，办公楼8万m^2；二期开发建筑面积7.66万m^2，合计24.38万m^2。

开发商NK电气铁道公司邀请捷得公司为其设计一座对大阪形象具提升意义的建筑作品。捷得因此把难波定义为公园，为拥挤喧嚣的城市带来一片绿洲，成为了一个改变大阪市特色的新门户，改善大阪拥挤而杂乱的城市环境；在一个密集的由混凝土建筑占主导地位的城市中，屋顶花园令大阪人重新获得对自己城市的自豪感，成为一处新的聚会场所；同时，通过都市花园与商业零售相结合的综合性物业，难波公园重现大阪南部昔日风采。该项目2005年在美国拉斯维加斯获得SADI大奖中的“开放空间类”项目最高成就奖和最佳综合项目的最高SADI奖。

二、设计理念：“人•都市•自然”

难波公园的设计灵感都来源于能够不断重生的自然力量，这种被普遍认知的力量在连接新旧事物中又贯穿着东西方文明。在设计中，自然环境被巧妙地融入都市规划之中。整个设计贯穿了“人•都市•自然”的融合理念，即集人文、娱乐、生态于一体的体验综合体，实现了都市生活方式与自然生态环境的完美融合。

从远处看去，难波公园是一个斜坡公园，从街道地平面上升至8层楼的高度，层层推进、绿树茵茵，仿佛是游离于城市之上的自然绿洲，与周围线形建筑的冷酷风格形成强烈对比，成为嘈杂背景下的一处生动、温馨的街景。

沿着一座30层的高塔，难波彰显了一种自然生态的生活方式，空中花园、屋顶绿树，公园直接跟大街相连，为钢筋混凝土林立的城市里带来了一股清新的气息。人们可以欣赏成群的大树、岩石、悬崖、草坪、溪流、瀑布池塘及露台；可以徜徉在空中花园中尽享体验式购物的乐趣。难波公园可谓是集人文、娱乐为一体的自然生态式体验购物的杰作。

三、高效快捷的交通组织

1. 名副其实的城市交通枢纽

难波公园本身也是大阪城市交通枢纽所在地，周边有5条地铁干线（包括地铁南北动脉）、3条快线和2条高速线路经过。各条线路车站距离难波公园步行时间都可控制在10min左右。通过地铁线路可快速连接其他交通枢纽和城市重要区块，如15min可以到新大阪车站，25min到达大阪国际机场，30min可以抵达大阪关西机场。便捷的交通组织成为难波公园人流组织的根本。

2. 满足多样化的交通出行方式

难波公园在依托多条地铁干线的基础上，还完善了其他各种交通方式，如公交巴士、的士、私人小汽车等交通设施的组织和设计。为了方便汽车交通，难波公园设置了足够的停车位，而且停车场提供2h内免费停车的服务，极大地便利了私人交通和大巴旅游的出行群体。

四、体验设计融入方方面面

1. 体验一：人造峡谷空间体验

难波公园的内部是一条人造峡谷。业主最初的构思是建造一个简单的混凝土通道用于连接项目的南北地块，但设计师提出了人造峡谷的设计理念。

（1）神秘新奇的空间塑造

“峡谷”的设计带来了众多的体验要素，溪水、山石、植物、岩洞、山间的阳光等，这种体验手法的空间再造，为项目展现了全新的思路。入口处，设计师设计了一个被岩石覆盖的空间，仿佛一个狭小的峡谷诱惑着人们向里面探寻。暖黄色到桔黄色逐渐过渡的条纹造型，如同沉淀层一般，设计师精心设计和营造出不同的小湾、岩洞、河谷等探险般的空间感受，让你有“柳暗花明又一村”的惊喜，为整个购物旅程增添了一抹神秘和新奇的色彩。

通过“峡谷”内一条“8”字形倾斜上升的通道，便到了难波公园的零售与娱乐区域。其中心区域是3层的“豪华购物广场”，内部质感华美，店面错落有致，并饰有草木植被和水景，让你仿佛并不是在商场购物，而是在森林中寻宝一般。经由不同楼层的一些特定区域，从“峡谷”可以直接通往室外的露台。

美国著名建筑师Curtis J. Scharfenaker曾经说过：“真正的场所并不存在于大楼之间，而是存在于人们值得记忆的体验。”这个理念在难波公园中得到了生动的体现。设计师从大自然中获取灵感来把握建筑的精髓，将自然融入建筑，用体验创造场所。当消费者和游客经历被大自然所环绕的场所时，在精神上获得了一种强烈的富足感。

（2）峡谷质感的再现

为了能够充分呈现自然峡谷的空间体验，设计师精心选用各种暖色调的石材，并通过多样化的水平表现手法展现出堪称永恒的再生自然景观，再现真正的峡谷风貌。为了避免材料过于单一而产生的虚假感，最后装饰材料都取材于自然，如花岗岩、砂岩和石灰石，并沿袭了其淳朴粗犷的天然造型，保留了石材的自然裂缝，淋漓尽致地展现出天然石材的永恒魅力。为了进一步表达这一理念，色彩由暖黄色到橘红色的过渡，与大阪市区众多的灰色混凝土和瓷砖饰面的建筑形成鲜明对比，同时也与周边绿意盎然的植被交相辉映。

2. 体验二：生态植物园体验

难波公园的屋顶花园宽敞开阔，充满自然气息，令顾客产生一种

从“难波车站”到达时间

1.南海电铁“难波站”中央口或南口直达
2.从地铁御堂筋线“难波站”南检票口步行约7分钟
3.从地铁千日前线“难波站”检票口步行8分钟
4.从地铁四桥线“难波站”北检票口步行9分钟
5.从阪神难波线“大阪难波站”东检票口步行9分钟
6.从近铁难波线（奈良线）“大阪难波站”东检票口步行9分钟
7.从JR关西本线（大和路线）“JR难波站”（OCAT）北出口步行11分钟

注：乘坐JR关西本线（大和路线）及JR大阪环状线的宾客，在“新今宫站”换乘南海电铁，利用南海“难波站”更为便捷。从关西国际机场坐特急列车大约38分钟。 1

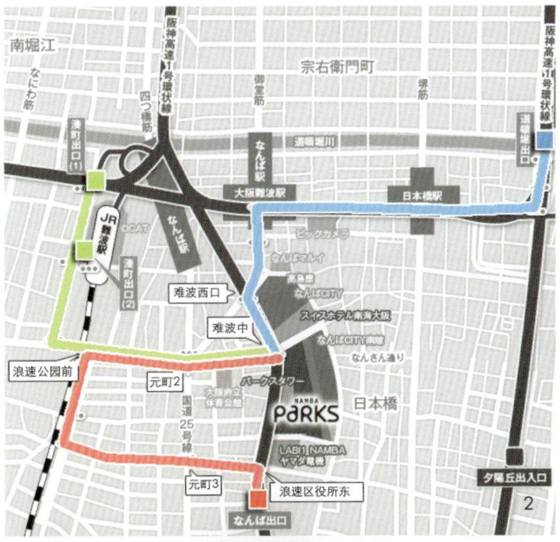

2

3

4

5

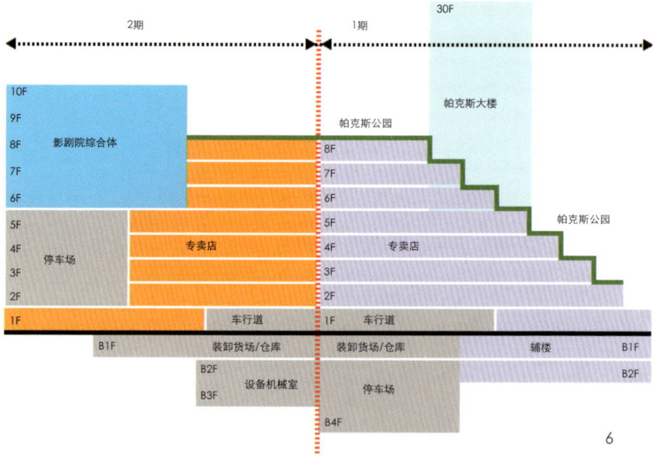

6

7

8

9

10

11

5.屋顶花园各层平面图
6.层业态布置图
7-9.露台、植物园与商店直接相连
10-11.丰富多样的业态
12-16.屋顶花园各层平面图及屋顶公园各层植物主题图

全新的空间体验。精心挑选的植被能够适应冬天寒冷的气候。此外，一些季节性植被会随着季节的转换而不断改变颜色，给人耳目一新的感觉。从一层到下一层的“8”字形的交通循环设计，为顾客通向商业零售区、户外花园或露台提供了连续、便捷的选择。1期屋顶公园区面积约8 000 m^2（2003年10月开放）。2期屋顶公园区面积约3 500m^2（2007年）。总面积：约1.15万m^2；一期树木及花草种类约235种。

每一层楼的园林景观都具有不同的主题，包括花卉主题、林木主题、剧场主题、游乐艺术主题等，多种多样的植物丛生，种类繁多的鸟类、昆虫。同时，屋顶公园强调与各层购物街道的良好接通，令路人在行走时可以欣赏到四周的树林、岩石、峭壁、草地、溪流、瀑布、池塘和露天平台。

3. 体验三：都市复合业态体验

难波公园的主力商场是日本高岛屋，公园的主要业态以商店与餐饮店、咖啡厅为主。商场业态非常丰富，从餐饮、服饰、珠宝，到美容、动植物花卉、居家用品、日本传统和服等，包括了上百家专业的时尚商店和餐馆。这里可以品尝到民族和世界各地的美食，可以购买到潮流最前线的商品和各种高档物品。同时，二、三、四层集聚着大量的免税商店，刺激国际游客的购物活动。

除了传统的商业业态，难波公园的商场还为顾客提供医疗功能。不仅在商场的二层配有药店，在八层还设有一家医院，牙科、妇科、皮肤科、眼科、耳鼻喉科、内科等，功能齐全，服务周到。这里集中了精品店、餐饮店等近300家店铺。另外，地铁难波车站周围分布着许多专门提供大阪平民菜肴的餐馆。

难波还是一个著名的娱乐城。这里有“歌舞伎”（日本传统戏剧之一）专业剧场——新歌舞伎座，以及拥有许多喜剧演员的艺术公司、吉本兴业的剧场——难波大花月。大花月的西邻是吉本兴业公司大楼，内设大阪府立上方演艺资料馆——娃哈上方，还有一个307个座位的演出大厅。

4. 体验四：购物“经历”导向下的空间布局

难波公园的空间体验谓之“难波品味”，源于其空间布局的合理性。用地功能囊括了百货、办公、酒店、休闲娱乐四类用地，可以满足人们的各种需求和体验。难波公园是一处奇妙、充满想象力的建筑，它不像传统购物中心那样，将顾客引入封闭式的购物区，迫人消费，而是以开放的体验化空间吸引人们积极探索、主动消费。由此，难波公园颠覆了一味追求机器效率的工业化空间设计，打破了室内室外的空间界限，实现了城市森林中自然化、戏剧化空间场景的塑造，形成内部与外部景观的和谐与相互映衬。这种开放式的社区氛围，向所有人张开了双臂，欢迎他们随时光临。这一新型的方式即是将商业区、餐饮区与自然和开放空间完美地融合在一起，让人们能够享受在公园中漫步、参观、购物、娱乐的多重乐趣，让购物成为一种“经历”。

商场内有不少餐馆和咖啡座，露天的位置就在丛林里，购物之后在这里享受一份舒适和静谧，相当惬意。登临高处俯视难波公园，可以看到，开放的空间使公园与城市的街道、交通直接相连，斜坡与“山石”形成的层次感，使公园与周围的高层办公楼柔和地融为一体，为钢筋混凝土林立的城市里带来了一股清新的气息。

5. 体验五：丰富多彩的文化活动体验

难波公园的经营理念为市民参与型的运营模式，注重市民的参与需求，同时创造丰富多重的体验活动。这里有结合文艺演出的促销活动；有小型的日常演出活动；有专门为对植物感兴趣人群组织的植物参观介绍及种植活动；有烹饪DIY体验活动。为了满足各种活动需求，难波公园除了有室内大型影剧院外，还设置了屋顶植物园中的室外剧场，能够满足200人观看演出；同时在难波公园的中心广场也经常提供各种类型的展示及演出活动。丰富的文娱活动将人们聚集在一起，使难波公园真正成为市民乐于参与其中的聚会交往场所。

五、结语：让体验融入商业场所

在社会学家雷恩•奥尔登博格看来，那些家庭和工作以外的地方属于“第三场所”，那是一个人们能和同样社会团体的人进行交流的地方。“有了好的体验才会吸引更多的人回到这个场所。即使离开，过了五六年后，他们还会回来，因为这个地方给他们留下了深刻的回忆和体验。”

传统的购物中心发展得越来越郁闷和枯燥，而且随着电商的飞速发展，人们似乎不再青睐各种购物中心了；但是，难波公园以“难波模式”向人们展示了“如何在自然中享受购物，在购物中体验自然”的新的生活方式。充分利用大自然来充实和装点购物环境，自然和人类的激情在此碰撞，人们的精神得到满足，愉悦的体验由此产生，场所体验就此刻在了人们的记忆深处。如何寻求与表达人与自然之间的平衡点，如何创造“能够提供记忆体验的场所”，已成为当下和未来构建“第三场所”的关键所在。

作者简介

郭丽阁，同济大学建筑与城市规划学院城乡规划系博士生；

王宝宇，同济大学建筑与城市规划学院城乡规划系博士生；

尔古木牛，同济大学建筑与城市规划学院城乡规划系硕士生。

国际大都市文化设施规划布局研究

Research on the Cultural Facilities Layout Planning of the International Metropolis

王宝宇 蒋新颜 张冠增
Wang Baoyu Jiang Xinyan Zhang Guanzeng

[摘　要]　城市文化设施布局规划在我国才刚刚起步，本文通过研究国际大城市文化设施的规划布局，发现其布局通常结合城市空间轴线、城市优势自然资源与优势文化资源等；同时，文化设施为了更好地服务人群，强调可达性，常结合城市的大运量交通枢纽；在未来城市发展下，文化设施必然结合其他业态走向综合开发途径。

[关键词]　国际大都市；文化设施；规划布局

[Abstract]　Cultural facilities layout planning has just begun in China. The cultural facilities layout planning of the international metropolis is studied in this paper. Some results is found: The cultural facilities layout planning is usually combined with cityspatial axis, advantagenatural resources, excellent cultural resources, transport hub; and in the future, the cultural facilities development must be combined with other format.

[Keywords]　International Metropolis; Cultural Facilities; Layout Planning

[文章编号]　2015-67-C-124

1-2.巴黎的文化设施布局特点分析
3-4.柏林的文化设施布局特点分析

城市文化设施是衬托和推广文化的物质载体，不仅能够丰富市民高品质的精神生活，更能体现独特的城市文化特征与城市个性，对满足现代城市功能、彰显城市品牌形象、提升城市服务水平和核心竞争力方面具有举足轻重的作用。

从国际经验看，要使得城市的发展在全球经济秩序中立于不败之地并能够取得突破，城市就必须塑造高品质的文化环境和优越的生活环境来吸引高层次人才，进而吸引更多的投资，让城市开始重新展现活力。正是基于西方城市的发展背景和现实问题的驱使，西方社会开始了文化设施规划，并在北美、欧洲及澳大利亚等地区掀起了热潮。本文分析了国际大都市文化设施的空间布局特点，发现其布局通常结合城市空间轴线、城市优势自然资源、优势文化资源等；同时文化设施为了更便利的服务人群强调可达性，常结合城市的大运量交通枢纽；另一方面，在未来发展下，文化设施必然结合其他各种文化娱乐、商业、办公业态走向综合开发途径。

一、文化设施布局与城市轴线相结合

巴黎是个由轴线交织而成的城市，其轴线以空间延续的方式演绎着巴黎的文化、历史和城市建设成就。巴黎依托塞纳河形成了两条轴线，一条位于塞纳河北岸的东西轴线，另一条与塞纳河十字相交形成城市的南北轴线。在这两条轴线上布满了巴黎的各种文化设施，是巴黎的历史轴线也是巴黎的文化轴线。

东西轴线文化节点构成：巴士底广场—城岛—卢浮宫—丢勒里花园—协和广场—香榭丽舍大街（绿化）—小圆形广场—香榭丽舍大街（建筑）—星形广场—拉德方斯商务区；

南北轴线文化节点构成：巴黎天文台—卢森堡公园—卢森堡宫—法兰西学院—巴黎歌剧院—蒙马特高地—蒙苏里公园；

位于这“十”字轴上的文化设施有卢浮宫、荣军院、大剧院、蓬皮杜中心、凡尔塞宫、协和广场、毕加索博物馆、军事博物馆等，结合历史文化遗产，使得轴线上步步有景，绵延不断，给人强烈的文化厚重感。

巴黎的文化空间沿轴线和环塞纳河水线展开，塞纳河是一条流动的文化设施观赏路线，既有轨道交通，又有游船码头，便于步行观赏和交通换乘，而且带动了许多著名观光区和市民文化活动。巴黎文化设施的特点是贴近市民的生活，细腻地渗入城市形态，较少有特别突兀的、很大尺度的新建筑，与整个城市的节奏非常吻合，所以极富有人情味。

二、文化设施布局与优势自然资源相结合

城市文化设施常常依托城市优势自然资源如：江河水系、公园广场等，一方面江河水系和公园广场为文化设施提供了良好的生态环境；另一方面文化设施为公园水系提供了活动依托，增加了人气和活力。

1. 美国纽约文化设施布局特点

纽约作为各类人才密度最大的美国文化首都，遂成为当代西方艺术中心：它包容吸收各地文化的精华，又源源不断地向外界输出，在流通的过程中，经过创新发展使得外来文化拥有了新的价值。

纽约城市形态以两河一湾而著称，构成独特的城市结构，大量的文化设施都同曼哈顿岛主干道的走向平行，形成非常著名的艺术区、金融区和行政区，其文化表现和布局是丰富的、顺畅的、多层次的。

曼哈顿岛三面环水，文化设施布点最大限度地利用了水线空间，很多著名的文化景点都在岛的边缘布局：联合国总部、帝国大厦、华尔街、时代广场、

百老汇、自由女神像、中央公园、原世贸双塔、纽约博物馆、国家歌剧院、洛克菲勒中心等。原本规则的道路成为文化区段的自然引导；楼房尽管盖得很高，但方向性明确，百老汇、时代广场、华尔街这些著名场所的通达性都很好。所以从海湾方向进入时，可以纵览全纽约最主要的文化景点，再利用地铁或其他陆上交通在全岛纵游，即可获得比较深刻的、完整的城市印象。而从岛上进入海湾，通过自由女神像和早期移民局遗址，可以感受一种文化上的延续，特别是对美国早期历史的了解。海湾入口处是纽约最靓丽的一道风景线。

2. 德国柏林文化设施布局特点

东西柏林时代的主要文化设施和著名建筑、博物馆等由一条中轴大道贯穿起来，在空间上形成连续性，可以有顺序地体验和比照两个时代、两种不同风格的文化，好比穿行过一条时间隧道。柏林的地铁、路面快速轨道和巴士的组合式交通，可以快速抵达任何一处文化景点，加上东柏林密集的文化设施，西柏林宽敞的绿地空间，给人非常惬意的、从容和自由思索的感受。此外，郊外的波茨坦拥有大片绿地、水面、宫殿和丰富的博物馆陈列，给假日的人们提供了绝佳的休闲地和精神食粮。柏林重要的文化设施有勃兰登堡门、国会大厦、历史博物馆、红色市政厅、维廉纪念教堂、洪堡大学、国家大剧院、胜利纪念碑、欧洲中心、波茨坦宫、原柏林墙等。

文化设施布局明显有一头沉的趋势，大半集中在原东柏林，另一端则以大片自然绿地和公共空间来补足，一张一弛，一密一疏，既可以容纳新的设施建设，增添新的文化活动内容，也可以作为市民的假日休闲和城市可持续发展的空间。

三、文化设施布局与优势文化资源相结合

1. 英国伦敦文化设施布局特点

伦敦拥有三处世界文化遗产和大量世界级的文化设施，而且大都集中在市中心地段，绿地丰富并穿插在各个文化设施当中，泰晤士河发挥着多重的文化功能：历史性、象征性、娱乐性和生活性等，形成自然与人文的和谐，城市与乡村的并存。而且泰晤士河的滑铁卢桥到圣威斯特敏桥之间，文化设施的内容非常丰富，传统和现代的气息相互流通。重要的文化设施有大英博物

1

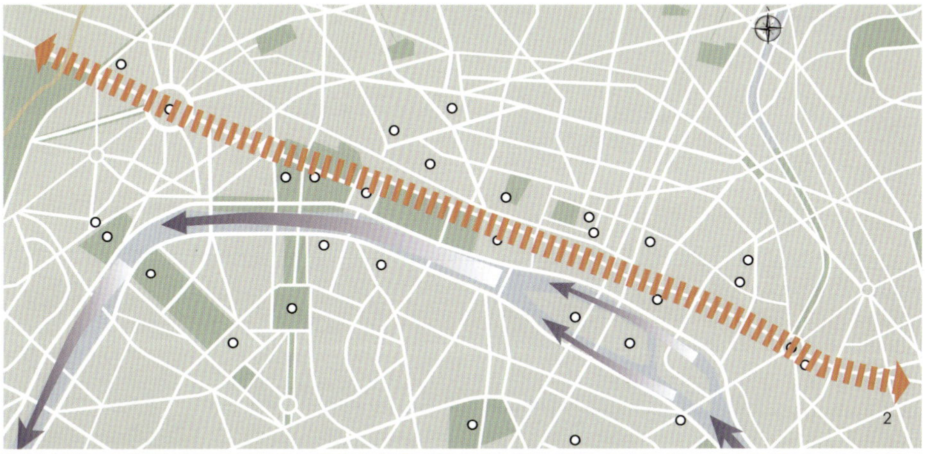
2

3

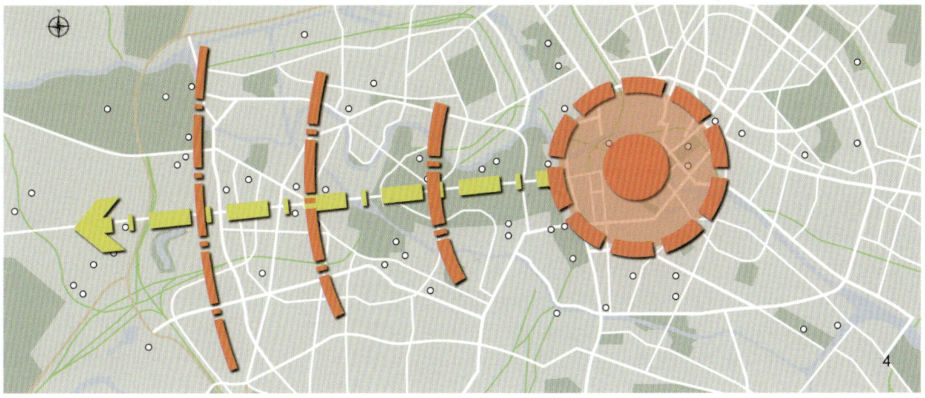
4

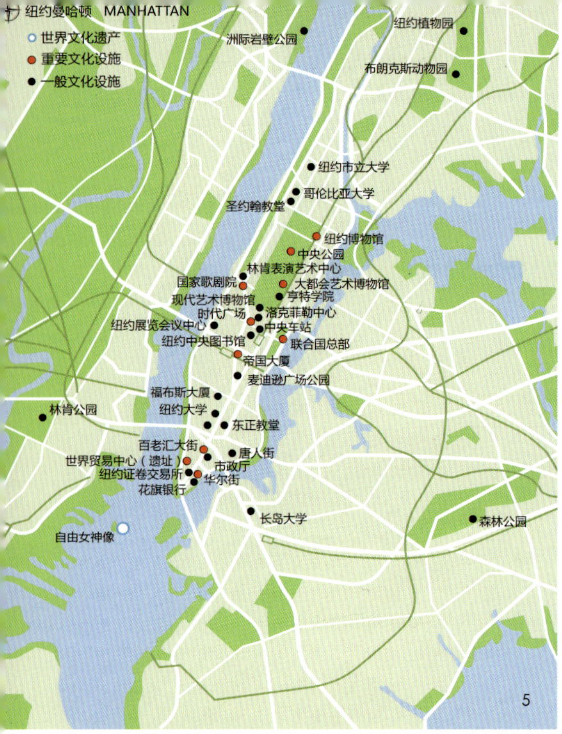

5

6

7

8

9

10

11

12

馆、唐宁街、白金汉宫、伦敦桥、泰晤士河、威斯敏斯特教堂、伦敦塔、海德公园、帝国战争博物馆、滑铁卢桥等。伦敦与泰晤士河相互衬托，相得益彰，构成浓郁的文化气息。城市文化设施融于便捷的交通和大气雍容的绿化空间之中，为市民创造了非常和谐、高雅和舒适的精神生活环境，也因此吸引了世界上很多一流的文化人及他们的作品。伦敦给人的印象是需要仔细琢磨、慢慢品味。

2. 美国华盛顿文化设施布局特点

华盛顿的城市轴线一目了然，华盛顿拥有众多世界一流的文化设施，文化设施的高度密集，突出了文化资源的优势，同时以林肯纪念堂、华盛顿纪念碑和国会山等几个标志性节点，来引导人们在其间的流动，华盛顿的重要文化设施还有美国历史博物馆、国家美术馆、国会图书馆、国家航空航天博物馆、国家剧院、杰菲逊纪念堂等；可以尽情观览不同的文化内容，增加城市的知名度。华盛顿虽然人口级别较低，但政治和文化级别很高，也因此成为美国博物馆、纪念馆最集中的城市之一。其文化设施呈明显的群体优势，布局简单明了，通达性极强，而且非常重视步行系统的设计，给人以相当便利和自由的文化享受，满足了很多海内外游客的好奇心，也发挥出美国文化的独特魅力。

四、文化设施布局与交通枢纽相结合

城市公共交通系统是维持城市运转和各项功能活动最重要的支持系统，依靠公交出行仍是大多数居民的最佳选择，“地铁、轻轨等交通方式在城市中出现，使得居民的出行更为快速与便捷”。因此，城市文化设施无论是市、区级还是社区级布局都应该考虑与城市公共交通系统和公交站点的结合，尽量减少居民的步行距离，提升设施的可达性，保证使用者合理的出行时间，最终能大大提高文化设施的使用效率。与公共交通枢纽结合较好的自然是日本，东京是国际知名的大都市，有非常发达的轨道交通网。以大东京圈为限，每天利用各种轨道交通工具的乘客达到1 000多万人次，下面以日本东京为例进行阐释。

快速轨道交通是东京的最大特色，一些重要的文化设施和景观都分布在环线周围，而且